普通高等教育“十二五”规划教材

柔性输电技术概论

主　编　王华昕
副主编　杨　秀

中国水利水电出版社
www.waterpub.com.cn

内 容 提 要

作为应用电力系统中的新技术，柔性输电技术已经从实验室走向大规模工程应用阶段。按输送电压的不同方式，柔性输电技术可以分为柔性交流输电技术和柔性直流输电技术。柔性交流输电技术（FACTS）是目前主要应用的技术。本书详细介绍了FACTS在输电网和配电网的应用，包括静止无功补偿器、可控串补和统一潮流控制器，并对柔性直流输电技术的原理和工程应用做了初步的介绍。本书特点是基本原理简单清晰，工程实例丰富，并体现了最新成果的应用。

本书可作为电气工程及其自动化专业的选修教材，也可供工程技术人员参考。

图书在版编目（CIP）数据

柔性输电技术概论 / 王华昕主编. -- 北京 : 中国水利水电出版社, 2012.2
普通高等教育“十二五”规划教材
ISBN 978-7-5084-9308-4

Ⅰ. ①柔… Ⅱ. ①王… Ⅲ. ①输电技术－高等学校－教材 Ⅳ. ①TM72

中国版本图书馆CIP数据核字(2012)第005612号

书　名	普通高等教育“十二五”规划教材 **柔性输电技术概论**
作　者	主编　王华昕　副主编　杨秀
出版发行	中国水利水电出版社 （北京市海淀区玉渊潭南路1号D座　100038） 网址：www.waterpub.com.cn E-mail：sales@waterpub.com.cn 电话：(010) 68367658（发行部）
经　售	北京科水图书销售中心（零售） 电话：(010) 88383994、63202643、68545874 全国各地新华书店和相关出版物销售网点
排　版	中国水利水电出版社微机排版中心
印　刷	北京纪元彩艺印刷有限公司
规　格	184mm×260mm　16开本　10印张　238千字
版　次	2012年2月第1版　2012年2月第1次印刷
印　数	0001—3000册
定　价	**22.00**元

前言

随着电力系统规模不断增大、输电电压等级的提高、非线性负荷和对电能质量敏感负荷的增长，中国电网面临许多挑战性的问题：“西电东送”由于距离遥远和线路走廊的限制，要实现大规模的输电面临诸多技术困难；大区电网强互联的格局尚未形成，优化调度还难以实现；电网建设滞后，电网中输电瓶颈增多，电能质量问题不容乐观；土地已成为稀缺资源，取得线路走廊和变电站站址日益困难。这些问题依靠传统电力技术无法解决，超高压大功率柔性输电技术的发展为解决这些挑战性问题创造了有利条件。

按电能输送方式的不同，柔性输电技术可以分为柔性交流输电技术和柔性直流输电技术。柔性交流输电技术是目前主要应用的技术，柔性直流输电技术目前处在研发和推广应用阶段。自 20 世纪 80 年代美国电力科学研究院的 N. G. Hingorani 博士提出的柔性交流输电系统（FACTS）概念后，受到各国科研机构和制造公司的关注。近年来，在国家电网公司的倡导和支持下，我国陆续开展了柔性输电示范性工程项目，如甘肃碧成 220kV 可控串补工程、鞍山红一变 100Mvar SVC 工程、上海 50 Mvar STATCOM 工程、南汇柔性直流示范工程等。这些国产化示范工程对于推动柔性输电技术在中国电网的应用，提高我国现有电网输送能力，改善电网结构都有重要意义。

作为新技术在电力系统中的应用，柔性输电技术必然要经历从理论到实践，再从实践到理论的螺旋式发展过程。为了推动柔性输电技术在国内的普及，本书作者通过长期的工作实践和相关资料积累下编写了本书，期望广大工程技术人员迅速了解和熟悉柔性输电装置的基本原理和特性。本书与现今国内出版的柔性输电教科书不同之处在于理论与实际紧密结合。本书阐述基本原理简单清晰，避免繁琐理论推导，并详细介绍了国内示范工程应用情况，体现了最新成果的应用。这种工程实例教学方式易于被初学者接受。

本书前 7 章内容都是介绍 FACTS 技术在输电网和配电网的应用，第 8 章介绍柔性直流输电技术。第 1 章全面介绍了 FACTS 的基本概念、发展、应用；第2章介绍电力电子技术基础理论，主要侧重于三相电压源型变流器的基础知识；第3章介绍了并联补偿技术，主要讨论了静止无功补偿器和静止同步补偿器；第4章介绍了串联补偿技术，主要讨论了可控串补和静止同步串联补偿器装置；第5章介绍了统一潮流控制器的原理和应用；第6章介绍了故障电流限制器，讨论了限制短路电流的方法，重点介绍了谐振型短路电流限制器；第7章介绍了用户电力技术（DFACTS），讨论了各种改善暂态电能质量的方法；第8章介绍了柔性直流输电技术的基本原理和发展现状。

上海电力学院电力与自动化工程学院杨秀教授对本书的框架和内容提出了指导意见，并编写了第7、8章。王华昕老师编写了第1～6章。王育飞副教授和张美霞老师对本书内容提出了修改意见。本书全部图形由电力与自动化工程学院2011届本科毕业生刘宇宽、张小宝、顾臻、周一挺等绘制。在此对他们的辛勤劳动和贡献表示衷心的感谢！

书中难免不足和错误之处，恳请读者批评指正。

作 者

2011年5月于上海

目录

第 1 章　柔性交流输电技术概述

柔性交流输电技术是一种利用大功率半导体开关器件完成能量变换、传输和控制的技术，它是随着高压、大电流电子开关器件的研制成功和现代控制技术的进步而迅速发展起来的高技术领域。面向电力系统，大功率电力电子开关器件的制造技术、现代控制技术和传统电网技术实现了有机的融合，并成为柔性交流输电技术核心。可以预计，这项技术的进一步发展将会导致电力系统发生革命性的变化，大幅度提高输电线路的输送能力和电力系统的安全稳定水平，极大提高系统的可靠性、运行灵活性。本章介绍了柔性输电技术基本概念和国内外应用现状。

1.1　柔性交流输电技术基本概念

1.1.1　柔性输电家族

柔性交流输电技术，即 FACTS（Flexible AC Transmission Systems），这一概念是 20 世纪 80 年代由美国电力科学研究院（EPRI ）的 N. G. Hingorani 博士提出，并于 1988 年和 1999 年的 CIGRE 会议上对 FACTS 概念及其包含的 FACTS 装置概念进行了重新定义。1997 年，IEEE PES 学会正式公布的 FACTS 定义是：装有电力电子型和其他静止型控制装置以加强可控性和增大电力传输能力的交流输电系统。FACTS 装置的目的是通过利用大功率电力电子器件的快速响应能力，实现对电压、有功潮流、无功潮流等的平滑控制。从而在不影响系统稳定性的前提下，提高系统传送功率能力，改善电能质量，达到最大可用性、最小损耗、最小环境压力、最小投资和最短的建设周期的目标[1-6]。

灵活交流输电技术家族按照结构形式可分为并联型、串联型和串并联混合型，主要类型如图 1 - 1 所示。

（1）并联型 FACTS：静止无功补偿器（Static Var Compensator，SVC）、静止同步补偿器（Static Synchronous Compensator，STATCOM），磁控式并联电抗器（Magnetron - Type Shunt Reactor，MCSR）、分级式可控并联电抗器（Sierarchical Controllable Shunt Reactor，SCSR），晶闸管控制电抗器（Thyristor Controlled Reactor，TCR）、晶闸管投切电容器（Thyristor Switched Capacitor，TSC）、晶闸管投切电抗器（Thyristor Switched Reactor，TSR）等。

（2）串联型 FACTS：晶闸管控制串联电容器（Thyristor Controlled Series Capacitor，TCSC）、晶闸管投切串联电容器（Thyristor Switched Series Capacitor，TSSC）、静止同步串联补偿器（Static Synchronous Series Compensator，SSSC）、故障电流限制器（Fault Current Limiter，FCL）、晶闸管控制移相器（Thyristor Controlled Phase Angle

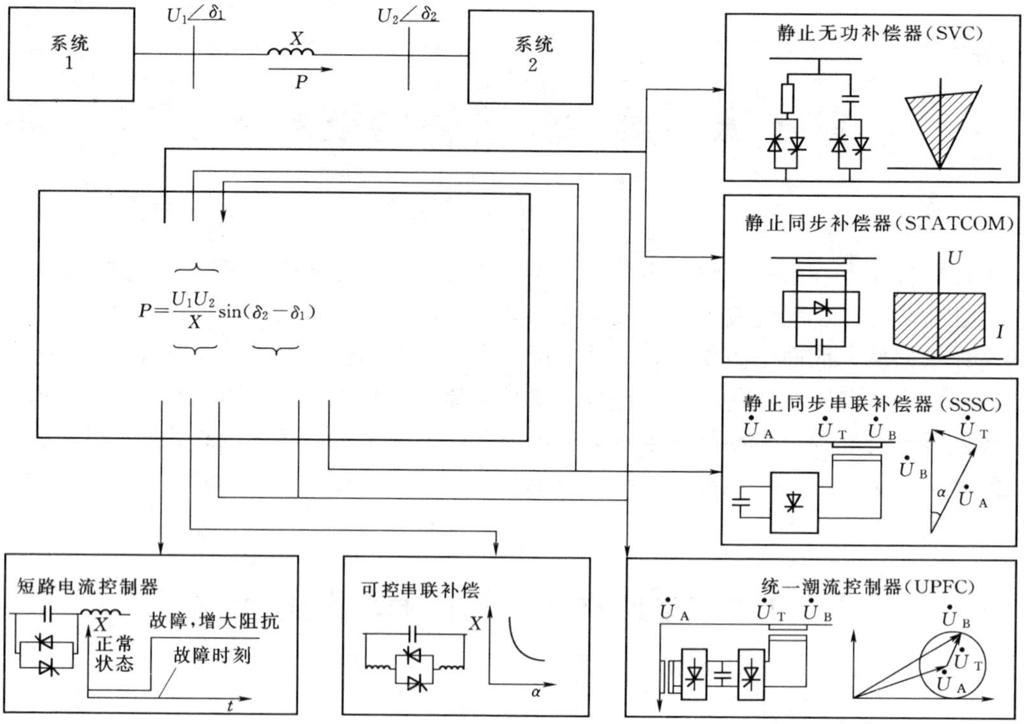

图 1-1　应用于电力系统的 FACTS 技术

Regulator，TCPAR）等。

（3）串并联混合型 FACTS：统一潮流控制器（Unified Power Flow Controller，UPFC)、可转换静止补偿器（Convertible Static Compensator，CSC）等。

1.1.2　电力电子器件

FACTS 装置主要应用于超高压输电系统中，容量大多为百兆伏安级，因此其主电路设计对电力电子器件选型具有以下特点：

（1）容量大。容量水平是 FACTS 装置选用电力电子器件的最重要参数之一。目前应用的 FACTS 装置，其主要开关器件（晶闸管、GTO、IGCT 等）的单管耐压在数千伏、截断能力在数百安以上，往往还需要采用器件串并联、变压器多重化、多电平等技术手段达到足够的电压等级和容量。

（2）开关频率较低。对于 FACTS 装置而言，需要综合考虑容量，损耗和可靠性等多种因素来选择开关频率。目前的电力电子器件在开关频率和容量之间往往不能兼顾，大容量器件（GTO，IGBT）的开关频率普遍不高，而高频器件（MOSFET）的容量却较小。在容量约束下，目前 FACTS 装置的开关频率普遍不高，多采用几百赫兹的简单 PWM 技术，并通过多重化和多电平技术来改善输出波形。

（3）损耗较低。器件损耗占 FACTS 装置损耗的很大部分，不仅影响装置总体效率，而且对散热成本有很大影响。器件损耗中比重较大的是通态损耗、开关损耗和附加电路损耗。在同等容量水平下，通态损耗由通态压降来决定，因此应选用通态压降较低的器件。

开关损耗受门极驱动功率、开关过渡过程等因素的影响，因此应尽量选用门极增益高、开关时间短的器件。附加电路损耗是指为保证电力电子器件正常工作而设置的缓冲电路、反并联二极管的损耗，附加电路结构越简单、功率越小，越有利于降低附加损耗。

（4）可方便的串并联使用。由于单管容量不能满足 FACTS 装置容量的需要。往往需要采用器件串并联技术。器件间的自动均压、均流特性越好，越有利于其串并联使用和提高装置容量。

以上是在设计 FACTS 装置主电路时选择器件的一般性考虑，不同的 FACTS 装置或主电路结构对器件还有不同的要求。

基于晶闸管的 FACTS 装置（SVC、TCSC）开关频率为工频。器件选型相对较容易。晶闸管是目前容量最高的电力电子器件，损耗小，串并联方便，工作十分可靠。

基于变流器的 FACTS 装置（STATCOM、SSSC、UPFC、IPFC 和 CSC）一般采用全控型器件，目前主要是在 GTO、IGCT 和 IGBT 等器件中进行选择，一般而言 IGCT 性能更好。IGCT 将 GTO 与 IGBT 的优点集于一身，使其在 0.5～100MVA 的大容量应用领域尚无真正的对手[6,7]。

1.2 FACTS 技术可解决的系统问题

柔性交流输电系统的控制技术以其响应速度快、无机械运动部件以及可以综合系统广泛的信息等优点，而明显优于传统的电力系统潮流和稳定控制措施。它可以充分利用现有电网资源和实现电能的高效利用，实现对电力系统电压、线路阻抗、相位角、功率潮流的连续控制，从而大幅度提电力系统稳定水平，降低输电成本。其对电力系统的作用具体表现在以下方面[8-11]。

1.2.1 提高输电系统容量

采用 FACTS 技术可使输电线路克服系统稳定性的限制要求，将线路的输送功率极限大幅度提高到导线的热极限。这样可减缓输电线路的需求和提高已有输电线路的利用率，不仅节约输电成本和占地，而且有利于环境保护。

1.2.2 优化输电网络的运行条件

FACTS 装置有助于减少和消除环流或振荡等大电网痼疾，有助于解决输电网中瓶颈问题；有助于在电网中建立输送通道，为电力市场创造电力定向输送的条件；有助于提高现有输电网的稳定性、可靠性和供电质量；可以保证更合理的最小网损并可以减少系统热备用容量；还有助于防止连锁性事故的扩大，减少事故恢复时间及停电损失。

通过对 FACTS 装置的快速、平滑的调整，可以方便、迅速地改变系统潮流分布。这对于正常运行条件方式下控制功率走向以充分挖掘现有网络的传输能力以及在事故情况下因某些线路过负荷而引起的连锁跳闸是十分有利的。

1.2.3 扩展了电网的运行控制技术

FACTS 装置一方面可对已有常规稳定或反事故措施（如调速器附加控制、气门快并控制、自动重合闸装置等）的功能起到补充、扩大和改进的作用；另一方面，电网的能量管理系统（Energy Management System，EMS）必然要将 FACTS 装置的作用综合进去，使得 EMS 中的自动发电控制、经济调度控制和最优电力潮流等功能的效益得到提高，有助于建设全网统一的实时控制中心，从而使系统的安全性和经济性有一个大的提高。

1.2.4　改变了交流输电的传统应用范围

由于高压直流输电的控制手段快速灵活。当传送容量与稳定的矛盾难以调和时，有时可以通过建设直流线路来解决，但是换流站的一次投资很高，而应用 FACTS 装置的方案比新建一条线路成换流站方案的投资要少。整套应用并协调控制的 FACTS 装置组将使常规交流输电灵活化，改变交流输电的功能范围。使其在更多方面发挥作用，甚至扩大到原属于 HVDC 专有的应用范围，如定向传输电力、功率调节、延长水下或地下交流输电距离等。

1.2.5　现代大电网的互联

现代电网的发展方向是全国联结成一个大电网，甚至跨国互联。互联最主要的目的就是将低成本的电力输送到各级用户，FACTS 技术带来的灵活控制潮流和提高稳定性的能力为大型互联网的运行提供了技术保障，从而实现能源的优化配置，降低了整个电力系统的备用容量，提高了电力设备的使用效率. 降低了发电成本。因此，FACTS 技术在电网中的广泛应用，可以解决的主要技术难题是互联大电网的稳定问题、西电东送瓶颈问题和负荷中心动态无功支撑问题，各种 FACTS 装置相对于传统办法可以解决系统发生具体问题的对应关系如表 1－1 所示。

表 1－1　FACTS 可以解决的技术问题

应　用		系统的问题	解决原理	传统解决方法	采用 FACTS 解决方法
系统稳态应用	电压控制	负荷变化时电压波动	无功功率调节	投切并联电容器、电抗器；投切串联电容器、电抗器	SSSC、SVC、TCSC、STATCOM、UPFC、CSR
		故障后产生低电压	提高无功功率；防止过负荷	投切并联电容器、电抗器；投切串联电容器、电抗器	SSSC、SVC、TCSC、STATCOM、TCPAR、CSR
	潮流分布	线路或变压器过负荷	降低过负荷	增加线路或变压器、串联电抗器	SSSC、TCSC、TCPAR、UPFC
		潮流调整	调整串联电抗；调整相角	串联电容器、电抗器	SSSC、TCSC、TCPAR
		故障后的负荷分配	网络重构；使用发热限制	串联电容器、电抗器	UPFC、TCPAR、TCSC
	短路水平	故障电流越限	限制短路电流	串联电抗器、更换开关、断路器	FCL、UPFC、SSSC、TCSC
	次同步振荡	汽轮机或发电机轴损坏	阻尼振荡	投退串联电容器	SSSC、TCSC

续表

应用		系统的问题	解决原理	传统解决方法	采用FACTS解决方法
系统暂态应用	暂态稳定性	松散网状网络	增加同步扭矩；吸收能量；潮流控制	快速响应励磁、串联电容器、制动电阻、快速气门	SSSC、TCSC、UPFC、TCPAR、HVDC
	阻尼振荡	远方发电机、放射状线路	阻尼低频振荡	快速响应励磁、电力系统稳定器	SVC、STATCOM、SSSC、TCSC、UPFC、TCPAR
	事故后的电压控制	松散网状网络	动态电压支持；动态潮流控制；减小故障冲击	并联线路	SVC、STATCOM、SSSC、UPFC
	电压稳定	区域互联；紧密网状网络；松散网状网络	无功支持；网络控制；发电机控制；负荷控制	并联电容器、电抗器、重合闸、快速响应励磁、低电压甩负荷、需求侧管理	SSSC、SVC、TCSC、STATCOM、TCPAR、CSR

1.3 国内外发展情况

柔性交流输电技术（FACTS）技术具有控制交流输电系统相关参数的能力，如串联阻抗、并联阻抗、相角和抑制系统振荡的产生等，这些使输电线路运行在热稳定的额度范围内，电力系统潮流得到连续控制。增加控制区域内转换功率的能力。FACTS概念一经提出，立刻受到各国电力科研院所、电力公司和制造厂家的重视，或单独筹办或相互协作。并制定了庞大的研究计划和应用目标。FACTS技术的发展分为三个阶段，即出现了三代FACTS装置[12,13]。

（1）第一代FACTS装置是基于半控型器件即传统晶闸管的装置，其代表性装置，有SVC和TCSC，而SVC装置在20世纪70年代即获得应用。SVC是最早出现的FACTS装置，自1970年问世以来，因其产生每千乏无功的成本较低，性价比较高，从而被广泛应用于输电系统、配电系统和冶金行业等。它发展迅速，使用量也最大，为各国电力事业的发展发挥了巨大作用。在美国，FACTS的研究促进了电力系统串联补偿设备TCSC的普遍应用。1992年，美国西部电力管理局（WAPA）在亚利桑那州一条长200英里230kV线路中点的Kayenre变电站安装了由德国西门子公司制造的部分可控串联电容补偿装置。该装置由FSC和TCSC组合而成，称为先进串联补偿器（Advanced Aeries Compensation），ASC它是世界上第一个可控串补工程项目。1993年，美国Bonneville管理局与GE公司合作建造了更大容量的可控串联电容补偿装置，并首次采用TCSC的名称，安装在俄勒冈州中北部一条500kV输电线路（位于Slat变电站），1994年投入商业运行。

（2）第二代FACTS代表性装置是STATCOM。20世纪80年代，GTO在电压、电流、频率及其动态性能等方面都有了新的突破，GTO的应用技术——驱动、串并联、保护和冷却进一步成熟，这为研制用于电力系统的各种调节控制装置提供了物质保证。作为柔性输电系统中的基础装置——静止同步补偿器（STATCOM），首先成为各国研制开发的重点。早在 1986 年，美国电力科学研究院就研制出了基于 GTO 的 1Mvar STATCOM 工业样机。日本于 1999 年 5 月将 80Mvar 的 STATCOM 装置投入系统运行。一方面是解决系统的无功功率问题，提高系统电压；另一方面是由于日本电力系统 SVC 装置安装较多，再安装 SVC 装置会造成电力系统 LC 谐振，因此采用 STATCOM 装置代替 SVC 装置避免谐振。1992 年，日本电力系统又安装了±50Mvar 的 STATCOM 装置。美国 1996 年研究出±100Mvar 的首套 STATCOM 装置，安装于田纳西流域电力局的 Sullivan 变电站，该装置一方面维持系统电压，另一方面提高了向负荷快速增长地区送电的能力。该 STATCOM 逆变桥臂上 GTO 串联数也由原先的 2～3 只增加到 12 只。这意味着 GTO 的串联技术日益成熟。标志着 STATCOM 装置开始进入实用化阶段。STATCOM 装置在冶金等对电压质量和无功功率要求高的大型工业企业获得应用，在电力系统中的应用也日益广泛。

（3）第三代 FACTS 装置是将第二代 FACTS 装置进行有机集成。因此可以同时控制影响线路潮流的所有因素，其代表性装置为 UPFC。美国电力公司（AEP）与美国电力科学研究院（EPRI）、西屋（ West House）公司合作。世界上第一套 UPFC 系统（138kV，770MVA）安装在肯塔基州的 Inez 变电站，于 1998 年 6 月投运，不但提高了系统的送电能力，同时提高了系统稳定性。2004 年 4 月，美国纽约的电力局完成了世界上第一套可转换静止补偿器（CSC）一期项目，这个项目由美国电力研究院、纽约电力局、西门子（制造）公司等联合研制，在纽约电力局（NYPA）的 Mercy 变电站投入运行。它综合了几种 FACTS 装置的功能，可以更加灵活地控制系统的潮流及维持系统电压稳定。

第一代 FACTS 技术，如 TCSC、SVC 等是基于半控器件（可开通，不能自行关断）即基于晶闸管的 FACTS 装置，第二代、第三代 FACTS 装置都是使用 GTO、IGBT、IGCT 等器件，是基于可关断器件组成的变流器。这类装置种类很多，包括 STATCOM、SSSC、UPFC、IPFC、CSS 等。

我国灵活交流输电技术在电力系统中应用始于西安电力机械公司于 1982 年引进 BBC 公司的 TCR 型 SVC 制造技术，通过引进消化吸收，主要面向工业领域应用，但未能在电力系统发挥更大的作用。2004 年以前，我国输电系统用 SVC 有 6 套，动态容量为 105～170Mvar，均为进口，形式为 TCR＋TSC 型机械投切电容器组。1999 年，中国电力科学研究院在原国家电力公司的支持下，开始进行静止无功补偿器实用化技术研究。经过长达 6 年的工程实践。在国家“十一五”重大装备项目的支持下，成功实施“鞍山红一变 100Mvar SVC 示范工程”项目，并于 2004 年底投运。该项目的完成标志着我国具有完全自主知识产权的 TCR 型 SVC 技术得到了进一步的提升，具备了独立进行输电网 SVC 工程系统设计、设备设计与制造、系统集成、成套设备试验、工程应用的能力[14]。

20 世纪 90 年代中期我国开始了对可控串补技术的研究。在国家自然科学基金会、原电力工业部和东北电力集团的资助下，以伊冯 500kV 交流输电工程为背景，电力科研、设计、生产和高校等十多家单位共同参与，历时 4 年完成伊冯可控串补研究项目，在一些关键技术上有所突破。2000 年，原国家电力公司下达了“可控串补控制器和可控硅阀工业装置研制”项目，目标是实现可控串补装置关键设备的国产化。2002 年，原国家电力公司下达重点科技项目“可控串补国产化应用研究”，依托甘肃电网220kV碧成线开展TCSC示范工程的建设，并同时得到国家“十五”重大装备研制项目的支持。该示范工程于2004年1月投运，标志着国内可以独立设计制造串补、可控串补成套设备。此前，2003年，为了提高南方电网“西电东送”的能力。在广西平果站引进了由西门子公司提供500kV可控串补装置。2007年10月，中国电力科学研究院在伊敏至冯屯500kV输电线路上投运了世界上串补容量最大、电网结构最复杂（交直流混合）、环境要求最高的可控串补工程[15]。

SVC和STATCOM都是并联在电网中起无功补偿的作用，但从性能上讲，STATCOM要优于SVC，SVC（TSC+TCR型）是通过晶闸管控制电抗器中的电流和电容器组的投切，从而控制无功输出的大小。STATCOM多由电压源逆变器（链式、两电平成多电平）构成，通过控制换流器输出电流与系统电压间的差使STATCOM吸收或发出无功。它具有体积小、低电压特性好、响应速度快等特点，可用于电力系统动态无功补偿、增强系统的稳定性等。而从技术上讲，掌握STATCOM的主电路逆变器结构、保护、控制及冷却系统的技术对研制其他FACTS设备有重要意义。

1997年，在原电力工业部的支持下，清华大学与河南省电力公司合作开展STATCOM技术研究。1995年8月，完成了±300kvar新型静止无功发生器（STATCOM也称ASVG）中间试验样机的研制，并进行挂网试验。1999年成功将基于GTO多重化的±20Mvar STATCOM工业样机在河南洛阳朝阳220kV变电站投入运行。2001年，在国家电网公司重点科技项目的支持下，由上海电力公司牵头，清华大学负责研发、许继集团负责成套设备、中国电力科学研究院负责试验方法及型式试验，共同完成上海电网黄渡分区±50Mvar STACOM示范工程，于2006年4月在上海西郊交电站并网投入运行。它是世界上首台基于IGCT链式逆变器的STATCOM装置，标志我国在STATCOM容量和制造技术上也达到了国际先进水平[16-18]。

2006年，在国家电网公司重点科技项目的支持下，中国电力科学研究院同时开展了磁控式和分级式两种不同原理可控并联电抗器的研究和在超高压电网中的示范应用。2006年9月，成功将150Mvar基于分级式可控并联电抗器（SCSR）在山西忻都500kV开关站投入运行。2007年10月，120Mvar磁控式并联电抗器（MCSR）在江凌500kV换流站完成设备调试和系统试验，标志着我国在超高压可控并联电抗器系统集成设计、制造、调试和运行等方面处于国际领先水平[3]。

为提高我国输电网的暂态和静态稳定能力，促进跨流域的水火互济和更大范围的资源优化配置，满足“西电东送”和区域电网异步互联等工程技术的需求，电网公司和国内科研机构将会开展大功率的可控串补、静止无功补偿器等一系列示范工程和关键技术的研究。届时，我国将在FACTS的局部领域实现重点突破，由跟踪转变为超越。

第 2 章　电力电子技术基础理论

FACTS 控制器是一种特殊的电力电子设备，它遵循一般电力电子设备的规律。特别是基于变流器型的 FACTS 控制器，如 STATCOM、SSSC 和 UPFC 等。在 FACTS 设备中，主要用到的变换方式是 AC－DC 和 DC－AC；在这两种变换方式中，根据直流侧的电压或电流极性是否会改变，可分为电压型变换和电流型变换；前者的直流侧电压极性不变，功率方向随着直流电流方向的改变而改变；后者的直流测电流极性不变，功率方向随着直流电压方向的改变而改变。本章将分别介绍电压型和电流型变流器，包括其拓扑结构、工作原理、基本特性和控制方法等。

2.1　三相变流器基本电路拓扑

2.1.1　三相电压型桥式变流器

三相电压型桥式变流器的拓扑如图 2－1 所示。三相电压型桥式变流器的直流侧并联大电容，因而直流电压波动较小，各桥臂中点相对于直流电容中点的电压波形为 PWM 波；各开关器件均为由一个全控型器件和一个二极管反并联构成的不对称双向开关，使得变流器的能量可以双向流动、四象限运行。作为电压型变流器，同一相上下两个开关不能同时导通，需设置死区时间。

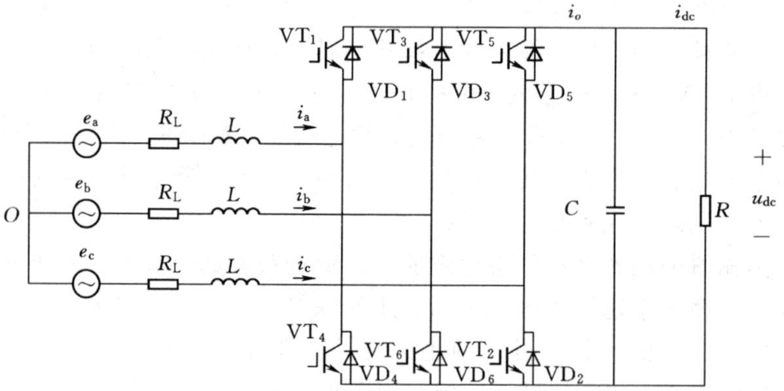

图 2－1　三相电压型桥式变流器的拓扑

三相电压型桥式变流器有多种工作方式，可以归结为两种基本方式：一种是二逻辑方式，即变流器在任意时刻各相均有一个开关导通，也就是说任意时刻需有分属三相的 3 个开关同时导通，这样，每一相均只有两种逻辑状态，或者上桥臂导通，或者下桥臂导通，没有第三种逻辑，因而称为二逻辑方式；另一种是三逻辑方式，即变流器在任意时刻有且只有分属两相的两个开关导通，这样每一相均有 3 种逻辑状态，或者上桥臂导通，或者下桥臂导通，或者上下桥臂均不导通，因而称为三逻辑方式。采用三逻辑方式必须考虑交流侧电感电流的续流问题，因此，其调制方式较为特殊，只应用于极少数特殊场合。目前绝大部分三相电压型桥式变流器采用二逻辑方式，这也是本书三相电压型桥式变流器的默认工作方式。

当能量从交流侧向直流侧传送时，电压型桥式变流器又称为 Boost（升压型）变流器。这是将 Boost 直流斩波器的概念引入三相桥式变流器。其工作原理与 Boost 直流斩波器相似。开关管开通时，电源电压向电感储存能量，该开关管关断，电源和 Boost 电感同时向直流侧提供能量。交流侧电感和直流侧电容是必不可少的电路元件，分别起着泵升能量、滤除谐波和支撑电压的作用。

三相电压型桥式变流器是基础的三相电压型变流器，其他各种类型的三相电压型变流器均是由其演化而成的。应用于三相电压型桥式变流器的各种调制及控制策略也是基础的，经过适当变化就能应用于其他较为复杂的电路拓扑之中。

三相电压型变流器的拓扑结构，除了三相电压型桥式变流器以外，还有三相独立的组合式三相电压型变流器、带分裂电容的三相四线变流器、三相四桥臂变流器等，这里不介绍了。

2.1.2　三相电流型桥式变流器

三相电流型桥式变流器的拓扑结构是三相电压型桥式变流器的对偶结构，如图 2-2 所示。三相电流型桥式变流器的直流侧串联大电感，因而直流侧电流波动较小，各桥臂中点流出的电流为 PWM 波；各开关器件均为由一个全控型器件和一个二极管正向串联构成的单向开关；由于直流侧大电感的存在，变流器的能量可以双向流动/四象限运行。交流侧由 L、C 组成二阶低通滤波器，滤除交流侧电流中的开关谐波。作为电流型变流器，同一相上下两个开关不能同时导通，上下桥臂之间必须设置叠流时间为直流侧续流通道。三

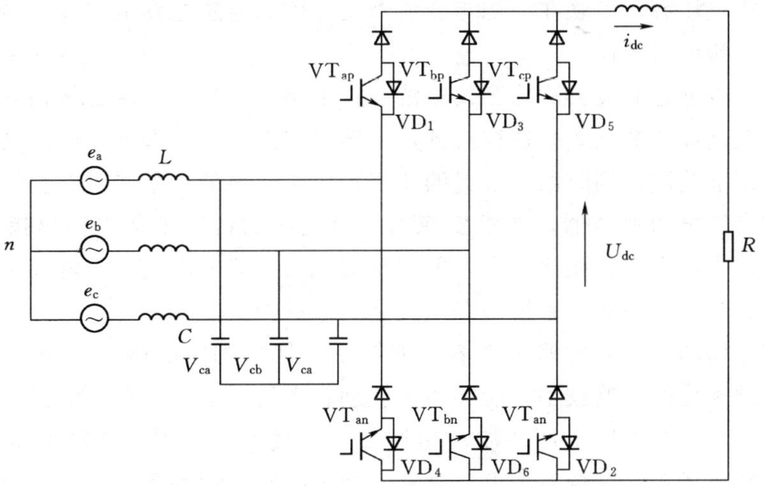

图 2-2　三相电流型桥式变流器的拓扑

相电流型桥式变流器只能工作于三逻辑方式。

与电压型变流器相对应，当能量从交流侧向直流侧传送时，电流桥型变流器可以称为 Buck（降压型）变流器。当某相上桥臂开关导通时，电源侧能量释放给负载，同时在直流侧电感中存储能量。当该相上下桥臂均导通时，储存在电感中的能量也释放到负载中。这与 Buck 直流斩波器的工作原理基本相同。

2.1.3　电压型和电流型变流器的比较

三相电压型桥式变流器与三相电流型桥式变流器的拓扑结构是三相变流器中最基本的两种结构，其应用也较为广泛。单从电路拓扑结构来说，两者有类似之处，比如都需要 6 个开关器件构成桥式结构等，但区别还是明显的，这些区别决定了两种拓扑各自的应用场合。两种拓扑的主要区别如表 2－1 所示。

表 2－1　　电压型和电流型变流器的主要区别

类　型	三相电压型变流器	三相电流型变流器
储能元件	电容	电感
交流侧无源滤波器	由电感构成的一阶低通滤波器	由电容、电感构成的二阶低通滤波器
受电网干扰的影响	较小	较大
开关元件	IGBT 较适宜	IGCT，GTO 较适宜
适用容量	中、小功率	大功率

就储能效率而言，由于电感寄生电阻的损耗较大，一般认为电容优于电感，但随着超导材料的发展，超导储能技术日益成熟，在不远的将来，电压型变流器将不在储能效率上占有优势。

电压型变流器交流侧的电感有两个作用：

（1）控制量的转换作用。电压型变流器的受控量为直流侧电压和交流侧电流，而变流器交流侧为可控电压源，串联在电源与变流器交流侧的电感起到电压/电流转换器的作用，保证了交流侧电流的可控性。

（2）作为一阶低通滤波器滤除开关谐波。在电路的设计中，两者是相互矛盾的。为了较好地抑制开关谐波，截止频率往往较低，电感量较大，这将降低系统的动态响应，减小直流侧电压的调节范围，同时增大装置的体积和成本。另外在某些对电流跟踪性能有严格要求的场合如有源电力滤波器，要求变流器具有足够的传输带宽以输出指令电流中的谐波，截止频率也不能太低。相比而言，电流型变流器交流侧由电感、电容构成二阶低通滤波器，能够在高频衰减增益与系统动态响应之间做折中。

电压型变流器的直流侧并联大电容，能够很好地抵御由电网干扰带来的直流电压波动，因而受电网干扰的影响较小，能够适于波动较大的弱电网工况。电流型变流器抵御电网波动的能力较低，当电网电压的波动超过±10%时不能应用于电网电压波动较大的场合。在中、小功率场合，综合考虑上述因素，特别是储能元件和开关器件的效率、体积和成本，电压型变流器是更适宜拓扑结构；在大功率场合，电流型变流器则是较好的选择。

2.2 三相变流器数学模型

2.2.1 基本数学模型

数学模型是系统分析、控制实现的基础。下面分析三相静止坐标系、同步旋转坐标系下的数学模型。三相电压型可逆变流器主电路拓扑如图 2-1 所示。下面分析系统的开关信号数学模型。开关信号数学模型是通过对变流器开关的开通和关断状态的得到系统微分方程的描述。开关模型包含了系统高频特性信息。定义变流器桥臂开关的开关函数为式(2-1)。

$$s_k=\begin{cases}1 & \text{（上桥臂导通，下桥臂关断）}\\0 & \text{（上桥臂导通，下桥臂关断）}\end{cases} \tag{2-1}$$

式中，k=a，b，c。取 O 点为零电位，三相电感的回路方程及电容节点电流方程为

$$\begin{cases}e_a=R_L i_a+L\dfrac{di_a}{dt}+s_a u_{dc}+u_{NO}\\e_b=R_L i_b+L\dfrac{di_b}{dt}+s_b u_{dc}+u_{NO}\\e_c=R_L i_c+L\dfrac{di_c}{dt}+s_c u_{dc}+u_{NO}\end{cases}$$

$$C\frac{du_{dc}}{dt}=s_a i_a+s_b i_b+s_c i_c-i_{dc} \tag{2-2}$$

式中 L——输入侧电感；

R_L——输入侧电感的等效电阻；

C——输出滤波电容。

假设三相电压平衡，因变流器无中线，三相电压电流约束关系有

$$e_a+e_b+e_c=0$$

$$i_a+i_b+i_c=0$$

$$u_{NO}=-\frac{s_a s_b s_c}{3}u_{dc} \tag{2-3}$$

由公式可得三相静止坐标系下的系统数学模型，用矩阵表示如下

$$Z\frac{dX}{dt}=AX+u$$

$$Z=\mathrm{diag}[L\quad L\quad L\quad C]$$

$$X=[i_a\quad i_b\quad i_a\quad u_{dc}]^T$$

$$\mathbf{A}=\begin{bmatrix}-R_L & 0 & 0 & -\left(s_a-\dfrac{s_a+s_b+s_c}{3}\right)\\0 & -R_L & 0 & -\left(s_a-\dfrac{s_a+s_b+s_c}{3}\right)\\0 & 0 & -R_L & -\left(s_a-\dfrac{s_a+s_b+s_c}{3}\right)\\s_a & s_b & s_b & 0\end{bmatrix} \tag{2-4}$$

$$u=[e_a \quad e_b \quad e_a \quad -i_{dc}]^T$$

下面分析系统的开关周期平均信号模型。对公式所示的数学模型在一个开关周期内取平均值，可以得到开关周期的平均信号模型。平均信号模型忽略了系统的高频信息，控制量已经不再是非一即零的开关量，而是其低频平均量。平均信号模型中，开关信号的平均值，即平均占空比可以描述为

$$\langle s_j \rangle = d_j + \frac{1}{2}(j=a,b,c) \tag{2-5}$$

式中　d_a、d_b、d_c——调节器输出的调制信号。

将式（2-5）代入开关周期平均模型，为表述方便，以下的分析中去掉开关周期的平均量表达式中的〈〉符号，则平均信号数学模型为

$$Z\frac{dX}{dt}=AX+u$$

$$Z=\mathrm{diag}\,[L \quad L \quad L \quad C]$$

$$X=[i_a \quad i_b \quad i_a \quad u_{dc}]^T$$

$$\boldsymbol{A}=\begin{bmatrix} -R_L & 0 & 0 & -d_a \\ 0 & -R_L & 0 & -d_b \\ 0 & 0 & -R_L & -d_a \\ d_a & d_b & d_c & 0 \end{bmatrix}$$

$$\boldsymbol{u}=[e_a \quad e_b \quad e_a \quad -i_{dc}]^T \tag{2-6}$$

其微分方程表达式为

$$\begin{cases} L\dfrac{di_a}{dt}=-i_aR_L-d_au_{dc}+e_a \\ L\dfrac{di_b}{dt}=-i_bR_L-d_bu_{dc}+e_b \\ L\dfrac{di_c}{dt}=-i_cR_L-d_cu_{dc}+e_c \end{cases}$$

$$C\frac{du_{dc}}{dt}=d_ai_a+d_bi_b+d_ci_c-i_{dc} \tag{2-7}$$

2.2.2　两相坐标系下的数学模型

引入三相静止坐标系到两相静止坐标系的变换关系式

$$\begin{bmatrix} x_\alpha \\ x_\beta \end{bmatrix}=\frac{2}{3}\times\begin{bmatrix} 1 & -\frac{1}{2} & -\frac{1}{2} \\ 0 & \frac{\sqrt{3}}{2} & -\frac{\sqrt{3}}{2} \end{bmatrix}\times\begin{bmatrix} x_a \\ x_b \\ x_c \end{bmatrix} \tag{2-8}$$

将式（2-7）代入得到两相静止坐标系下控制对象的状态空间表达式如下

$$Z\frac{dX}{dt}=AX+u$$

$$Z=\mathrm{diag}\,[L \quad L \quad C]$$

$$X=[i_\alpha \quad i_\beta \quad u_{dc}]^T$$

$$\boldsymbol{A}=\begin{bmatrix} -R_{\mathrm{L}} & 0 & -d_{\alpha} \\ 0 & -R_{\mathrm{L}} & -d_{\beta} \\ \frac{3}{2}d_{\mathrm{a}} & \frac{3}{2}d_{\mathrm{b}} & 0 \end{bmatrix} \tag{2-9}$$

$$u=[e_{\alpha} \quad e_{\beta} \quad -i_{\mathrm{dc}}]^{T}$$

则系统电压电流方程为

$$\begin{cases} L\dfrac{\mathrm{d}i_{\alpha}}{\mathrm{d}t}=-i_{\alpha}R_{\mathrm{L}}-d_{\alpha}u_{\mathrm{dc}}+e_{\alpha} \\ L\dfrac{\mathrm{d}i_{\beta}}{\mathrm{d}t}=-i_{\beta}R_{\mathrm{L}}-d_{\beta}u_{\mathrm{dc}}+e_{\beta} \end{cases}$$

$$C\frac{\mathrm{d}u_{\mathrm{dc}}}{\mathrm{d}t}=\frac{3}{2}(d_{\alpha}i_{\alpha}+d_{\beta}i_{\beta})-i_{\mathrm{dc}} \tag{2-10}$$

从上面的传递函数矩阵，可以得到系统在两相静止坐标下的结构如图 2-3 所示。

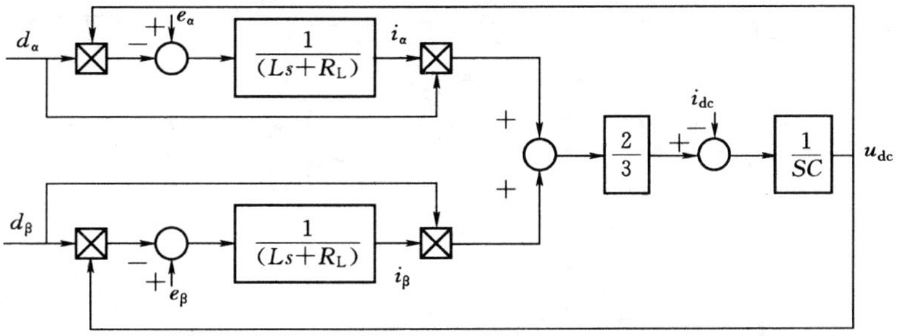

图 2-3　两相静止坐标下等效三相整流器结构框图

引入两相静止坐标到两相旋转坐标系的变换关系式，得公式为

$$\begin{bmatrix} x_{\mathrm{d}} \\ x_{\mathrm{q}} \end{bmatrix}=\frac{2}{3}\times\begin{bmatrix} \cos\theta & \sin\theta \\ -\sin\theta & \cos\theta \end{bmatrix}\times\begin{bmatrix} x_{\alpha} \\ x_{\beta} \end{bmatrix} \tag{2-11}$$

将式（2-10）代入，得到两相旋转坐标系下控制对象的状态空间表达式

$$\boldsymbol{Z}\frac{\mathrm{d}X}{\mathrm{d}t}=AX+u$$

$$\boldsymbol{Z}=\mathrm{diag}[L \quad L \quad C]$$

$$\boldsymbol{X}=[i_{\mathrm{d}} \quad i_{\mathrm{q}} \quad u_{\mathrm{dc}}]^{T}$$

$$\boldsymbol{A}=\begin{bmatrix} -R_{\mathrm{L}} & \omega L & -d_{\mathrm{d}} \\ -\omega L & -R_{\mathrm{L}} & -d_{\mathrm{q}} \\ \frac{3}{2}d_{\mathrm{d}} & \frac{3}{2}d_{\mathrm{q}} & 0 \end{bmatrix}$$

$$u = [e_d \quad e_q \quad -i_{dc}]^T \tag{2-12}$$

微分方程

$$\begin{cases} L\dfrac{di_d}{dt} = -R_L i_d + \omega L i_q - u_d + e_d \\ L\dfrac{di_q}{dt} = -\omega L i_d - R_L i_q - u_q + e_q \end{cases}$$

$$C\frac{du_{dc}}{dt} = \frac{3}{2}d_d i_d + \frac{3}{2}d_q i_q - i_{dc} \tag{2-13}$$

式中　i_d、i_q——三相输入电流的有功分量和无功分量；

e_d、e_q——三相输入电流的有功分量和无功分量；

d_d、d_q——旋转坐标系下控制占空比的 d 轴分量和 q 轴分量。

系统主电路等效结构如图 2-4 所示。当系统以电网电压相位为参考时，e_q 为零，i_q 稳态值为零，可以满足单位功率因数的要求，在阻性负载的条件下，依据式（2-13），推导出式（2-14），可以看出系统是个耦合多变量非线性系统。

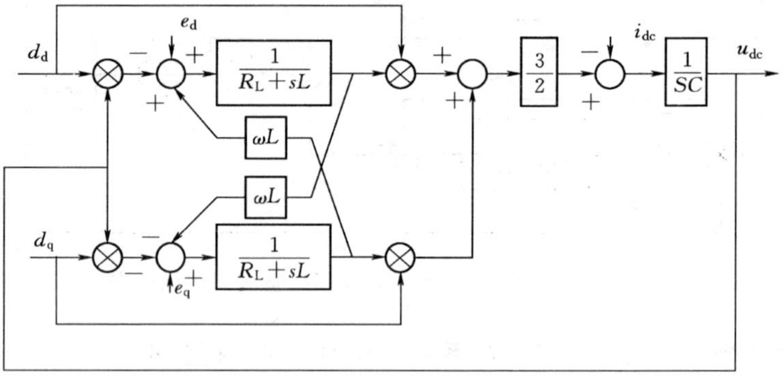

图 2-4　同步旋转坐标系主电路结构模型

$$\begin{pmatrix} L\dfrac{di_d}{dt} \\ L\dfrac{di_q}{dt} \\ C\dfrac{du_{dc}}{dt} \end{pmatrix} = \begin{pmatrix} -R_L & \omega L & -d_d \\ -\omega L & -R_L & -d_q \\ 3d_d/2 & 3d_q/2 & -1/R \end{pmatrix} \begin{pmatrix} i_d \\ i_q \\ u_{dc} \end{pmatrix} = \begin{pmatrix} e_d \\ e_q \\ 0 \end{pmatrix} \tag{2-14}$$

2.3　基本调制方法

2.3.1　SPWM 技术

正弦波脉宽调制技术（SPWM）是应用最为广泛的 PWM 技术，也是多种其他 PWM 技术的基础。SPWM 有规则采样法和自然采样法两种采样模式，在采样频率足够高的情况下，两者的频域响应基本相同。因此，这里只分析自然采样法 SPWM。自然采样法 SPWM 的基本原理如图 2-5 所示。三角载波与正弦调制波相比较，交点作为开关点。以三相电压型桥式变流器为例，以变流器直流侧电容中点作为参考点，交流侧电压 $U(t)$ 如图 2-5 所示。

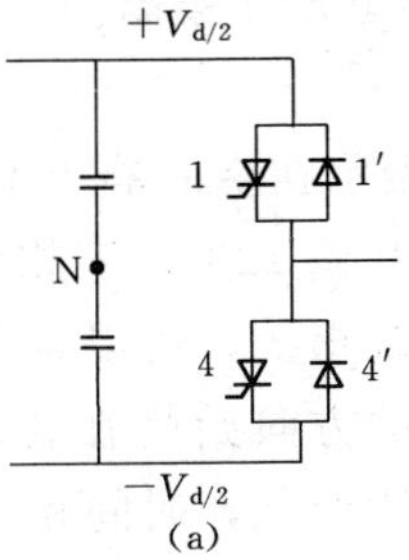

(a)

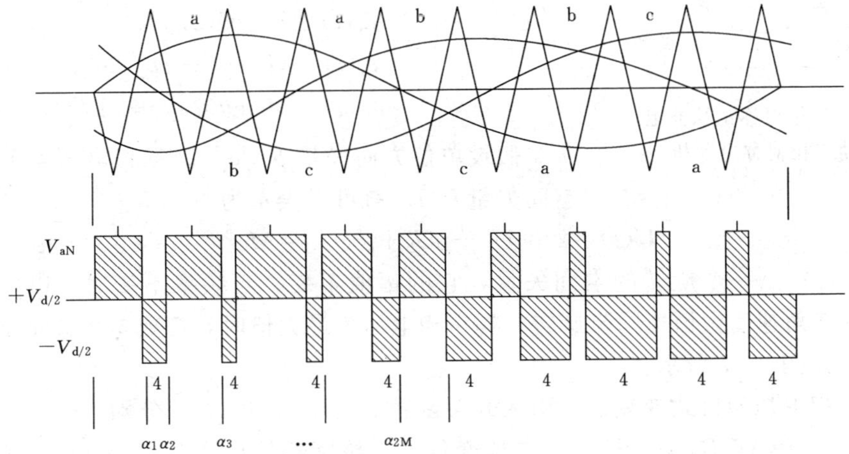

(b)

图 2-5 自然采样法 SPWM 的基本原理

自然采样法 SPWM 调制模型可以用下式表达

$$\frac{u_0}{\frac{U_d}{2}} = \sin(\omega_r t + \varphi) + \sum_{n=1}^{\infty} \frac{4}{n\pi}\sin\left\{\frac{n\pi}{2}[a\sin(\omega_r t + \varphi) - 1]\right\}\cos n\omega_c t \tag{2-15}$$

式中 a——调制比（调制波幅值与三角波幅值之比，不大于 1）。

该波形具有以下几个特点：①基波成分与调制波完全相同，具有线性传输关系；②不含偶数次载波谐波。考虑三相的情况，线电压基波为

$$u_{UV} = a\frac{U_d}{2}\sin\left(\omega_r t + \varphi + \frac{\pi}{6}\right) \tag{2-16}$$

与相电压相比，线电压频谱中不含载波谐波和含 3 的倍数次谐波[3]。

2.3.2 SVM 技术

经典的 SPWM 控制主要着眼于使逆变器输出电压尽量接近正弦波，对电流波形一般只能采取间接控制。输入电流尽量接近正弦波，而异步电机则需要稳定的电磁转矩。如果

对准这一目标，按照跟踪圆形磁场来控制 PWM 电压，那么控制效果就会更直接，这就是“磁链跟踪控制”的基本思想。磁链的轨迹是靠电压空间矢量相加得到的，所以这种方法又叫做“电压空间矢量调制”，即 SVM。SVM 技术最初应用在电机调速领域，后来扩展成为一种在整流/逆变领域应用广泛的 PWM 策略。

2.3.2.1　空间电压矢量的概念

如图 2－6 所示，A，B，C 分别表示在空间静止不动的电机定子三相绕组的轴线，在空间互差 120°，三相定子相电压 U_A、U_B、U_C 分别加在三相绕组上，可以定义 3 个电压空间矢量 u_{AO}、u_{BO}、u_{CO}，它们的方向始终在各相的轴线上，而大小则随时间按正弦规律变化，时间相位互差 120°。

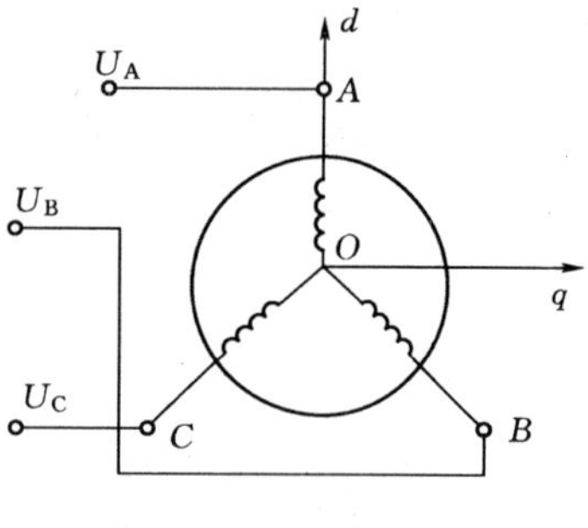

图 2－6　三相对称正弦波电压驱动三相对称电动机

假设 M 为相电压幅值，f 为电源频率，则有

$$\begin{cases} u_A(t)=M\sin\theta(2\pi ft) \\ u_B(t)=M\sin\theta(2\pi ft-2\pi/3) \\ u_C(t)=M\sin\theta(2\pi ft+2\pi/3) \end{cases} \tag{2-17}$$

假设单位方向矢量 $\boldsymbol{\beta}=e^{j\frac{2}{3}\pi}$。三相电压空间矢量合成空间矢量 $\boldsymbol{U}(t)$ 就可以表示为

$$\boldsymbol{U}(t)=2/3[U_A+\beta U_B+\beta^2 U_C]=Me^{j2\pi ft} \tag{2-18}$$

可见 $\boldsymbol{U}(t)$ 是一个旋转的空间矢量，它的幅值不变。当频率不变时，以电源角频率 $2\pi f$ 可为电气角速度做恒速同步旋转，哪一相电压为最大值时，合成电压矢量就落在该相的轴线上，如图 2－7 所示。

对于三相电压型桥式变流器，引入开关函数 S_A、S_B、和 S_C，分别代表 3 个桥臂的开关状态。$S_X(X=A, B, C)$ 是一个二值变量，上桥臂器件导通时 $S_X=1$，下桥臂器件导通时 $S_X=0$。(S_A，S_B，Sc) 组合在一起，一共有 8 个基本工作状态，即 100、110、010、011、001、101、111、000。其中前 6 个工作状态是有效的，称作非零矢量；后两个工作状态称作零矢量。图 2－8 所示为复平面上三相电压型桥式变流器的基本矢量分布。

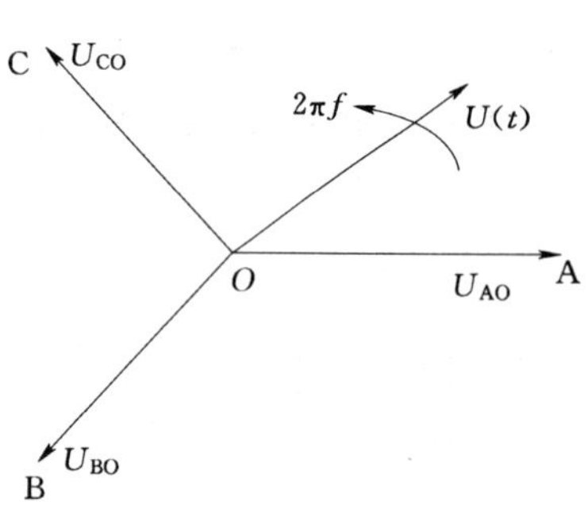

图 2－7　电压空间矢量

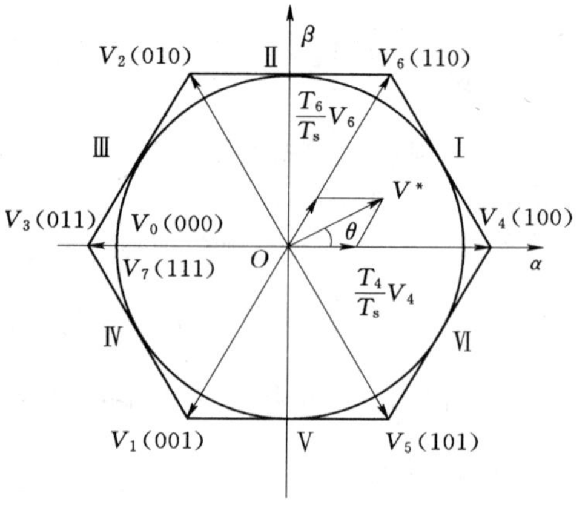

图 2－8　在复平面上三相电压型桥式变流器基本矢量图

2.3.2.2 SVM 基本原理

从式（2-18）可以明显看出电压矢量 $\boldsymbol{U}(t)$ 在复平面上随时间变化的轨迹为圆。如果对三相定子相电压 U_A、U_B、U_C。进行采样，其采样频率 $f_s(T_s=1/f_s)$，则离散矢量 $\mathbf{V}$ 可表示为

$$\begin{cases}\mathbf{V}(k)=M\mathrm{e}^{\mathrm{j}\varphi(k)}\\ \varphi(k)=2\pi fT_sk\end{cases}\tag{2-19}$$

式中　$\varphi(k)$——在第 k 个采样周期对应的位置角。

当 k 从 $0\sim n(n=f_s/f)$ 变化时，$\mathbf{V}(k)$ 在复平面上就形成了一系列的离散矢量，如图 2-9 所示。

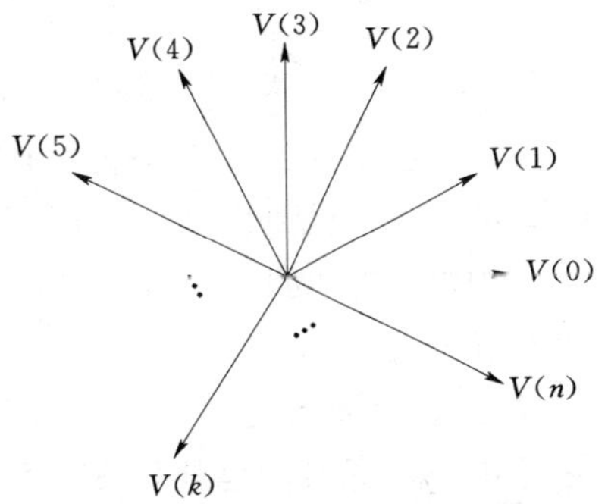

图 2-9　离散的电压矢量图

前面已经谈到，在三相电压型桥式变流器中，只能得到 8 个基本矢量。在一个开关周期 $T_s(T_s=1/f_s)$ 内，如图 2-8 中的参考矢量 $\mathbf{V}$ 作用效果可以由与其相邻的两个非零矢量和零矢量来合成（线性表示）。矢量合成方程如下

$$\begin{cases}\mathbf{V}^*=\mathbf{V}_4k_4+\mathbf{V}_6k_6+\mathbf{V}_zk_z\\ k_z+k_4+k_6=1\end{cases}\tag{2-20}$$

$$k_x=t_s/T_s,\quad x=4,\ 6,\ z$$

式中　T_s——对应矢量的作用时间；

$\mathbf{V}_z$——零矢量。

事实上，图 2-9 中的任意矢量都可以由 8 个基本矢量合成。式（2-20）中零矢量 $\mathbf{V}_z$ 可以是 $\mathbf{V}_0$，$\mathbf{V}_7$ 的组合，也可以单独使用其中一个，零矢量的作用时刻也可以选择，因此，零矢量的分配关系与作用时刻的不同安排可以得到不同的调制方式。从图 2-8 可以看出，6 个非零矢量将整个单区。以第Ⅰ扇区为例，依平行四边形法则，有

$$T_4\mathbf{V}_4+T_6\mathbf{V}_6=T_s\mathbf{V}^*\tag{2-21}$$

由式（2-21）解得

$$\begin{cases}T_4=\dfrac{\sqrt{3}MT_s\sin\left(\dfrac{\pi}{3}-\theta\right)}{U_d}\\ T_6=\dfrac{\sqrt{3}MT_s\sin\theta}{U_d}\\ T_0=T_s-T_4-T_6\\ 0<\theta<\dfrac{\pi}{3}\end{cases}\tag{2-22}$$

式（2-21）中，T_4、T_6 不足时，插入零矢量补足，一般地，有

$$\begin{cases}T_{00}=kT_0\\ T_{07}=(1-k)T_0\end{cases}\tag{2-23}$$

式中　T_{00}、T_{07}——零矢量 V_0、V_7 的作用时间；

$0\leqslant k\leqslant 1$。

其他扇区的调制算法完全相同。定义幅度调制比 m_r 为

$$m_r=\frac{M}{U_d/\sqrt{3}} \tag{2-24}$$

从式（2-20）可见，电压空间矢量调制的线性调制约束条件是

$$T_4+T_6\leqslant T_S \tag{2-25}$$

将式（2-22）和式（2-23）代入得

$$m_r\leqslant\frac{1}{\cos\left(\frac{\pi}{6}-\theta\right)} \tag{2-26}$$

式（2-25）、式（2-26）对于任何 θ 都应成立，而 $\cos\theta\leqslant 1$，因而幅度调制比 m 的最大值为 1，也就是说逆变器输出相电压的极限峰值是 $U_d/\sqrt{3}$。反映在矢量图上，最大电压空间矢量的轨迹就是图 2-8 所示的正六边形的内切圆。传统的 SPWM 最大相电压峰值是 $U_d/2$，因而 SVM 的直流电压利用率比 SPWM 提高了 15%。以上推导过程与矢量发送顺序和 k 值无关，因此，直流电压利用率高是 SVM 的本身特性。无论以何种方式产生 SVM 波形，只要满足式（2-22）和式（2-23），它们的电压利用率都是一样的。进一步计算可知，m_r 取 1，也就是 SVM 输出最大时，线电压峰值等于 U_d，已经达到直流母线电压，再增加就不是线性调制了，所以 SVM 的直流电压利用率是最高的。

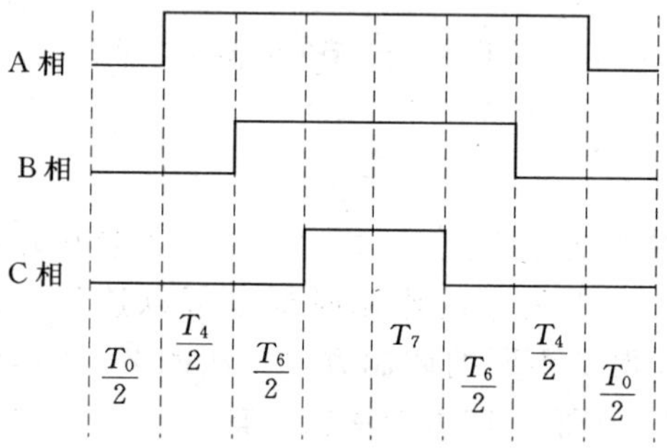

图 2-10 常规 SVM 在一个采用周期内的开关波形

式（2-23）中 k 的不同取值对应着不同的调制模式，在谐波特性和开关损耗上也有不同的特点。一般将 SVM 的调制模式分为常规 SVM 和最小开关损耗 SVM 两种。常规 SVM 策略在一个采样周期内有 6 次开关动作，与 SPWM 的开关频率相同。以第一扇区为例，其在一个采样周期内的开关触发波形如图 2-10 所示。其中 T_4、T_6 为矢量 V_4、V_6 的作用时间，T_0、T_7 为零矢量 V_0、V_7 的作用时间，T_S 为采样周期。

2.3.3 阶梯波

阶梯波脉宽调制是在多电平变流器领域中应用相当广泛的一种控制方法，其基本原理是将几个电平台阶合成阶梯波，通过调节各电平台阶的宽度，逼近正弦波，以达到消除和抑制谐波的目的。这种调制方法可以使器件的开关频率达到最低，即基波频率，因而开关损耗最小，但此时器件的主导损耗是通态损耗。具体地应用在级联型多电平变流器中时，每个由单相全桥电路构成的变流器单元都采用桥内移相方波控制。调节各电平台阶的方法，目前主要采用定次谐波消除法（Selected Harmonics Elimination）。

定次谐波消除技术（以下简称为 SHE 技术）是一种常用的优化开关调制技术。这种技术的基本思想是利用特殊的开关角配置，使影响较大的低次谐波分量为零。这种技术通常应用在二电平优化 PWM 技术中，可以在较低的开关频率下获得较好的谐波特性。这种技术也可以应用在阶梯波脉宽调制中，具体的原理如下：

以 3 个单元构成的七电平级联型电路为例，其输出电压波形如图 2-11 所示。对图 2-11 所示的波形进行傅里叶分析，由于该波形关于半周期成奇函数对称，因而不含余弦项；关于 1/4 周期成轴对称，因而不含偶次项。其各次谐波幅值的表达式为

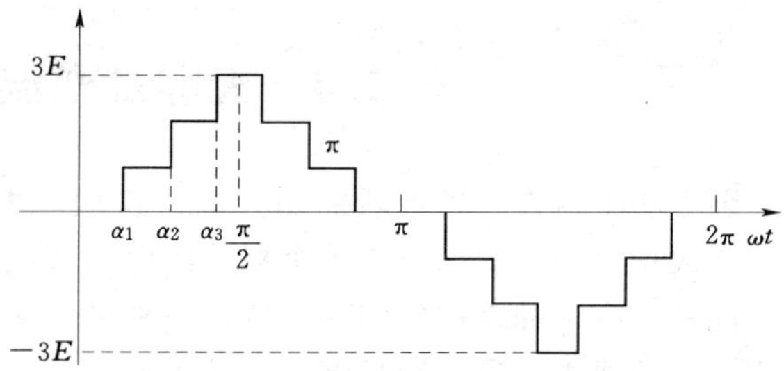

图 2-11 级联七电平输出电压波形

$$m_r \leqslant \frac{1}{\cos\left(\frac{\pi}{6}-\theta\right)} \tag{2-27}$$

为了控制基波幅值，并消除谐波成分，建立 3 个非线性方程。

$$\begin{cases} \cos\alpha_1+\cos\alpha_2+\cos\alpha_3=\dfrac{\pi h_1}{4E} \\ \cos3\alpha_1+\cos3\alpha_2+\cos3\alpha_3=0 \\ \cos5\alpha_1+\cos5\alpha_2+\cos5\alpha_3=0 \end{cases} \tag{2-28}$$

解方程组（2-28），可以得到相应的开关角度。方程组（2-28）是一个非线性超越方程组，一般采用 Newton-Raphson 法迭代求解，这种方法的关键问题是初始值的选择。初始值选择不好，可能导致迭代过程不收敛。也可以将上述方程组的求解问题转化为最优化问题，采用单纯型法求解，这种方法对初始值的依赖性不强，但比较复杂，不过 MATLAB 仿真软件提供了最优化程序包，因而这个问题可以比较容易的解决。另外，有文献提出另一种策略，就是将式（2-28）中第二个和第三个方程中的三倍角余弦和五倍角余弦展开为单倍角余弦的多项式，这样就将超越方程变成了高次代数方程。高次代数方程的数值解法比超越方程要简单一些。

基于 SHE 的阶梯波脉宽调制技术能够直接消除系统中指定次数的谐波分量，效果直观、原理清晰。随着电平数的增加，输出电压波形的谐波畸变将更小，使得逆变器输出不接滤波器而直接与负载连接成为可能，但这种调制技术缺点：

（1）消除谐波的自由度受到输出电平数的限制能够控制的谐波数目为 $(n-3)/2$。例如，对于三相无中线系统，要达到消除 19 次以下谐波的要求，输出相电压的电平数达到 15，所需变流器单元数就得达到 21。

（2）开关角方程组是一个高阶非线性超越方程组需要大量的浮点数运算，即使是转化为高次代数方程很难实现实时运算。一般需要先离线求解，然后在线查表的方式使用。这显然不能适应一些需要快速动态响应，如 APF、高动态性能交流电机变频调速（如矢量领域）。

（3）由于每一级电平都采用与基波频率相同的方波控制，因而这种调制策略下的传输带宽较低，不适用于对信号传输性能要求较高的场合，如 APF 等。

2.4　大容量变流器拓扑结构

随着功率器件和各种新控制方法的发展，大容量变流器的拓扑结构取得了很大的进展。在大功率的应用场合，单个器件的电压或电流承受能力往往不能适应容量要求。对于这一问题，有两种常用的解决思路：一种是将多个器件串、并联在一起做单个器件使用以适应容量的要求；另一种是将多个基本变流器单元串、并联在一起，以达到提升功率等级的目的。从这两个基本思路出发，出现了大容量变流器拓扑结构的两种基本形式，即多重化变流器和多电平变流器。

在大容量变流器发展的初期，只是将功率器件或变流器单元简单串、并联起来，实现功率的扩充，对装置本身的控制仍然采取单个器件或者单个变流器单元的控制手段。随着用电设备和电力系统对电能品质主要是谐波品质的要求越来越高，这样简单的控制方式已经不能满足需求。实际上，把串、并联在一起的多个器件或变流器单元做单个器件或变流器进行控制，限制了各器件或变流器自身性能的充分利用。如果能够对各个器件或变流器单元分别进行控制，那么器件或变流器单元的控制自由度就大大提高，控制效果也就会得到改善。

2.4.1　多重化变流器

将常规变流电路（如第 2 章所述的三相桥式变流器）作为基本单元，将多个变流器单元串、并联在一起，构成一个整体的大容量变流装置，就是多重化变流器的基本概念。多重化变流器从功能、结构上还可以进一步划分为常规多重化变流器和组合变流器。

2.4.1.1　多重化整流器

在整流方面，多重化结构是以多个整流电路在交流侧通过变压器并联，并将各整流电路输入电压的相位错开，以减小输入谐波。以 12 脉波整流电路为例，如图 2－12 所示，整流变压器二次绕组分别采用 Y 形或△形连接，构成相位差 30°、大小相等的两组电压，

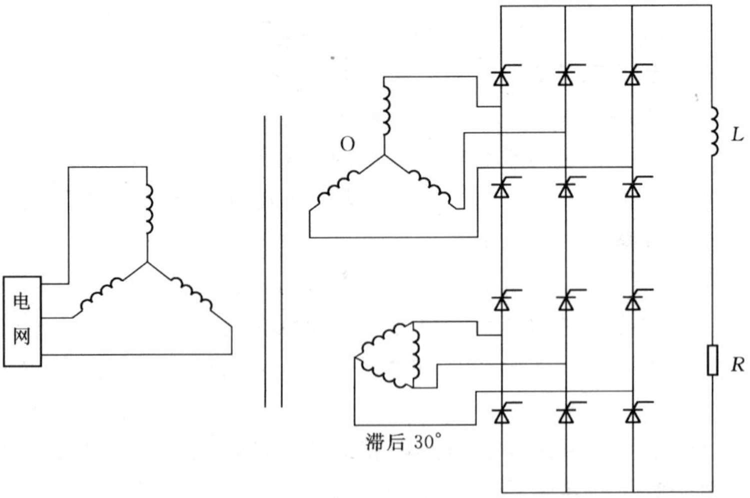

图 2－12　12 脉波整流电路结构

加到两组整流桥上。因为绕组联结不同，变压器一次绕组和两组二次绕组的匝比为 $1:1:\sqrt{3}$。经过这样的组合，输入电流中仅含（$12k\pm1$）次（k 为自然数）谐波，总功率因数可以达到 0.98cos$a$（a 为控制滞后角）。这种控制方法不断发展，又衍生出 18 脉波、24 脉波、36 脉波等一系列 6m 脉波（$m\geqslant2$）整流器。如果采用多重化（18 脉波以上）的二极管不控整流电路，总的输入功率因数可保持在 0.95 以上。

在逆变方面，多重化技术是以多个逆变电路单元在负载端串、并联，各逆变电路单元以相同频率不同相位工作。对于 N 个三相变流电路，将其输出波形的相位各错开 $\pi/(3N)$ 运行，连同抵消它们之间相位差的变压器（移相变压器），可以构成脉波数为 $6N$ 的变流器系统。输出波形中包含 6kN±1（k 为整数）次的谐波含量。根据变压器输出侧绕组的联结方式可分为串联多重化和并联多重化：串联多重化是将输出侧绕组进行串联联结，这种方式在电压型变流器中最常用。并联多重化是将输出侧绕组进行并联联结，由于电压波形的差会产生循环电流，因此并联多重化结构在电压型变流电路中慎用。在这两种联结方式中，还分别有直流侧串联和直流侧并联的结构。

综上所述，多重化结构有以下特点：

（1）器件的开关频率是基波频率，开关损耗小，但这种频率下，器件的通态损耗是主导损耗。

（2）输出功率大，运行效率高。

（3）在逆变场合中，控制采用 PAM 方式，通过调节直流侧电压来实现输出功率的调节，系统动态响应差、控制不灵活。

（4）为了减小谐波，各装置输入/输出波形需错开一定的相位，这将影响输出的基波叠加，造成基波损失。

（5）变压器直接参与谐波抑制和消除的工作。需要采用具有移相功能的曲折变压器或延边变压器，这无疑大幅度提高了系统成本；在移相变压器的制作成本中，绕组的曲折设计或延边设计所占比重超过 1/3。

2.4.1.2　组合变流器

组合变流器指的是采用载波相移 PWM 技术等新型调制技术的多重化变流器，实质是 PWM 技术与多重化技术的有机结合。组合变流器载波相移 PWM 技术的基本思想是：N 个变流器单元均采用低开关频率的 PWM，并具有相同的频率调制比 k、幅度调制比 m 和共同的正弦调制信号，而各变流器单元的三角载波的相位角依次差 $2\pi/(N\cdot k)$，利用 PWM 技术中的波形生成方式和多重化技术中的波形叠加结构产生载波相移 PWM 波形。

组合变流器的拓扑结构从交流侧可分为并联型、串联型、混联型，直流侧又可以分为独立直流源供电型和单电源供电型。图 2－13 所示为组合变流器几种典型的拓扑结构。采用并联型结构，通过电流的叠加实现谐波的抵消，能够获得较大的输出电流，但各变流器单元交流侧的电流的谐波未被消除，如图 2－13（a）和（d）所示；采用串联型结构，通过电压的叠加实现电流中谐波的抵消，变流器单元交流侧的谐波较小，所需的滤波电感比并联型更小，如图 2－13（b）所示。为了兼顾并联型和串联型的优点，可以采用混联型，如图 2－13（c）所示。而在直流侧采用独立直流源结构，可以避免变压器的使用，从而减小变流器的体积，如图 2－13（d）所示[4,5]。

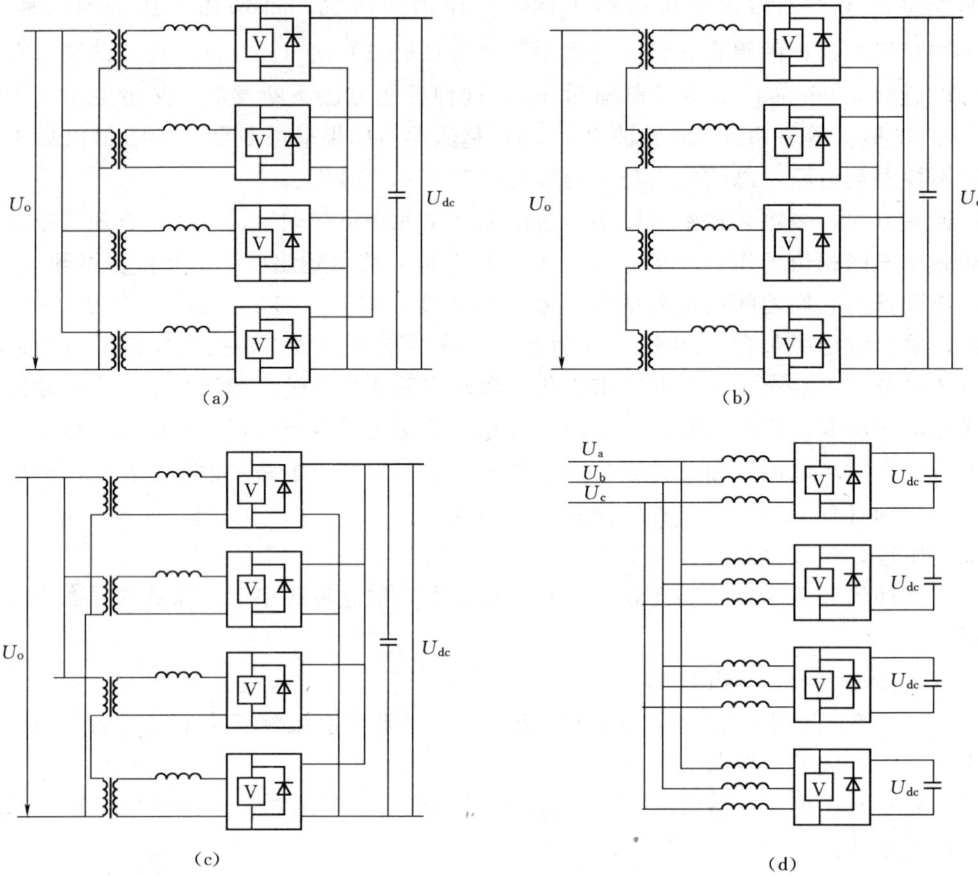

图 2-13　组合变流器的各种拓扑结构

(a) 直流侧采用单电源的并联型结构；(b) 直流侧采用单电源的串联型结构；(c) 直流侧采用单电源的混联型结构；(d) 直流侧采用独立直流源的并联型结构

在组合变流器中，变压器只起到隔离和模块间联结的作用，所有变压器的变比和联结方式都是统一的，不需要特殊设计。相对于多重化结构而言，这是一个进步。

载波相移 SPWM 组合变流器具有以下特点：

(1) 载波相移 SPWM 组合变流器各变流器单元的开关频率低，可采用特大功率电力电子器件 GTO 等组成大功率变流装置，并降低器件开关损耗。

(2) 组合变流器输出谐波小，可大大减小滤波器的体积、尺寸和价格。

(3) 组合变流器等效开关频率高，传输频带宽，传输线性好，容易引入一些优秀的控制方法。

(4) 各变流器单元的电路结构完全相同，易于模块化实现。

(5) 开关器件的工作负荷均衡一致。

(6) 串联型结构必须使用变压器连接。

2.4.2　多电平变流器

在提升功率等级的策略上，除了多重化机构外，将功率器件串、并联使用，也是满足系统容量要求的一个简单有效的办法。起初串、并联在一起的各个器件，被当做单个器件使用，其控制也是完全相同的。这样做虽然能够达到容量要求，但由于各器件本身的特性不可能完全相同，会导致各器件的电压、电流不均衡，严重时造成器件损坏甚至控制失败，因此，其关键技术是串联均压、并联均流问题。为了解决上述问题，必须采用新型电路拓扑，多电平变流器应运而生。

日本学者 A. Nabae 于 1983 年提出的中点钳位型 PWM 逆变电路对于多电平变流器拓扑结构的发展具有开创性的意义。单相中点钳位型变流器的结构如图 2-14 所示，该变流器的输出电压为三电平。如果去掉两个钳位二极管，这种变流器就是用两个功率器件串联使用代替单个功率器件的半桥逆变电路。由于两个钳位二极管的存在，各个器件能够分别进行控制，因而避免了器件直接串联引起的动态均压问题。与普通的二电平变流器相比，由于输出电压的电平数有所增加，每个电平幅值相对降低，由整个直流母线电压降为一半直流母线电压，在同等开关频率的前提下，可使输出波形质量有较大的改善，输出 $\mathrm{d}u/\mathrm{d}t$ 也相应下降。中点钳位型变流器显然比普通二电平变流器更具优势。

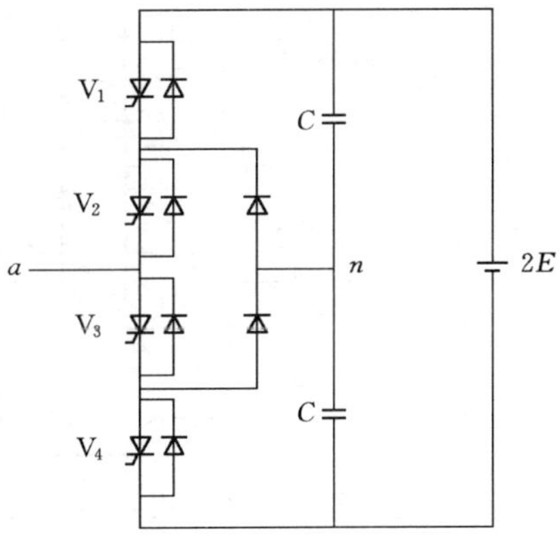

图 2-14　单相中点钳位型变流器

以中点钳位变流器为基础，又相继出现了二极管钳位型多电平变流器（Diode-clamped Multilevel Converter）、电容钳位型多电平电流器（Flying-capacitor Multilevel Converter），于 1995 年 F. Z. Peng 提出了以单相全桥变流电路为基本变流器单元的且在交流侧直接级联而构成的级联型多电平变流器结构（Cascade Multilevel Converter）。这种结构省去了磁耦合多脉波变流器中模块间连接所需的变压器或电抗器，可以直接输出高压；同时这种结构与多重化变流器结构在本质上是等价的，因而又可以应用诸如载波相移 PWM 技术等性能优越的新型开关调制技术，因而有着良好的应用前景。前面所提到的多电平变流器都是电压型变流器。电流型多电平变流器的研究目前还比较少，但最近也发展出一些新型的拓扑结构[21-23]。

2.4.2.1　二极管钳位型多电平变流器

一个 m 电平的二极管钳位型变流器在电容串联产生 $m-1$ 电平的电压。图 2-15 所示二钳位型变流器的结构图。直流侧由 4 个电容上的电压为 1/4 电源电压。通过开关器件的不同组合产生不同的电平。

二极管钳位型变流器同时具有多重化和脉宽调制的优点：输出功率大，器件开关频率低，等效开关频率高；交流侧不需要变压器连接，动态响应好，传输带宽较宽等。但这种变流器也存在以下不足：

(1) 对钳位二极管的耐压要求较高，且数量庞大。对于 m 电平变流器，如果使每个二极管的耐压等级相同，每相所需的二极管数量为 $(m-1)\times(m-2)$。这些二极管不但大大提高了成本，而且会在线路安装方面造成相当的困难；因此在实际应用中一般仅限于七电平或九电平以下变流器的研究。

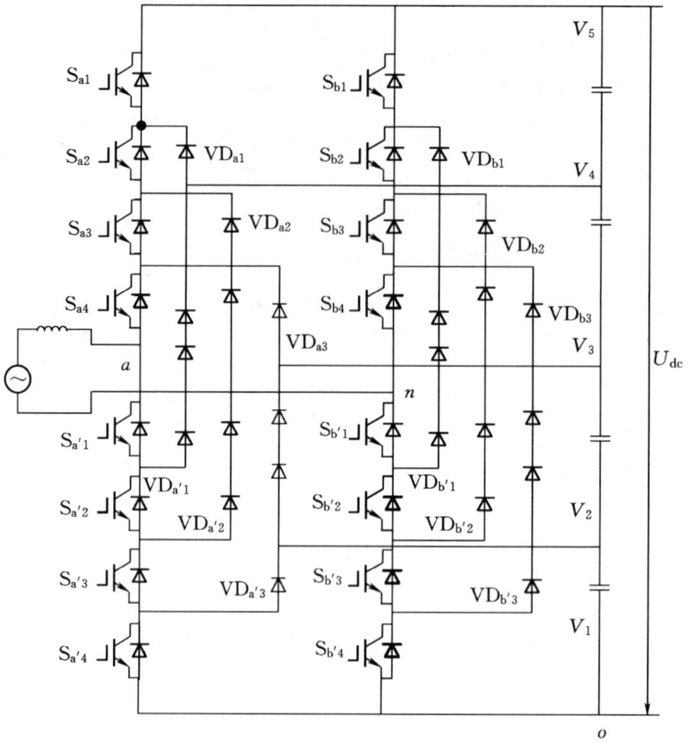

图 2-15　五电平二极管钳位型变流器

(2) 开关器件的导通负荷不一致。如图 2-15 所示，开关 S_{a1} 仅在 $u_{ao}=U_{dc}$ 时开通。而开关 S_{a4} 仅在 $u_{ao}=0$ 时不开通。导通负荷不平衡就导致开关器件的电流等级不同。如果按导通负荷最严重的情况设计器件的电流等级，则每相有 $2\times(m-2)$ 个外层器件的电流等级过大，造成浪费。

(3) 在变流器进行有功功率传送的时候，直流侧各电容的充放电时间各不相同，从而造成电容电压不平衡，增加了系统动态控制难度。

2.4.2.2　级联型多电平变流器

级联型多电平变流器，采用若干个低压 PWM 变流单元直接级联的方式实现高压输出。如图 2-16 所示为带有独立直流源的单相级联型多电平变流器的基本结构。相对于二极管钳位型多电平变流器、电容钳位型多电平变流器，这种结构避免了大量钳位二极管或者电压平衡电容的使用。每个独立直流源与一个单相全桥变流器相连。交流侧的端电压通过串联方式叠加，形成多电平变流器的输出电压。每个单相全桥变流器可以产生一个三电平的输出电压。由 m 个变流器单元

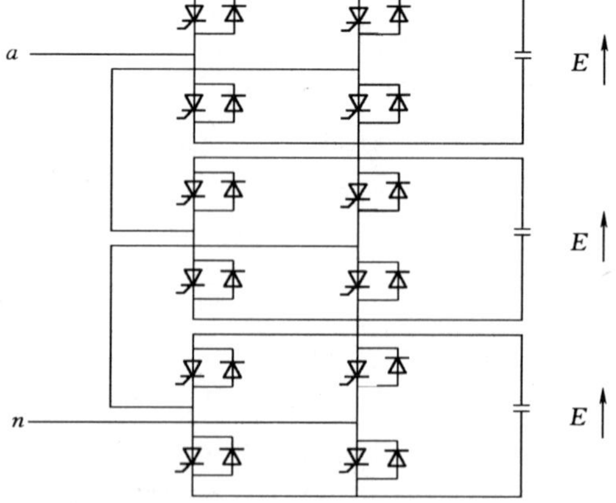

图 2-16　单相级联型多电平变流器的结构拓扑

级联而成的多电平变流器的电平数为（$2m+1$）。由 3 个单相级联型多电平变流器，通过 Y 形或△形连接，可构成三相级联型多电平变流器，如图 2－17 所示。

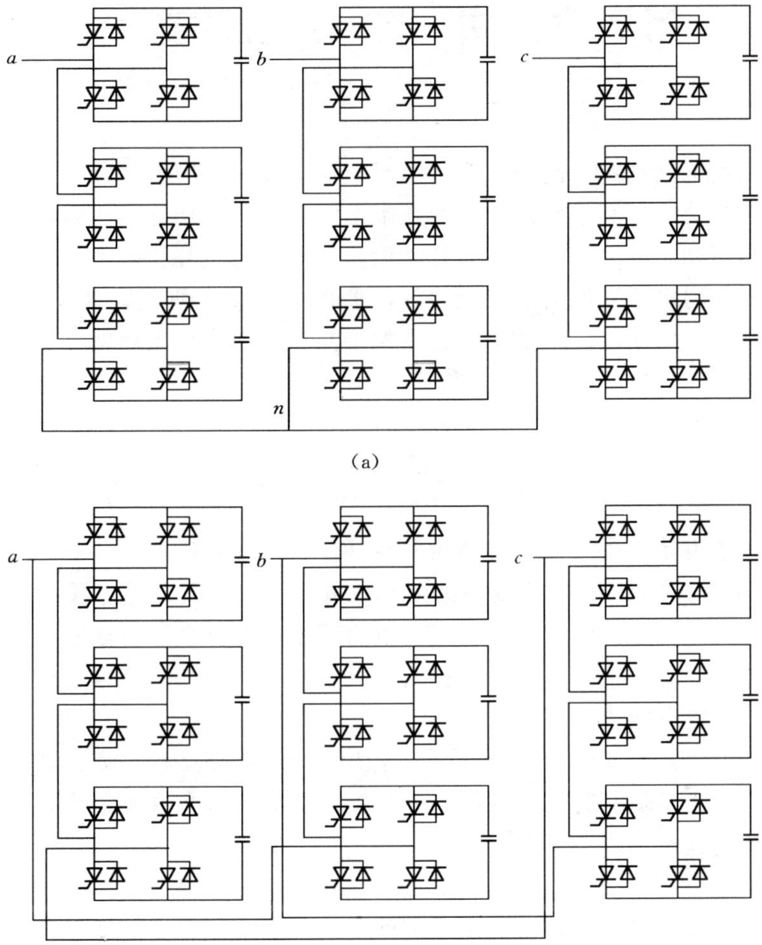

（a）

（b）

图 2－17　三相级联型多电平变流器的不同连接

（a）Y 形连接图；（b）△形连接图

级联型多电平变流器有以下特点：

（1）与其他两种多电平变流器相比，级联型多电平变流器获得同样电平数输出时，使用的元器件最少，容易实现电平数较高的输出。

（2）每个变流器单元的结构相同，容易进行模块化设计、调试和安装。

（3）因为各变流器单元之间相对独立，所以可以较容易地引入软开关控制。

（4）直流侧的均压比较容易实现。

（5）各变流器单元的工作负荷一致。

（6）对于有功功率变换场合，需要独立直流在某些领域受到限制。

第3章　并联补偿技术

并联补偿在输电网和配电网中都得到广泛应用，在输电网中，其主要功能是改善潮流可控性、提高系统稳定性和传输能力。而在配电网中，主要功能是提高负荷电能质量和减小负荷对电网的不利影响。传统的无功补偿设备如电容器组补偿能力有限，同步调相机响应速度慢。基于电力电子器件的静止无功补偿器以响应速度快、容量大和紧凑型等优点，成为大功率并补装置的主流。本章主要介绍基于晶闸管的静止无功补偿器（SVC）和基于可控器件的静止同步并联补偿器（STATCOM）基本原理和工程应用情况。

3.1　并联补偿概述

电力系统补偿设备按接入方式可分为并联补偿、串联补偿和串并联混合补偿三种，而并联型FACTS控制器是并联补偿设备的主要成员。由于并联补偿方式的接入和退出都很方便，因此在电力系统中得到广泛的应用。电力系统并联补偿具有如下特点：

（1）并联补偿只需要电网提供一个接入节点，并联补偿的另一端为大地或悬空的中性点，因此并联补偿设备接入电网很方便。

（2）并联补偿接入方式简单，不会改变电力系统的主要结构，而且通过调节并联补偿输出，可以在系统正常运行时接入系统，并将接入造成的影响减到最小，甚至做到无冲击投入运行和无冲击退出运行。

（3）并联补偿设备要么只改变系统节点导纳矩阵的对角线元素，要么等效为注入电网的电流源，因此并联补偿的投入对电力系统的复杂程度增加不多，便于分析，这是并联补偿的好处之一。

（4）由于并联补偿设备与所接入点的短路容量相比通常较小，并联补偿对节点电压的控制能力较弱，它主要是通过注入或吸收电流来改变系统中电流的分布。因此，并联补偿适合于补偿电流，对于电压的补偿能力相对较弱。

（5）并联补偿只能控制自身注入的电流，而电流进入电网后如何分布则由系统状况决定，因此并联补偿通常能使节点附近的一定区域均受益，适合于电力部门采用。而串联补偿可以针对特定的用户采用，更适用于特定用户的补偿。基于上述特点，电流源性质的装置比电压源性质的装置更加适合于用作并联补偿。

（6）并联补偿设备需要承受全部的节点电压，其输出电流要么是由接入点电压决定的，要么是可控的。因此并联补偿设备的输出通常受系统电压的限制。

在电网中，并联补偿设备可以根据需要灵活布置，常见的方式有两种：一种是安装于输电线路的受电端（负荷侧），另一种是在长传输线中间增加变电站（即线路分段）并布置并联补偿设备。并联补偿可以向系统中注入电流或改变系统导纳矩阵的对角元素，因此采用并联补偿可以方便地向系统注入或从系统吸收无功和有功功率，进而可以控制电力系统的无功功率和有功功率的平衡。正是并联补偿的这种上述能力，使得并联补偿对电力系统具有如下作用：

（1）向电网提供或从电网吸收无功或有功功率。

（2）改变电网的阻抗特性。

（3）提高电力系统的静态稳定性。

（4）改善电力系统的动态特性。

（5）维持或控制节点电压。

（6）通过控制潮流变化，阻尼系统振荡。

（7）快速可控的并联补偿可以提高电力系统的暂态稳定性。

（8）负荷补偿，提高系统的电能质量。

并联补偿技术在电力系统中的应用已有很长的历史，最早是各种机械投切式并联补偿装置，如在负荷侧采用机械投切的电容器和电抗器进行无功功率补偿，改善系统的电压水平和负荷的功率因数。由于机械投切式并联补偿会造成较大的冲击，同时其补偿性能有限（如响应慢、离散补偿、受接入点电压限制等），人们开始在负荷中心安装同步调相机，它能双向和平滑地调节无功功率，具有较强的补偿控制功能，对调节负荷中心的无功功率平衡和维持负荷中心的电压水平有重要的作用。但是，同步调相机是旋转设备，建设投资额大，运行维护都很复杂，响应速度也较慢，且随着负荷中心地区对环境要求的提高，旋转设备带来的噪声等问题也使居民越来越不满意。因此，在设计新的并联补偿设备时，已很少考虑同步调相机了。世界上最早用于取代同步调相机的静止并联无功补偿设备，是由 E. Friedlander 博士发明的直流控制的自饱和电抗器，第一台这种类型的并联补偿设备于 1964 年在一家钢厂投入商业运行，并于 1967 年开始在输电系统中投入商业运行。

随着大功率晶闸管的诞生和应用，在 20 世纪 70 年代，出现了一系列晶闸管投切或控制的并联补偿设备，如 TSC、TSR、TCR 及其综合体——SVC。1977 年，基于晶闸管的 SVC 装置首次在电力系统投入商业运行，用于美国 Nebraska 州西部的一个 115kV 电网，实现自动和连续的电压控制。SVC 不仅可以快速调节补偿的无功功率（响应时间在几十毫秒），而且 TCR 可以平滑调节输出，加以没有旋转部件、维护简单和成本较低，很快成为电力系统并联补偿的主要选择，得到广泛应用，使电力系统并联补偿进入了一个新的阶段。截至 1999 年底，全世界已有约 500 台容量超过 50Mvar 的 SVC 装置投入运行，其应用领域包括输配电系统，HVDC 换流站的无功补偿和抑制电弧炉等大型冲击负荷造成的电压波动等。但 SVC 本身也存在一定的问题。首先，晶闸管控制只能以斩波方式工作，会产生较大的谐波；其次，这些装置并联接入系统后会改变系统的阻抗特性，过多安装这些设备可能导致出现振荡；再者，由于这些设备的阻抗特性，补偿容量与电压平方成正比，使得在系统电压偏低或偏高时，补偿容量过小或过大，影响了补偿效果；此外，由于晶闸管的关断不能控制，开关频率低，对配电系统电能质量的补偿能力较弱[3]。

1980 年，日本三菱公司采用晶闸管和强迫换相技术成功研制出世界上第一台基于变换器的静止同步补偿器 STATCOM，并投入工业运行。此后，STATCOM 作为一种先进的动态并联补偿设备，得到大量的研究和迅速的发展，推动了 FACTS 技术的进步。随着高压大容量可关断器件，如IGBT、GTO、IGCT等的实用化，STATCOM主电路已用自换相器件取代了最初的晶闸管，从而取得更高的性价比。与SVC相比，STATCOM具有一系列优越性，如：具有可控电流源或电压源特性（相对于SVC的阻抗型特性），响应速度快（达到10ms级），连续控制的精度高，可调范围大，输出谐波特性好；而且对电容器或电抗器的容量要求下降，有利于减小体积、降低成本、模块化制造和灵活配置。目前世界上几大著名的公司如瑞士ABB公司、德国西门子公司、法国阿尔斯通公司、美国GE公司以及日本东芝、三菱等公司都推出了基于变流器的并联补偿装置，日本工业企业已经有多台STATCOM装置在运行，ABB公司已在多个国家安装了SVC-Light即STATCOM装置。国内清华大学也研制成功了基于变流器的±20Mvar STATCOM装置，目前正在河南电力系统运行[4]。

3.2 静止无功补偿器（SVC）

SVC是在机械投切式并联电容和电感的基础上，采用大容量晶闸管代替断路器等触点式开关而发展起来的，分立式SVC包括可控饱和电抗器、晶闸管投切电容（TSC）和晶闸管控制/投切电感（TCR/TSR），它们之间或与传统的机械投切电容/电感结合起来构成的组合式SVC。由于在外特性上SVC可视作并联于系统或负荷的容抗或感抗，故又称为“变阻抗型并联无功FACTS控制器”。

3.2.1 晶闸管控制电抗器（TCR）

3.2.1.1 基本原理

TCR的基本原理如图3-1所示。其单相基本结构就是两个反并联的晶闸管与一个电抗器相连，而三相多采用三角形连接。这样的电路并联到电网上，就相当于电感负载的交流调压电路结构。

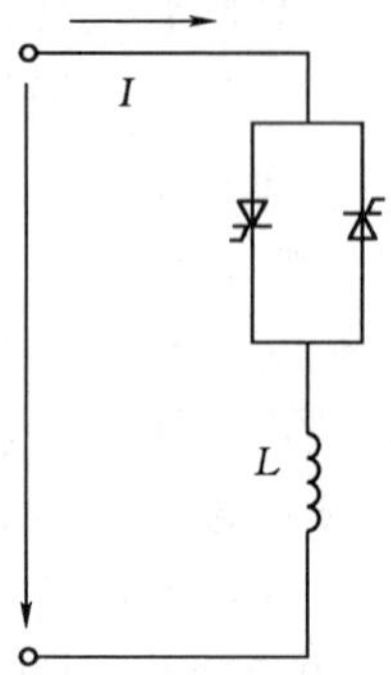

图3-1 TCR基本原理图

TCR正常工作时，在电压的每个正负半周的后1/4周波中，即从电压峰值到电压过零点的间隔内，触发晶闸管，此时承受正向电压的晶闸管将导通，使电抗器进入导通状态。一般用触发延时角(firing delay angle) α 来表示晶闸管的触发角度，它是从电压最大峰值点到触发时刻的电角度，决定了电抗器中电流的有效值大小。图3-2为TCR的电流波形，左边为正半周波的情况，右边为负半周波的情况。由于电抗器几乎是纯感性负荷，因此电感中的电流滞后于施加于电感两端的电压约90°，为纯无功流。当 $\alpha=0°$ 时，电抗器吸收的感性无功最大（额定功率）；当 $\alpha=90°$ 时，电抗器不投入运行，吸收的感性无功最小（空载功率）。

如果 α 介于$-90°\sim0°$之间，则会产生含直流分量的不对称电流，所以 α 一般在$0°\sim90°$范围内调节。即 $0\leqslant\alpha\leqslant\pi/2$。通过控制晶闸管的触发延时角 α，可以连续调节流过电抗器的电流，在0°（晶闸管阻断）到最大值（晶闸管全导通）之间变化，相当于改变电抗器的等效电抗值。

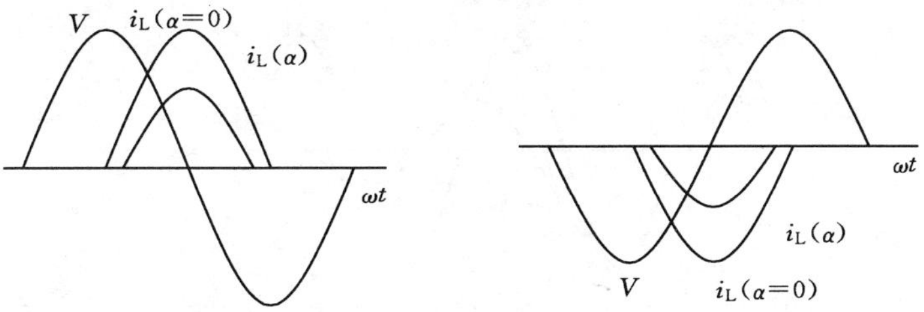

图 3-2 TCR 的电压和电流波形

设接入点母线电压为标准的余弦信号，即：$v(t)=V_m\cos\omega t$。将晶闸管视为理想开关，则在正半波时，电抗器支路上的电流为

$$i(t)-\frac{1}{L}\int_{\alpha}^{\omega t}v(t)\mathrm{d}t-\frac{V_m}{X_L}(\sin\omega t-\sin\alpha) \tag{3-1}$$

其中：基波电抗 $X_L=\omega L$，L 为电抗器的电感值。当 $\omega t=\pi-\alpha$ 时，由于支路电流下降到 0，晶闸管自动关断。在负半波，当 $\omega t=\pi+\alpha$ 时，晶闸管反向导通，类似可得到支路上的电流为

$$i(t)=\frac{V_m}{X_L}[\sin\omega t-\sin(\pi+\alpha)],\pi+\alpha\leqslant\omega t\leqslant 2\pi-\alpha \tag{3-2}$$

或者写作

$$i(t)=-\frac{V_m}{X_L}[\sin(\omega t-\pi)-\sin\alpha],\pi+\alpha\leqslant\omega t\leqslant 2\pi-\alpha \tag{3-3}$$

通过分析可知，通过变化触发延时角 α，支路上流过的电流可以连续变化，并在 $\alpha=0°$时取得最大值，在 $\pi/2$ 取得最小值。

对支路电流进行傅里叶分解，可以得到其基波分量幅值为

$$I_F=\frac{V_m}{X_L}\left(1-\frac{2\alpha}{\pi}-\frac{1}{\pi}\sin 2\alpha\right),0\leqslant\alpha\leqslant\frac{\pi}{2} \tag{3-4}$$

有的文献中采用导通角（prevailing conduction angle）概念。定义导通角 $\sigma=\pi-2\alpha$。则有

$$I_F=\frac{V_m}{X_L}\left(\frac{\sigma-\sin\sigma}{\pi}\right),0\leqslant\sigma\leqslant\pi \tag{3-5}$$

可见，支路电流的基波分量是 $\alpha(\sigma)$ 的函数。TCR 的基波等值电纳为

$$B_F=\frac{I_F}{U_m}=\frac{V_m}{X_L}\left(1-\frac{2\alpha}{\pi}-\frac{1}{\pi}\sin 2\alpha\right),0\leqslant\alpha\leqslant\frac{\pi}{2}$$

$$B_F=\frac{1}{X_L}\left(\frac{\sigma-\sin\sigma}{\pi}\right),0\leqslant\sigma\leqslant\pi \tag{3-6}$$

因此 TCR 的基波电纳连续可控，最小值为 $B_{F,\min}=0$（对应 $\alpha=\pi/2$），最大值为 $B_{F,\max}=1/X_L$（对应 $\alpha=0°$）。

图 3-3 所示为当 α 从 0 逐渐增加过程中，电感上电流及其基波分量的变化过程。

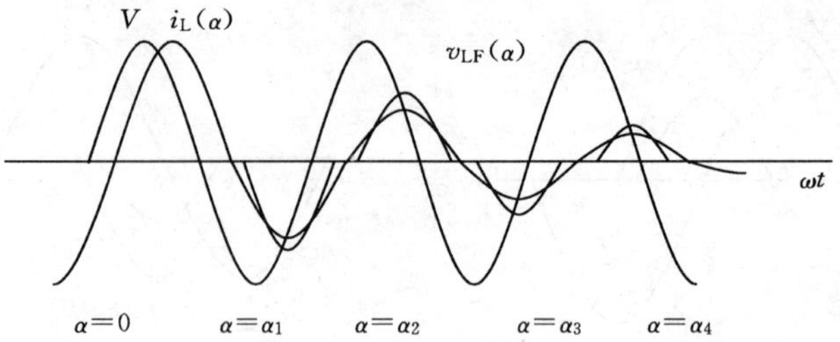

图 3-3 延时角渐增时 TCR 电流基波分量的变化

3.2.1.2 运行特性

TCR 的运行特性可以用图 3-4（a）所示的“V—I 区域”来描述，它的边界由最大允许电压、电流和导纳构成，在正常运行区域内，可以视作连续可调的电感。当 TCR 按照某个固定的触发延时角，则称为晶闸管投切电抗器（Thyristor Switched Reactor，TSR），通常按 $\alpha=0$ 进行控制，此时电抗器中的稳态电流为纯正弦。TSR 提供固定的感性阻抗，当接入系统时，其中的感性电流与接入点的母线电压成正比，如图 3-4（b）所示。可以将多个 TSR 并联采用分级控制方式。

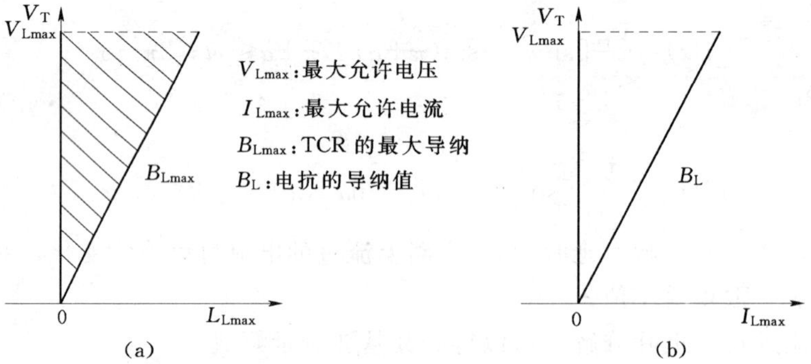

图 3-4 TCR 和 TSR 的运行特性

3.2.1.3 谐波分析与抑制

从图 3-3 可见，当触发延时角 $\alpha\neq0$ 时，流过电抗器的电流不是正弦信号，在理想情况下，通过傅里叶分析可以得到电流各次谐波分量的幅值与 α 的关系，如式（3-7）所示。

$$I_n(\alpha)=\frac{4}{\pi}\frac{V_m}{X_L}\frac{\sin\alpha\cos n\alpha-n\cos\alpha\sin n\alpha}{n(n^2-1)}$$

$$n=2k+1,k=1,2,3\cdots \quad (3-7)$$

基波和各次谐波的幅值随着 α 的变化曲线如图 3-5 所示，其中 I_1 对应基波电流幅值，$\alpha=0°$时 TCR 流过最大基波电流 $I_1=1.0$，为了将谐波成分表达更清楚，其幅值乘了 10 倍。

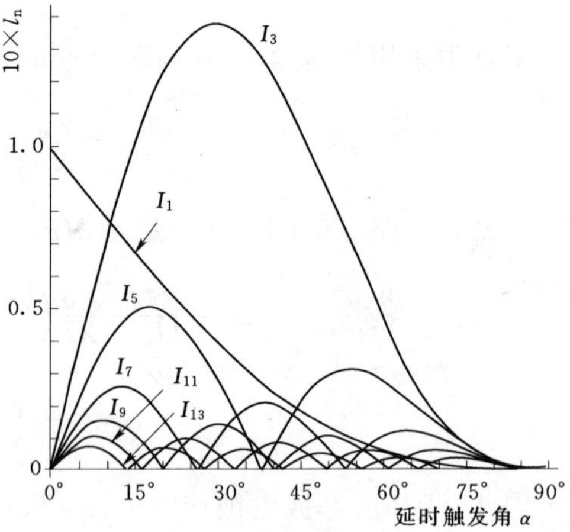

图 3-5 TCR 电流的各次谐波含量与触发延时角的关系

可见，最主要的谐波是3、5、7、9、11和13等次谐波，他们的最大值出现在不同的触发导通角，如表3-1所示。

表3-1　　TCR正常运行时的最大特征谐波电流值

谐波次数	3	5	7	9	11	13	15	17
谐波幅值（%）	13.78	5.45	2.57	1.56	1.05	0.78	0.27	0.22
导通角	120°	108°	102°	100°	98°	96°	95°	95°

3.2.1.4　谐波特性

TCR在正常运行时会产生大量的特征谐波注入电网，因此必须采取措施将这些谐波消除或减弱，有以下几种方法。

（1）六脉冲TCR。在三相交流电力系统中，通常将三个单相TCR按照△方式连接起来，如图3-6所示，用六组触发脉冲来控制晶闸管的开通，故称为六脉冲TCR。如果各相TCR参数一致，三相电压平衡，晶闸管在电压正半周期和负半周期的控制角相等，那么，通过电抗器的电流除基波外，还包括如下奇次谐波：正序$6k+1$次（即7、13次等）、零序电流$6k+3$次（即3、9、15次等）、负序电流$6k-1$次（即5、11次等）。其中零序电流在接成三角形的电抗器内形成环流，不会进入电网。正序和负序电流流入电网，因此六脉冲TCR的特征谐波为$n=6k\pm1$，$k=1$，2，3…。

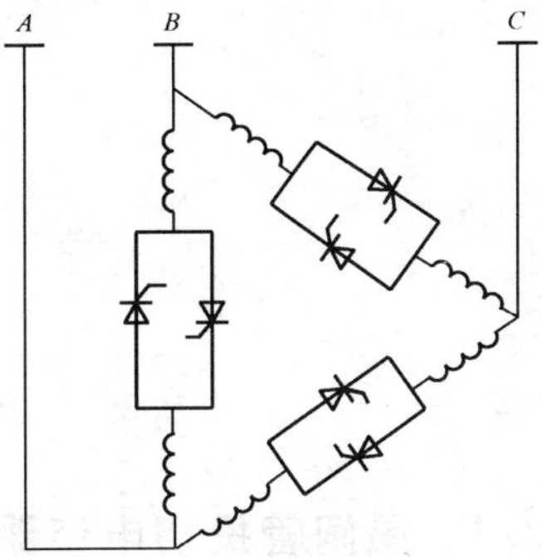

图3-6　六脉冲晶闸管控制电抗器

（2）十二脉冲TCR。图3-7所示为十二脉冲TCR电路结构，由两组参数相同的六脉冲△连接TCR组成，通过变压器耦合起来，一组TCR接入变压器二次侧的三角形连接绕组（以下称第一组），另一组TCR接入变压器二次侧的星形连接绕组（以下称为第二组）。

当$n=6\times(2k-1)\pm1$，$k=1$，2，3…时，$i_{A,n}=0$，即消去了5、7、17、19等次谐波分量，又由于6脉冲△连接TCR输出电流中不含3，9，15等零次谐波，因此，十二脉冲TCR的特征谐波为$n=12k\pm1$，$k=1$，2，3…。更复杂的，可以将三个甚至更多的△连接TCR通过变压器绕组耦合，在适当的移相条件下，消去更多次的谐波分量。但是，采用多脉冲TCR来消除谐波的做法增加了一套晶闸管阀及其控制装置，不仅结构复杂而且经济性也较差；所以通常仅用于大容量的无功补偿装置中。上面分析是基于三相对称假设的，但实际系统中，电抗器不会完全相同，电压也可能不平衡，尤其当电抗器正负半周投切不对称时，电抗器电流将包含包括直流分量在内的所有频谱的谐波，直流分量可能使变压器饱和，增大谐波含量和损耗。因此，在实际应用中，超过12脉冲的多脉冲TCR应用不多。

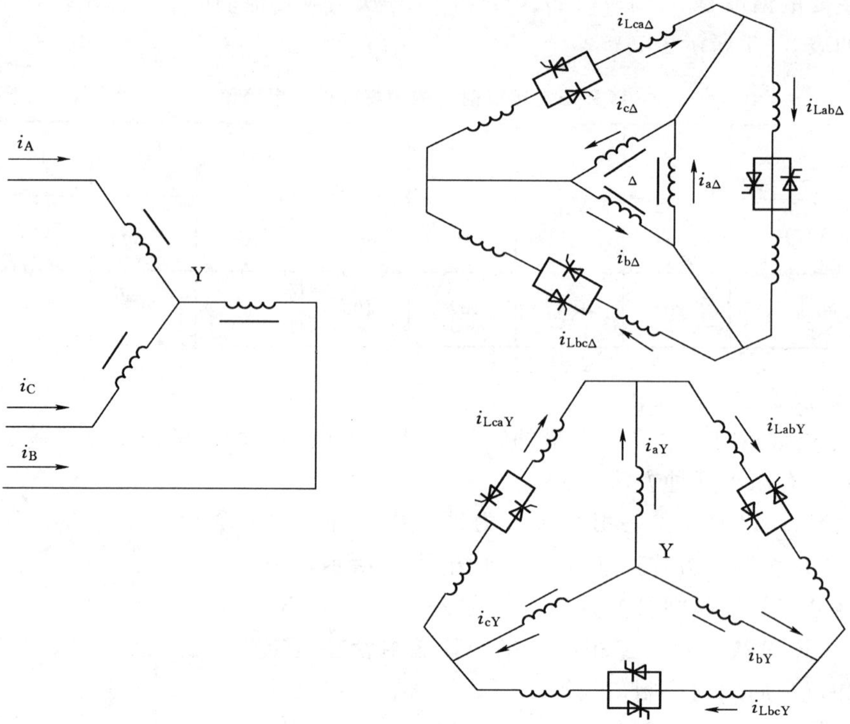

图 3－7　十二脉冲晶闸管控制电抗器

3.2.2　晶闸管投切电容器（TSC）

3.2.2.1　基本原理

单相 TSC 的基本原理结构如图 3－8（a）所示，它由电容器、双向导通晶闸管（或反并联晶闸管）和阻抗值很小的限流电抗器组成，限流电抗器的主要作用是限制晶闸管阀由于误操作引起的浪涌电流，而这种误操作往往是由于误控制导致电容器在不适当的时机进行投入引起的。同时，限流电抗器与电容器通过参数搭配可以避免与交流系统电抗在某些特定频率上发生谐振。

限流电抗器的主要作用为：

（1）闲置晶闸管阀触发瞬间的涌流，包括阀的正常触发。

（2）与电容器谐振于某一频率，滤除特定次数的谐波。

（3）与电容器通过参数搭配可以避免与交流系统电抗在某些特定频率上发生谐振。

（4）限制电容器短路故障下的短路电流水平，降低晶闸管阀短路故障下的电流强度。

TSC 有两个工作状态，即投入和断开状态。投入状态下，反并联晶闸管导通，电容器起作用，TSC 发出容性无功功率；断开状态下，反并联晶闸管阻断，TSC 不输出无功功率。假设母线电压是标准的正弦波，即 $u=U_m\sin(\omega t+\varphi)$。忽略晶闸管导通降压。当 TSC 支路投入并达到稳态时，TSC 支路电流为

$$i(t)=\frac{k^2}{k^2-1}\frac{U_m}{X_C}\cos(\omega t+\varphi)$$

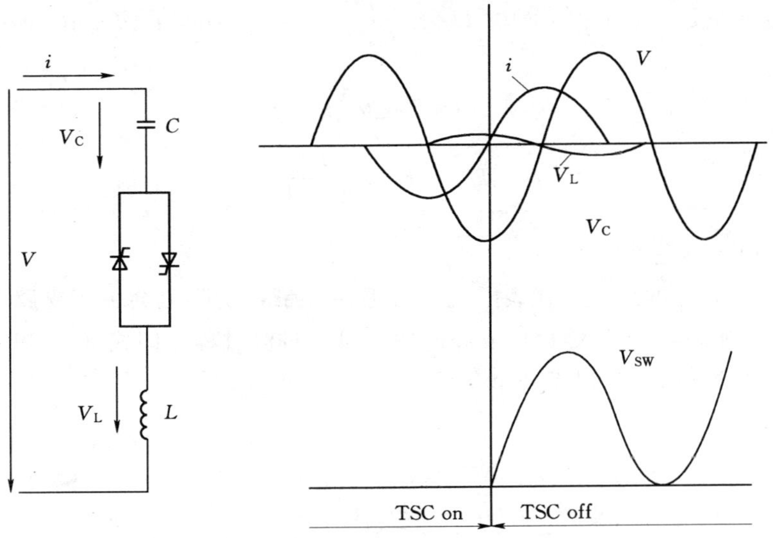

(a)　　　　　　　　(b)

图 3-8　TSC 的原理结构和工作波形

$$k=\sqrt{X_C/X_L} \tag{3-8}$$

式中　X_C——电容器的基波容抗；

　　X_L——限流电抗器的基波感抗。

稳态时，电容器上的电压幅值为

$$U_C=\frac{k^2}{k^2-1}U_m \tag{3-9}$$

当电容器电流过零时，晶闸管自然关断，TSC 支路被断开，此时电容上的电压达到运行电压的最大值。如果忽略电容器的漏电损耗，其上的电压将维持不变，此时晶闸管两端的电压将在零和交流电压峰峰值之间变化，如图 3-8（b）所示。实际上，当 TSC 支路被断开后，根据国家标准，电容器应具备在 3min 内从初始直流电压放电到 75V 或更低电压的状态。

3.2.2.2　投切策略

TSC 的投入时机是 TSC 控制中最重要的技术之一，目标是使晶闸管导通瞬间不引起过大的冲击电流，并获得良好的过渡过程。设投入时电容上的残压为 U_{CO}，则用拉氏变换表示的 TSC 支路电压方程为

$$U(s)=\left[Ls+\frac{1}{Cs}\right]I(s)+\frac{U_{CO}}{s} \tag{3-10}$$

式中　$U(s)$、$I(s)$ ——端电压和支路电压的拉氏变换。

以投入 TSC 的时刻为起点，对应的电压波形中的角度为 φ。经过简单的变换处理及逆变后可以得到支路电压的瞬时值为

$$i(t)=I_{1m}\cos(\omega t+\varphi)-kB_C\left[U_{CO}-\frac{k^2}{k^2-1}U_m\sin\varphi\right]\sin\omega_n t-I_{1m}\cos\varphi\cos\omega_n t$$

$$\omega_n=1/\sqrt{LC}$$

$$I_{1m}=U_m B_C\frac{k^2}{k^2-1} \tag{3-11}$$

式中 B_C——电容器基波电纳。

式（3－11）右侧的后两项代表电流含有振荡分量，实际上会由于支路电阻的影响而逐渐衰减为零。如果希望投入TSC支路时完全没有过渡过程，即式（3－11）后边两项振荡分量为零，必须同时满足以下两个条件

$$\varphi=\pm 90°$$

$$U_{CO}=\frac{k^2}{k^2-1}U_m\sin\varphi \tag{3-12}$$

式（3－12）给出的正好为自然换相条件，要求在系统电压峰值点触发晶闸管；式（3－12）给出的是“零电压”切换条件，要求在晶闸管导通时电容器已预充到$\pm U_m k^2/(k^2-1)$或者认为晶闸管导通瞬间阀两端的电压为零。上述两条件同时满足时，TSC投入则立即进入稳态。在实际中，如果考虑到系统的自身电抗，则k值是不确定的；其次电容器不可能在每次投入前都进行预充电。

因此，实际应用中常采用以下投切策略：

（1）$|U_{CO}|\leqslant U_m$的情况。当需要电容器投入时，若$|U_{CO}|\leqslant U_m$，则在电容器的残压与母线电压相等时触发晶闸管，此时振荡分量幅值为

$$I_{\omega n}=I_{1m}\sqrt{1-\left(\frac{U_{CO}}{U_m}\right)^2\left(1-\frac{1}{k^2}\right)} \tag{3-13}$$

从式（3－13）可以看出，振荡分量幅值不会超过基波分量幅值。电容器的残压越大，投入瞬间暂态电流越小。

（2）$|U_{CO}|>U_m$的情况。当需要电容器投入时，电容器处于过充状态，即$|U_{CO}|>U_m$，则在母线电压峰值时触发晶闸管，此时振荡分量幅值为

$$I_{\omega n}=kI_{1m}\left(\frac{k^2-1}{k^2}\frac{U_{CO}}{U_m}-1\right) \tag{3-14}$$

这种投切策略将晶闸管阀两端电压最小时刻作为投切时机，可以使投入瞬间暂态电流最小化，不需要特别的电容器充电方案并可采用常规的交流电力电容器，该投切策略在输电系统的TSC中得到广泛使用。

3.2.3 组合式SVC

将上述各种分立式SVC的主要特性进行概括，并总结成表3－2。在实际选用时，一方面可根据具体系统需求，选择技术、经济综合指标最佳的补偿设备，另一方面可以将它们组合起来构成组合式SVC。

表 3-2 各种分立式 SVC 的特性比较

SVC 类型	TCR	TSR	TSC
无功输出	连续	连续	连续
响应时间/“传输延迟”	约 10ms	约 10ms	约 10～20ms
分相调节	可以	可以	可以
自身谐波量	有	有	无
噪声	较小	稍大	很小
损耗率	0.5%～0.7%	0.7%～1%	0.3%～0.5%
控制灵活性	好	好	好
限制过压能力	依靠设计	依靠设计	无
运行维护	复杂	较复杂	较复杂

这些分立式 SVC 之间与传统的机械投切电容或电感结合起来，即可构成的组合式 SVC，它往往具有一定的可调/可控电抗和/或电容部分。可调/可控电抗器包括 TCR 或 TSR 两种形式；电容器则通常包括与滤波器电路结合成一体的固定的或机械投切的电容器，或在需对电容进行高速或非常频繁投切时所采用的晶闸管投切的电容器（TSC）等形式。下面介绍常用的两种类型。

3.2.3.1 固定电容—晶闸管控制电抗型无功补偿器（FC-TCR）

固定电容—晶闸管控制电抗型无功补偿器（Fixed Capacitor - Thyristor Controlled Reactor Type Static Var Compensator，FC-TCR SVC）的单相原理如图 3-9 所示，其中电容支路为固定连接，TCR 支路采用延时触发控制，形成连续可控的感性电抗，通常 TCR 的容量大于 FC 的容量，以保证既能输出容性无功也能输出感性无功。实际应用中，常用一个滤波网路来取代单纯的电容支路，滤波网络在基频下等效为容性阻抗，产生需要的容性无功功率，而在特定频段内表现为低阻抗，从而能对 TCR 产生的谐波分量起着滤波作用。

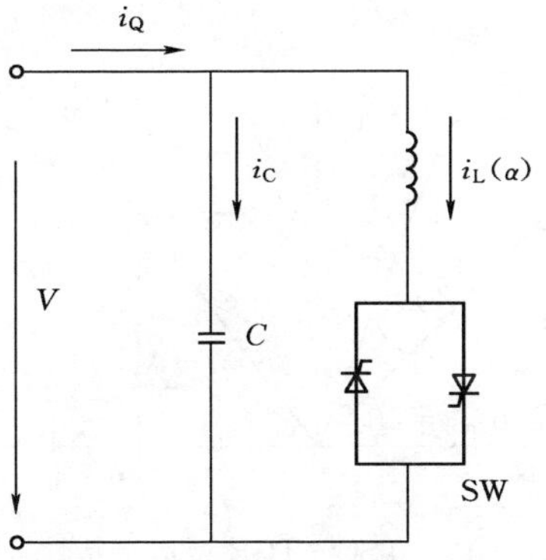

图 3-9 FC-TCR 型 SVC

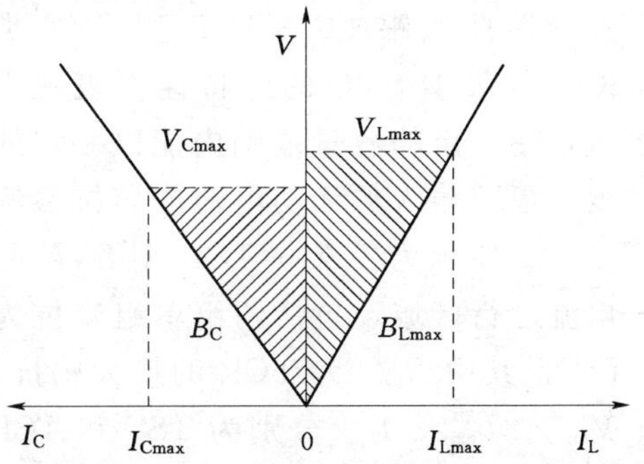

图 3-10 FC-TCR 型 SVC 运行特性

从外特性上来看，FC-TCR 型 SVC 可以视作可控容抗，在一定的容量范围内能以一定的响应速度，跟踪输入的无功电流或容抗参考值。图 3-10 所示为 FC-TCR 型 SVC 的电压—电流（V—I）运行区域，它由最大容抗 B_C 和感抗 B_{Lmax} 装置元件能耐受的最大电

压 V_{Cmax}、V_{Lmax}和电流 I_{Cmax}、I_{Lmax}等决定。

3.2.3.2 晶闸管投切电容—晶闸管控制电抗型无功补偿器（TSC-TCR）

TSC型SVC装置不产生谐波，但是只能以阶梯变化的方式满足系统对无功的需要；FC-TCR型SVC响应速度快且具有平衡负荷的能力，但由于TCR工作中产生的感性无功电流需要固定电容中的容性无功电流来平衡，因此在需要实现输出从额定感性无功到容性无功的调节时，TCR的容量则是额定容量的两倍，从而导致器件和容量上的浪费，造成了可观的经济损失。晶闸管投切电容—晶闸管控制电抗型无功补偿器（Thyristor Switched Capacitor - Thyristor Controlled Reactor Type Static Var Compensator，TSC-TCR SVC）可以克服上述两者的缺点，与FC-TCR型SVC比较，具备更好的运行灵活性，并有利于减少损耗。TSC-TCR型SVC的单相结构如图3-11所示，根据装置容量、谐波影响、晶闸管阀参数、成本等而由 n 条TSC支路（或者容性滤波器支路）和 m 条TCR支路构成，图中 $n=3$，$m=1$。各TSC、TCR参数一致，通常TCR支路的容量稍大于TSC支路的容量。

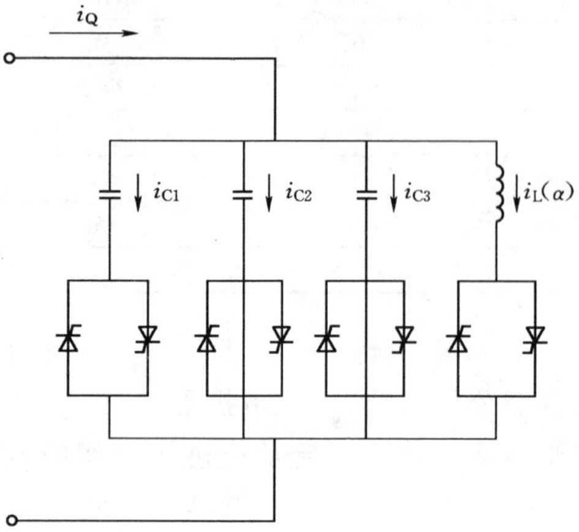

图3-11 TSC-TCR型SVC

在额定电压下，TSC-TCR型SVC在所有TSC支路投入而TCR支路断开时，输出最大的容性无功功率 Q_{Cmax}；在所有的TSC支路断开而TCR支路投入（$\alpha=0$）时，输出最大的感性无功功率 Q_{Lmax}；当要求装置输出容性无功，且 $Q_{Cmax}>Q$ 时，则投入 k 条TSC支路，并调节TCR支路的延时触发角 α，吸收多余的容性无功功率；而要求装置输出感性无功时，可"关断"所有的TSC支路而通过控制TCR支路来获得所需的无功功率，如何在设定的运行电压附近协调TCR与TSC的运行，抑制临界点处可能出现的振荡是需要特别注意的问题。

其外特性曲线跟FC-TCR型SVC类似，TSC-TCR型SVC的外特性也表现为可控容抗，在一定的容量范围内能以一定的响应速度，跟踪输入的无功电流或容抗参考值。图3-12所示为TSC-TCR型SVC的电压—电流运行区域，包括两组单组容抗为 B_C 的TSC，其中 B_{Lmax} 为TCR的最大感抗，V_{Cmax}、V_{Lmax}、I_{Cmax}、I_{Lmax} 分别为TSC和TCR的耐受电压和电流值。稳态条件下TSC-TCR型SVC与FC-TCR型SVC的运行区域是一样的。

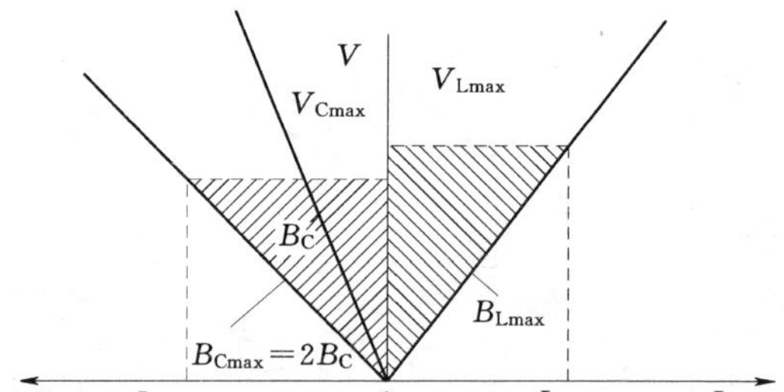

图3-12 TSC-TCR型运行特性

3.2.4 SVC控制策略

SVC的主要功能是调整等值电抗为系统提供无功支持，以提高电压稳定性、抑制系统振荡、抑制电压闪变等目的。SVC 的控制模型中主要包含：

（1）反映系统控制策略模型，此部分根据应用目的采用不同的控制策略。

（2）反映电压调节部分的模型，根据输入电压差信号输出要求的 SVC 等值阻抗。

（3）反映 SVC 晶闸管控制部分的模型，系统分析中常用一阶惯性环节来表示。

（4）反映 SVC 工作能力的限制环节，通常为 SVC 的最大容性阻抗和最大感性阻抗。

系统控制部分根据不同的目的有不同的控制模型，可能采用不同的控制信号，通常采用测量、放大、移相环节等环节形成系统控制模型，如图 3-13 所示[27]。

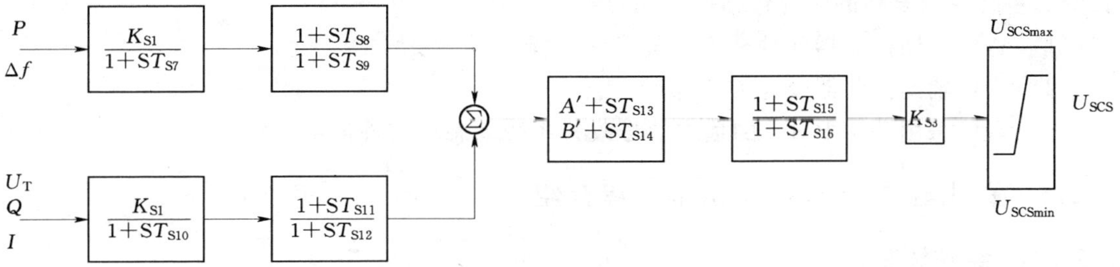

图 3-13 系统控制模型

该模型中可以采用线路功率、母线频率、发电机加速功率、母线电压等信号达到不同的系统控制要求。

电压调节部分模型是根据控制母线电压偏差、系统控制信号等，经过 PID 环节或者移相环节计算静止无功补偿器的等值电抗命令，采用 PID 形式模型如图 3-14 所示。采用移相环节的模型如图 3-15 所示。

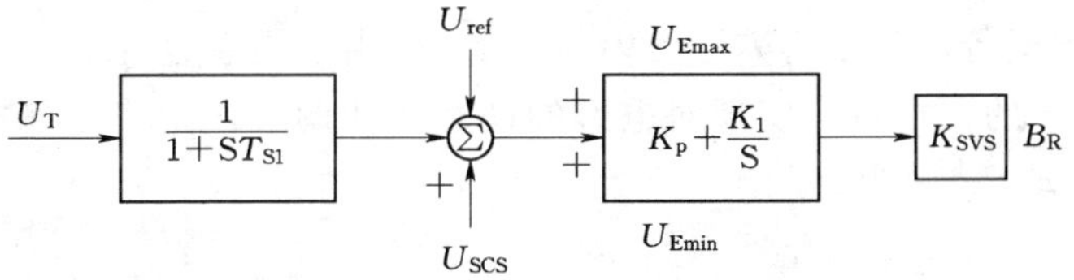

图 3-14 PID 形式模型

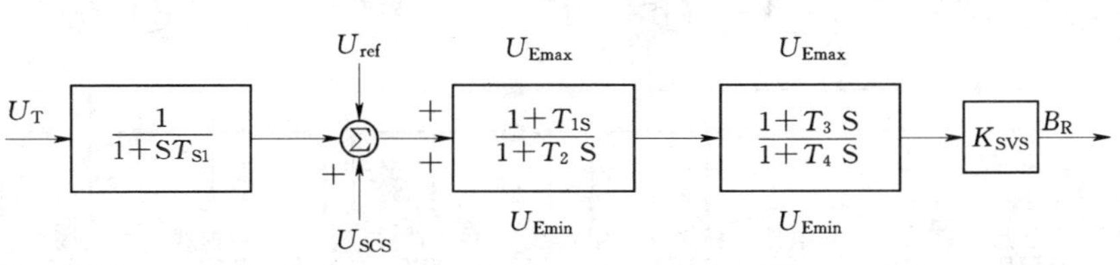

图 3-15 移相环节模型

晶闸管控制部分模型采用一阶惯性环节来表示，同时 SVC 的工作范围用容性最大电抗和感性最大电抗的限幅环节来表示。

SVC 的控制策略包括稳态控制策略和暂态控制策略两种。

（1）SVC 稳态控制策略的研究，包括以下内容：

1）新装 SVC 与变电站已装并联无功协调控制方案的研究。

2）SVC 正常稳态调压与保留动态无功备用方案的协调优化研究。

3）SVC 实现"二次电压控制"功能策略研究。

4）结合无功优化手段灵活调节 SVC 输出降损策略研究。

（2）SVC 提高暂态稳定性控制策略的研究。在系统发生故障后，SVC 也可提高系统保持同步的能力，从而提高暂态稳定极限。基于定电压控制的 SVC 在故障后。可迅速提供无功功率，促进系统电压恢复，从而提高暂态稳定极限。SVC 可以引入附加功率控制，为系统提供附加阻尼，从而提高系统阻尼，改善系统动态稳定性能，达到提高输电能力的目的。暂态控制策略的研究包括以下内容：

1）SVC 辅助控制器就地输入变量优化选择。

2）SVC 辅助控制器设计方法探讨。

3）SVC 采用基于 PMU 的远方信号改善系统动态稳定性能的研究。

3.2.5　鞍山红 220kV SVC 示范工程介绍

3.2.5.1　系统概况

鞍山红一变是东北电网 220kV 枢纽变电站，共有 4 台 120MVA 主变压器。9 条 220kV 线路与东北主网连接，是辽宁中部与南部、中部与东部、中部与西部连接的枢纽，220kV 采用双母线以下简称为（东母、西母）带侧母线的接线方式，并列运行；66kV 系统共有 20 回出线，带鞍钢制氧、给水、炼铁、炼钢、轧钢等负荷及鞍山市区部分负荷，鞍钢负荷具有一定冲击性，采用分列运行方式。红一变主接线如图 3-16 所示。正常运行方式下 220kV 母联开关合位，东、西母并列运行；66kV 南、北母联开关在合位，东、西母分段开关在开位，东、西母南段并列运行，东、西母北段并列运行；3 号、4 号主变三次侧（35kV）并列运行，只带 SVC。SVC 取代一台由于设备老化、实际出力仅 20Mvar、额定容量为 60Mvar 的调相机，实现对电网的动态无功调节，稳定电网电压，并抑制冲击负荷造成的电压波动[28][29][30]。

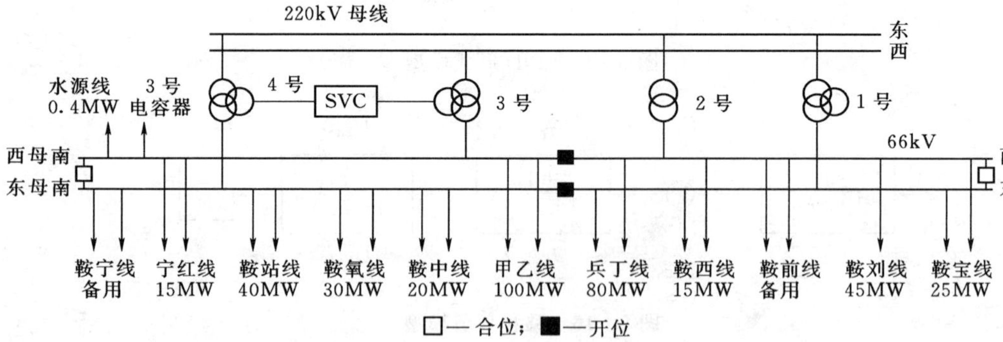

图 3-16　红一变主接线

3.2.5.2　SVC 方案介绍

在红一变 3 号、4 号主变 3 次装设 SVC 后，将成为主要调压手段。SVC 的容量选择主要考虑：①在 220kV 系统电压较低、红一变 3 号、4 号所带负荷最重时，可将红一变

66kV 东母线电压补偿到一个合理的水平，即按 66kV 考虑需要的最大容性无功功率；②在220kV 系统电压较高、红一变 3 号、4 号所带负荷最轻时，可将红一变 66kV 东母线电压补偿到一个合理的水平，即按 66kV 考虑需要的最大感性无功；③具备一定动态调节容量，抑制波动冲击负荷运行时引起的母线电压变化。经系统分析计算可得，要满足上述要求需在红一变加装一套动态无功调节范围不少于＋80Mvar（容性）～－50Mvar（感性）的 SVC。

经比较，3 号、4 号主变 35kV 母线采用单母线接线，其优点是接线简单、清晰，其缺点当母线故障或检修时，SVC 需全部退出。鉴于母线故障概率小，SVC 作为一种无功补偿设备，容性部分或感性部分单独运行，并且整套装置短时退出运行是允许的，故本 SVC 采用单母线接线。为了保证 SVC 方案的正确性，2002 年进行了多次谐波测试，根据统计分析结果，66kV 现有负荷的谐波电流含量主要为 3、5、7 次，TCR 支路的谐波特性也是如此。为满足 SVC 动态调节范围所需，设置 3、5、7 次单调谐滤波器各 2 个，共 6 个滤波支路，与 TCR 支路一起挂接在 3 号、4 号主变 35kV 侧，相同配置的滤波支路可互为备用，保证了示范工程的可靠性；选择滤波支路参数时，按相同支路只需投入一个即可保证滤波效果和设备安全设计，增强了运行的灵活性。另外，考虑到投资的经济性，在 66kV 侧装设一并联电容器组，采用普通串联电抗器，以抑制合闸涌流和谐波。根据以上配置，SVC 采用的一次主接线原理如图 3－17 所示。

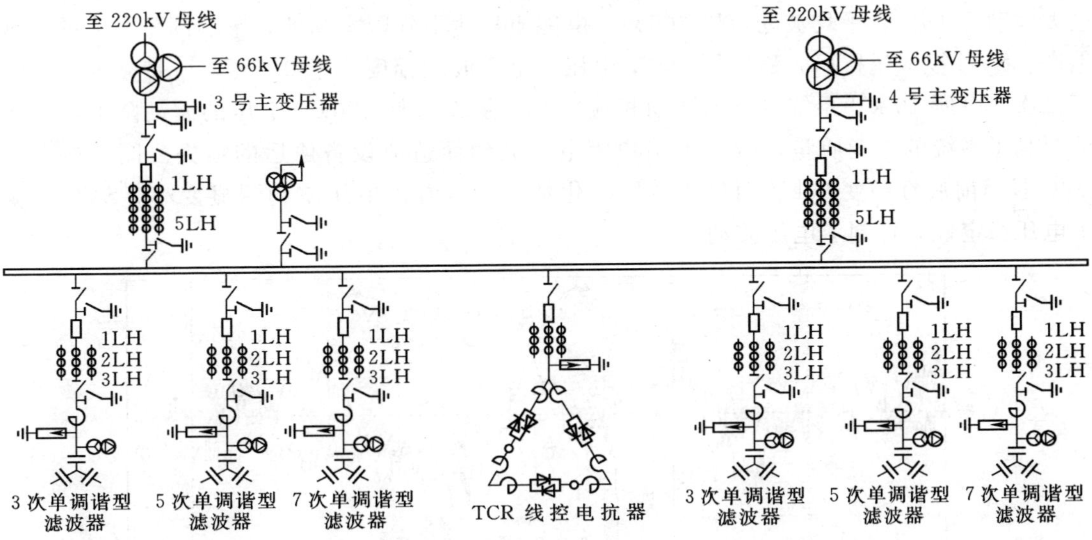

图 3－17 SVC 主接线

3.2.5.3 SVC 电气参数

确定滤波器额定参数需全面考虑以下因素：①母线电压水平；②流过滤波器的谐波电流加在电容器两端产生的谐波残压；③串联电抗器后电容器两端电压的升高；④电压波动使电容器两端电压的升高；⑤滤波器投入后引起的系统电压升高等。最终确定的 SVC 各支路主要技术参数如表 3－3 所示。

表 3-3 **SVC 各支路主要技术参数**

SVC 支路	额定电容（uF/相）	额定电感（mH）
3 次滤波器	27.91	40.33
5 次滤波器	36.92	10.98
7 次滤波器	36.92	5.6
66kV 电容器组	12.28	41.25

TCR 容量为 80Mvar，6 个滤波器支路共提供容性基波无功 82.8Mvar，66kV 电容器组提供 17.7 Mvar，共计 100.5 Mvar，超过重负荷调压所要求的 80Mvar，并可为未来负荷增长留一定裕度；只投入 1 个 3 次和 1 个 5 次滤波器支路时，SVC 的容性基波无功功率为 27Mvar，SVC 可输出的感性无功功率超过 50Mvar，满足轻负荷时的调压要求。

3.2.5.4 电压改善效果

红一变所带鞍钢部分负荷为进口用电设备，对电压质量要求较高，由于在系统出现短路故障（如红一变送出 66kV 线路或其所带的二次变二次侧 10 kV 短路）时，出现瞬间的电压跌落，会使这一系统运行的部分设备因失压跳闸，甚至造成整个生产线全停，带来较大经济损失。SVC 投运以后，由于 SVC 有快速响应能力，能够在系统出现电压跌落时，迅速支撑系统电压，使用户不至于因电压的瞬间跌落造成跳闸停产，减少了用户损失。红一变 66kV 侧带鞍山钢铁公司轧钢和炼钢冲击性负荷，造成红一变 66kV 系统电压波动，最大波动至 10%，平均波动范围约 5%，电能质量达不到国家标准，影响部分企业的正常生产。SVC 投入运行后，稳定了 66kV 电压，电压波动幅度小于 0.5%，所带站前、繁荣等二次变电所 10 kV 系统电压的波动相应减小，从而也使 220kV 电压的波动降低，大大地提高了系统的电能质量，减少了用户因电压波动而造成设备停运的损失。图 3-18 为 SVC 投运前后红一变 66kV 西母线电压变化情况，可看出电压波动明显变小。SVC 提高了电压稳定性，抑制了电压波动。

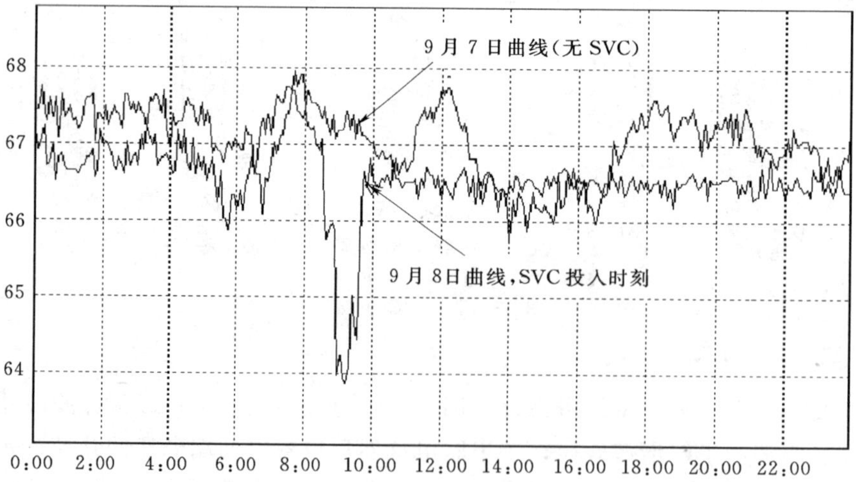

图 3-18 66kV 西母电压曲线

3.2.5.5 经济效益

SVC代替原有调相机实现对电网的动态无功调节，其经济效益显著，主要表现为：

（1）减少无功远距离输送，降低网损。红一变及南送的120～250Mvar无功主要通过辽红东、西线、红前线、浑鞍线、新红线五回线路从发电厂输送到红一变，远距离输送大量的无功将造成有功损耗。SVC投运之后，实现无功就地合理补偿，大大降低了一次电网损耗。东北电网有限公司EMS系统的计算结果表明，红一变SVC年平均出力在85Mvar时，可使系统减少一次有功网损2.13 MW。通过SVC的优化无功补偿后，系统二次电压基本稳定到较佳值。2003年红一变66kV母线的平均电压为64.85kV，红一变SVC投入以后使66kV母线平均电压提高到66.1kV，减少二次电能损失约11.6%。

（2）与调相机相比可减少有功电量消耗，降低运行维护费用。

（3）改善系统潮流分布。由于红一变处于负荷中心，又是辽宁中部与南部电网连接的枢纽，正常红东一、二线的潮流为南送潮流，由于红一变的无功负荷较大，出现了红东一、二线无功功率逆流，使南部系统的安全裕度降低。红一变SVC投运之后，红东一、二线无功功率也向南送出，使系统潮流分布更加合理，系统更加稳定。

（4）提高了鞍山受电断面的稳定水平。由于送往红一变的无功功率减少，这五回线路在用电高峰时提高有功输送能力4.4%，使鞍山受电断面的稳定水平有了一定提高。

（5）抑制冲击负荷引起的谐波干扰，改善电能质量。红一变SVC投入运行后，实测结果显示SVC确实能够有效地吸收系统谐波，使电压总畸变率符合国家标准。

鞍山红一变SVC国产化示范工程标志着我国拥有自主知识产权的电力输电网SVC技术进入了实用化阶段，对我国电网的发展具有战略意义。

3.3 静止同步补偿器（STATCOM）

3.3.1 STATCOM原理

简单地说，STATCOM的基本原理就是将自换相桥式电路通过电抗器或者直接并联在电网上，适当地调节桥式电路交流侧输出电压的相位和幅值，或者直接控制其交流侧电流，就可以使该电路吸收或者发出满足要求的无功电流，实现动态无功补偿的目的。

众所周知，在单相电路中，与基波无功功率有关的能量是在电源和负载之间来回往返，但是在三相平衡电路中，不论负载的功率因数如何，三相瞬时的功率和是一定的，在任何时刻都等于三相总的有功功率。因此总的看来，在三相电路的电源和负载之间没有无功能量的来回往返，各相的无功能量是在三相之间往返。所以，能用某种方法将三相各部分总的统一起来处理，则因为总的看来三相电路的电源和负载之间没有无功能量的来回往返，在总的负载侧无需设置无功储能元件。三相桥式逆变电路就具有这种将三相总的统一处理的特点。因此理论上讲，STATCOM的桥式变流电路的直流侧可不设储能元件。实际上，考虑到变流电路吸收的电流不只含有基波，其谐波的存在也会造成总体看来有少许无功能量在电源和STATCOM之间往返。所以，为了维持桥式变流电路的正常工作，其直流侧仍需要一定大小的电感或电容作为储能元件，但所需的元件容量比STATCOM所提供的无功容量要小。而对传统的 SVC 装置，其所需的储能元件容量至少要等于其所提供的无功功率的容量。因此，STATCOM 的储能元件的体积和成本比同容量的 SVC 大大减小。

严格来讲，STATCOM 分为采用电压型桥式电路和电流型桥式电路两种类型。两者的区别是直流侧分别采用的是电容和电感这两种不同储能元件：对电压型桥式电路，还需要串联电抗器才能并上电网；对电流型桥式电路，还需要并联电容器才能并上电网。实际上，由于运行效率的原因，实际应用的 STATCOM 大多采用的是电压型桥式电路。因此 STATCOM 专指采用自换相的电压型桥式电路作为动态无功补偿装置。电压型桥式电路如图 3－19 所示。

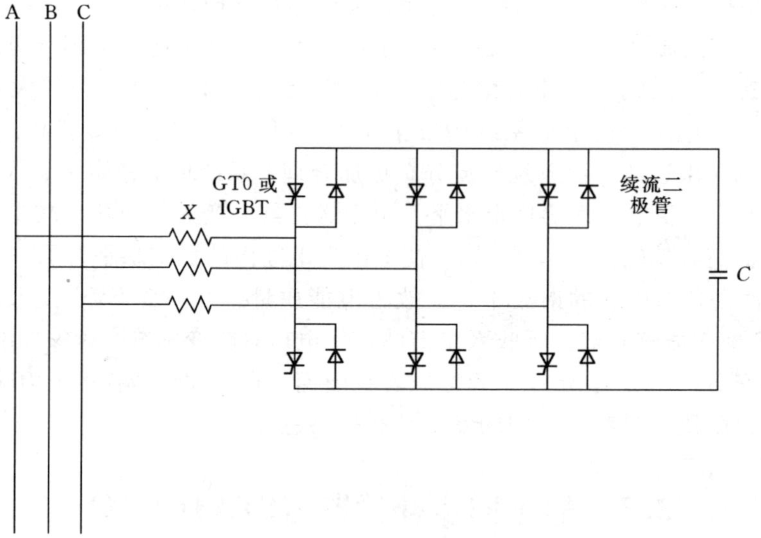

图 3－19　电压型桥式电路

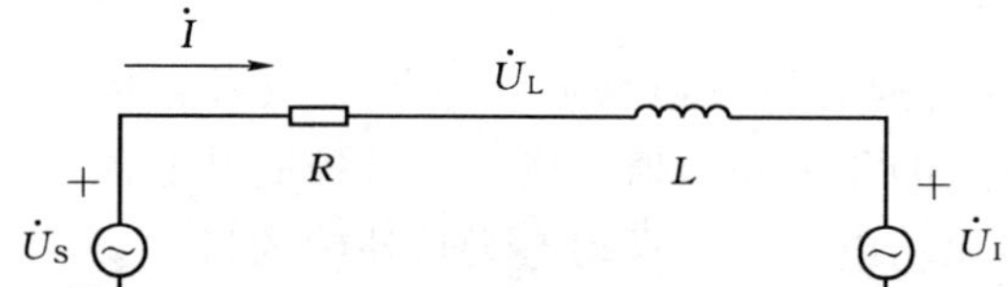

图 3－20　STATCOM 等效电路

由于 STATCOM 正常工作是通过桥式逆变电路输出与电网同频率的交流电压，因此可以将 STATCOM 看作是一个受控源 U_I，将交流电网简化为一个电压源 U_S，它和 STATCOM 的连接阻抗等效为一个电抗器和电阻串联，阻抗的电压 U_L 为 U_S 和 U_I 相量之差，电抗器上的电流 $\dot{I}$ 可由其电压则其 U_L 控制。其等效电路如图 3－20 所示。

改变 STATCOM 的输出电压 $\dot{U}_I$ 的幅值及相位就可以改变 $\dot{U}_L$，从而改变 $\dot{I}$，也就是改变了 STATCOM 吸收无功的性质和大小。下面具体分析：

当电抗器为纯电感时，即 $R=0$，STATCOM 发出无功如图 3－21 所示。

当考虑到电抗器的损耗和变流器的损耗时，$R\neq0$，STATCOM 发出无功如图 3－22 所示。

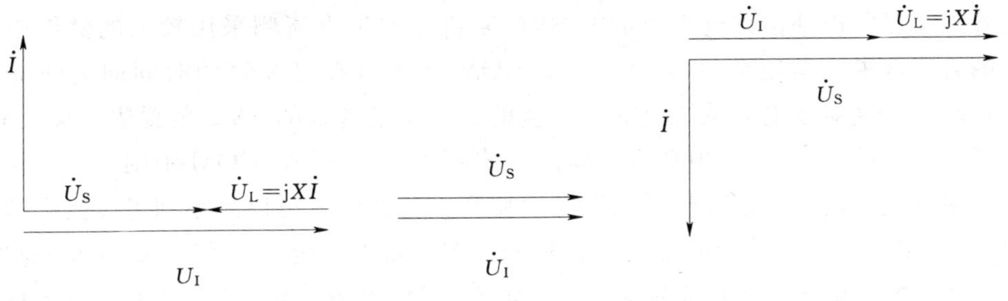

(a)　　(b)　　(c)

图 3-21　无功示意图（纯电感时）

(a) 容性功况；(b) 零无功；(c) 感性功况

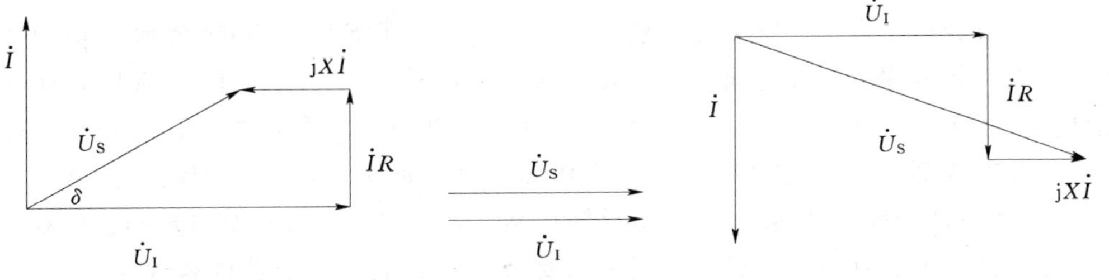

(a)　　(b)　　(c)

图 3-22　无功示意图（有损耗时）

(a) 容性功况；(b) 零无功；(c) 感性功况

由图 3-22 可知，U_S 和 U_I 不同相，存在一个角度差 δ。由于 δ 的存在使得 STATCOM 能从系统吸收有功，补偿内部的各种损耗，来维持电容器两端的支撑电压 U_d。在动态过程中，δ 的变化使电容器两端充放电，电容器两端电压发生变化，逆变器输出电压 U_I 也要发生变化，从而 STATCOM 发出无功大小、性质也要发生变化。因而可以调节 δ，从而调节所发出无功的大小及性质。根据以上对工作原理的分析，可以得到 STATCOM 的电压—电流特性图，如图 3-23 所示。

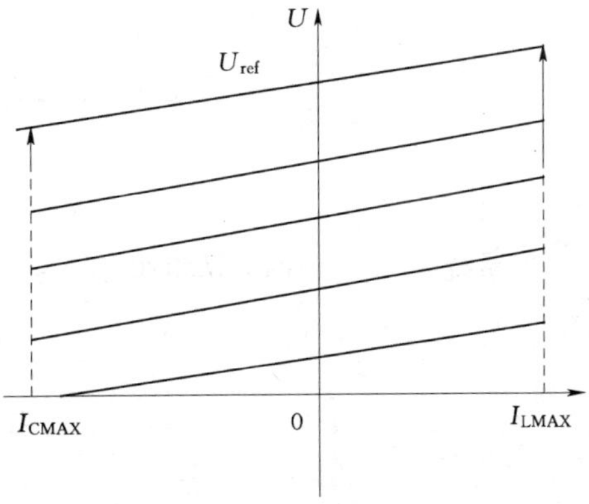

图 3-23　STATCOM 电压—电流特性图

同 TCR 等传统 SVC 装置一样，改变控制系统参数，可以使得电压—电流特性上下移动。但可以看出，与图 3-10 所示的传统 SVC 电压—电流特性不同的是，当电网电压下降，补偿器的电压—电流特性向下调整时，STATCOM 可以调整其变流器交流侧电压的幅值和相位，以使其所能提供的最大无功电流 I_{LMAX} 和 I_{CMAX} 维持不变。而传统的 SVC 装置，由于其能提供的最大电流分别受其并联电抗器和并联电容器的限制，因而随着电压的降低而减小。因此 STATCOM 的运行范围比 SVC 要大，这是 STATCOM 另一优点。

此外对于那些以补偿输电为目的的SVC来讲，如果直流侧采用较大的储能电容，或者其他的直流电源（蓄电池组），则STATCOM还可以在必要短的时间向电网提供一定量的有功功率。这对于电力系统是非常有益的，而又是传统的SVC装置望尘莫及的。

至于在传统的SVC装置中令人头痛的谐波问题，在STATCOM中则可以采用桥式变流电路的多重化技术，以消除较低的谐波，使高次谐波电流可以减小到可以接受的程度。

由于STATCOM所采用的都是大容量的全控型器件，价格比SVC的普通晶闸管要高得多。但随着电力电子技术得发展，GTO和IGBT的普遍应用，使STATCOM总的成本在下降。且当STATCOM采用无功电流反馈控制时，其响应速度也超过SVC，因此采用STATCOM作为动态无功补偿装置比SVC更加优越。

3.3.2 控制策略

从上一节分析得出，控制无功电流I，也就是改变了STATCOM吸收无功的性质和大小。那么控制方式可以分为间接控制和直接控制两种方式。实际上STATCOM的电流控制任务中还应该包括对有功电流的控制，以补偿电路中的有功损耗，因此，更准确地讲，这两种方式都是针对STATCOM的总电流而言。所谓电流直接控制，就是采用跟踪型PWM技术对电流波形的瞬时值进行反馈控制。采用电流直接控制将比间接控制在响应速度和控制精度上都有很大的提高。但是它要求主电路电力电子器件有较高的开关频率，对于较大的容量的STATCOM装置难以做到，因此直接控制大多不采用，在此不再予以介绍。本书主要介绍间接控制策略。

分析图3-22的容性工况图可得

$$I=\frac{U_S\sin\delta}{R}$$

$$U_I=U_S\cos\delta+\frac{XU_S\sin\delta}{R}$$

$$Q=IU_S\cos\delta=\frac{U_S^2\sin2\delta}{2R} \tag{3-15}$$

当系统进入稳态时，δ角很小，$\sin2\delta$近似于2δ，所以无功Q与δ成正比，同理可以得出

$$I_Q=\frac{U_S\sin2\delta}{2R} \tag{3-16}$$

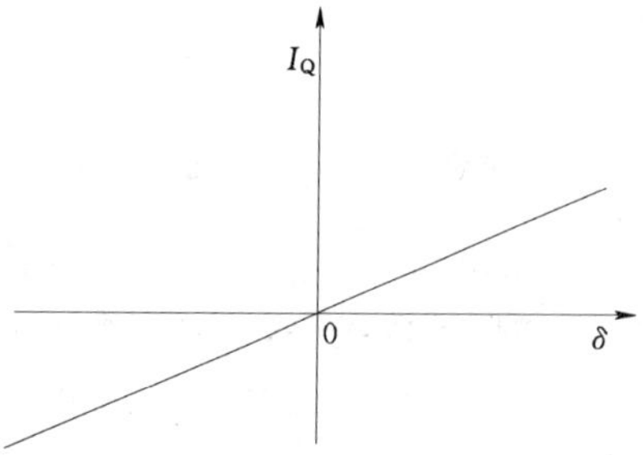

图3-24 I与δ角关系图

当在感性工况下也可以得出上述关系式，因此在稳态下，I_Q与δ角的关系曲线绘制如图3-24所示。

在δ角绝对值不太大的情况下，δ与I接近线性关系。因此通过控制δ角就可以控制STATCOM吸收的无功电流。这样就可以得出STATCOM最简单的控制方法如图3-25所示。

当改变δ角时，U_I也随着变化。U_I的变化是通过直流端支撑电压U_d变化而实现的。δ角变化时，变流器将吸收一定的有功电流，直流侧的电容将被充电或放电，引起U_d的变化，从而引起U_I的变化。当暂态过程完毕时，U_I，Q，I必然满

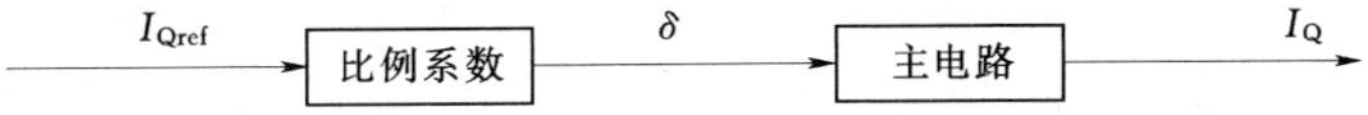

图 3-25　电流间接控制示意图

足上列关系式。

如果在这种控制方法基础上加上反馈环节，那么无功电流的控制精度和响应速度都会大大提高。如图 3-25 所示：在此基础上，产生了许多种控制方法。有对 δ 角和逆变器脉宽角 θ 联合起来控制策略等。电流间接控制方法多适用于较大容量的 STATCOM 装置，其减少谐波方法多采用多重化的方法并且结合 PWM 技术。

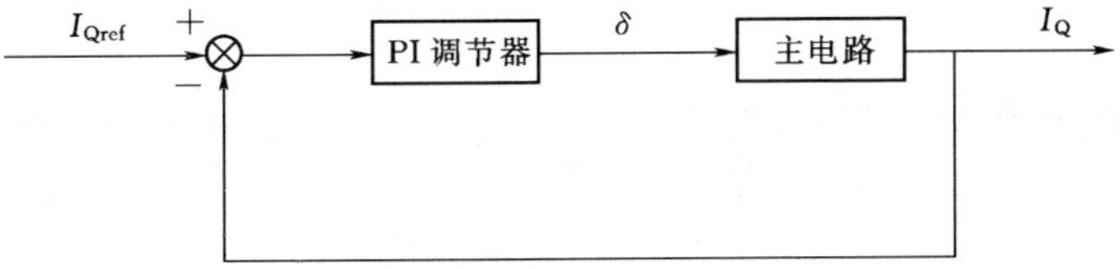

图 3-26　带反馈的电流间接控制

PSCAD/EMTPC 是加拿大 HVDC 研究中心的电力系统专用仿真软件。该软件库大，电力系统所有的元件模型都有，且可以加进控制策略，仿真速度较快，是市场上比较好的电力系统专用仿真软件。PSCAD 自带了 STACOM 一个仿真实例，如图 3-27 所示。

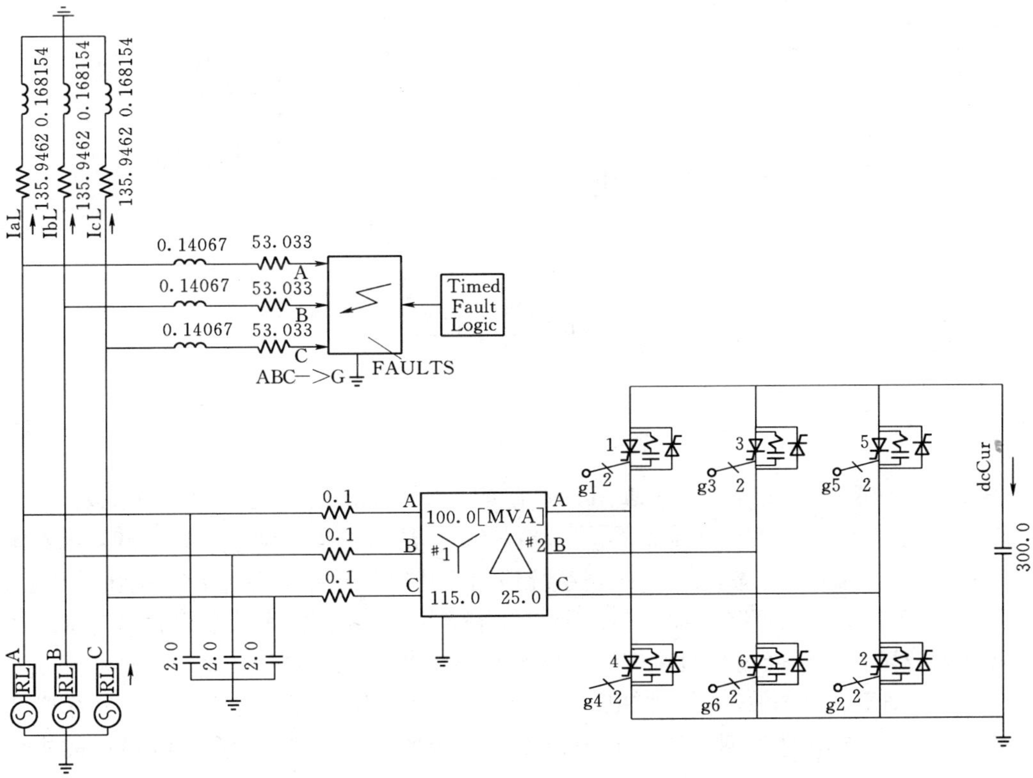

图 3-27　STATCOM 仿真方案主电路图

主电路采用一个三相桥式逆变器，通过一个星三角形变压器与交流电网相接，其中 R、L 是线路电抗。交流电网的电压等级是 115kV，在系统中加入了一个三相短路故障，系统投运后 1.5s 内发生，1s 后解除。交流电网所带负载功率为 88MVA，短路容量为 167MVA。STATCOM 在此投用的目的是稳定系统电压。

系统控制策略采用两套方案，一是不控制直流电压，通过 PWM 方式发出逆变器输出电压；二是控制直流电压，也通过 PWM 方式发出逆变器输出电压。

方案一如图 3-28 所示，说明如下：

Q_m 为实时检测的系统无功，U_{pu} 为实时检测的系统电压，U_{ref} 为给定电压。根据电压—电流特性曲线

$$U=U_{ref}+KI \tag{3-17}$$

Q/U 算出无功电流 I，I 乘以一个适当的比例系数 K 再加上 U_{pu} 为补偿后的电压 U，U 与给定电压相减，作为偏差，通过 PI 调节，得出 m 这里的 m 指的是 PWM 波的调制度，改变了 m 就改变了输出电压幅值大小。直流端的电压控制通过一个积分环节和一个惯性环节作用于相移角度 $shift$。理论依据是图 3-24。在稳态时，U_d 变化不大，δ 角也变化不大。$shift$ 即是 δ。再发出 PWM 波给电力电子模块。此控制策略实质是采用电流间接控制方法，不过给定是系统电压，因为实际电力系统中，静补装置不仅仅是实现动态补偿，还有更重要一点是稳定系统的电压。

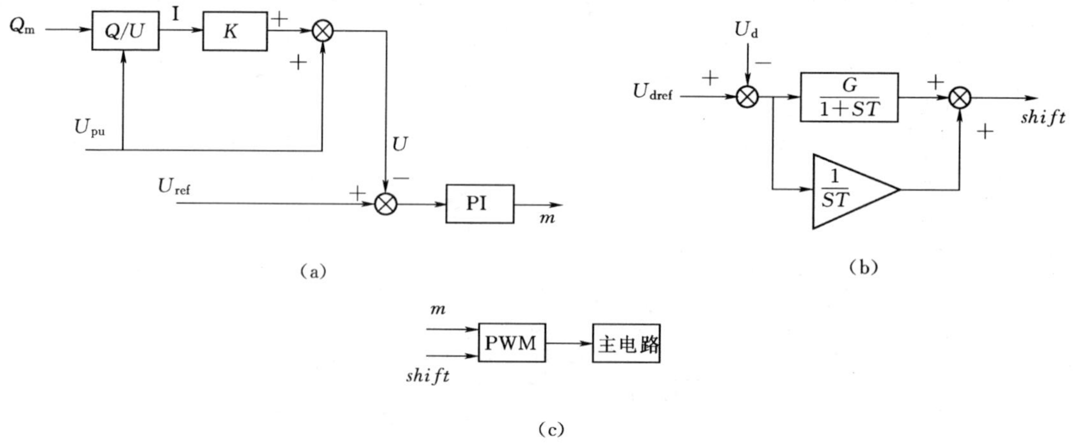

图 3-28 控制方案一示意图

仿真结果如图 3-29 所示。仿真图几点说明：①PWM 的开关频率为 3kHz；②系统在 0.1s 时投运，1.5s 时发生短路故障，1s 后解除 。从以上仿真结果可以看到：系统响应速度很快，0.5s 内达到稳态，1.5s 时当系统遇到干扰时如短路故障，系统电压很快稳定，STATCOM 无功输出比短路前要多发一点，来补偿短路引起的无功急剧的不平衡。1 秒后解除短路故障。系统经过短暂跳变后，恢复短路前状态。达到稳态时，δ 角范围很小在 0°～1°之间，随着 δ 角的波动，支撑电容两端的电压有一些波动，STATCOM 的有功也波动，表明 STATCOM 从电网中吸收和发出有功。吸收主要是因为 STATCOM 的主电路的损耗引起，发出是因为 δ 角的波动强迫 STATCOM 发出有功。但总体说来，STATCOM 的有功可以忽略不计。

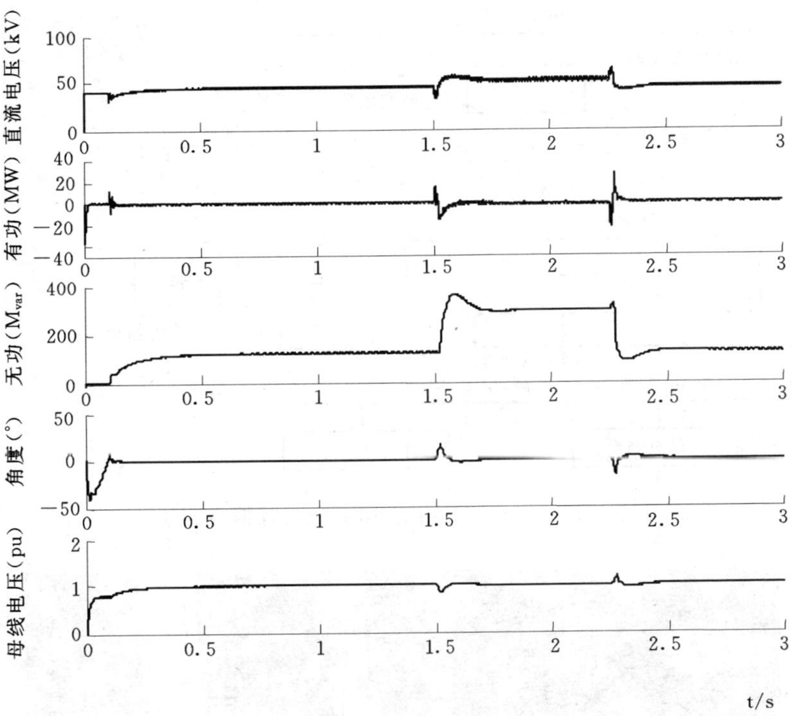

图 3-29 STATCOM 响应曲线

以上表明 STATCOM 作为动态补偿，不仅仅可以向系统补偿无功，还可以稳定系统的电压，对于电力系统中枢点来说，STATCOM 具有良好的电压调节效应。

3.3.3 朝阳变 20Mvar STATCOM 示范工程介绍

3.3.3.1 装置介绍

1994～1999 年间清华大学与河南省电力公司合作开发 20Mvar 工业化 STATCOM 装置。历经试验室样机（基于 IGBT、10kvar）、工业样机（基于 GTO、300kvar，曾安装于河南省孟砦变电站）后，1999 年完成最终的工业化装置，安装于洛阳市郊朝阳变电站，并于同年 3 月并网投入试运行。20Mvar STATCOM 接入朝阳变电站的 10kV 母线，进而向 220kV 主干电网提供快速可调的无功功率，以改善河南电网北、中和西部向东南部送电的暂态稳定性和动态阻尼特性[33-35]。

图 3-30 所示为 STATCOM 的总体构成，其中 GTO 逆变柜的概貌如图 3-31 所示。整个装置包括以下组成部分：

（1）主电路：电力电子电路是 STATCOM 的核心和主体部分，由直流电容器组、基于 GTO 的多脉波逆变器、多重化变压器组以及接入断路器等构成。

（2）启动电路：主要由启动用升压变压器和启动整流器构成。

（3）保护与控制子系统：包括控制器、脉冲发生器及脉冲分配与保护器三个部分。

（4）监测与诊断子系统：包括布置在本地、集控室和远程三处的监测与诊断硬软件。

（5）水冷子系统：采用全封闭式纯水冷却方式。

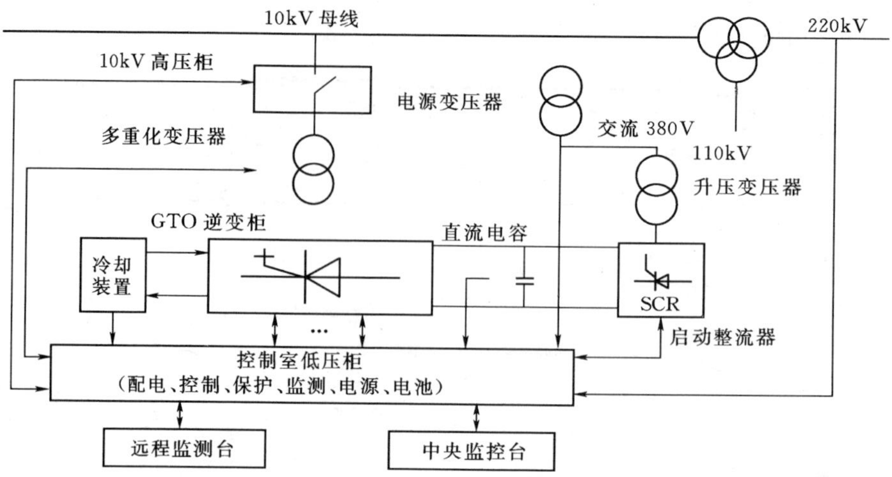

图 3-30　STATCOM 系统设计框图

图 3-31　GTO 逆变柜

（6）其他辅助设备：如提供从系统获取电力的电源变压器、开关电源设备、电池、各类开关柜等。

3.3.3.2　主电路结构

20 Mvar STATCOM 的主电路结构如图 3-32 所示，主要包括：直流电容器组及其放电回路、4 组基于 GTO 的多脉冲逆变器、四重化耦合变压器组、接入断路器以及相关的限流、保护电路（如 CLC 限流电路）等。直流电容 $C=15000\mu F$，等值电抗 $X_L=0.91\Omega$ 脉冲逆变电路及其耦合变压器构成的四重化电压型逆变器是电力电子电路主体，忽略辅助和缓冲电路后，将其展开后得到如图 3-32 所示简化电路。

图 3-32（a）为逆变器侧各逆变桥与变压器低压绕组之间的连接示意；图 3-32（b）为系统侧变压器高压绕组的连接示意；即：各组逆变器分别连接一个三相铁芯柱式变压器，变压器系统侧绕组采用四重化 Y/△连接。每个三相逆变桥由 A 相、B 相、C 相 3 个单相逆变桥组成，四重化逆变器组包括四个脉冲相位依次差 15°的三相逆变器，即 4 个逆变器的触发脉冲相对于同步脉冲的相位差分别为 0°、−15°、−30°、−45°。每个 GTO 以

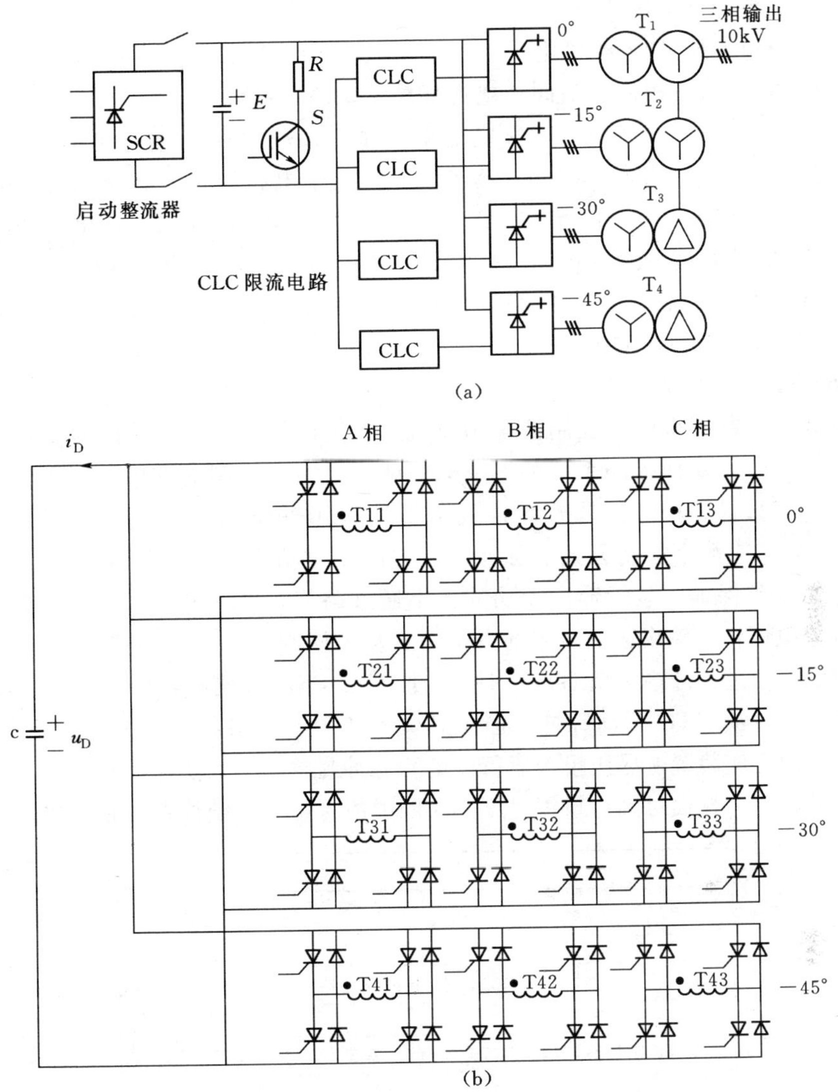

图 3-32　20 Mvar STATCOM 的主电路结构

（a）逆变器侧各逆变桥与变压器低压绕组之间的连接；（b）系统侧变压器高压绕组的连接

50 Hz、脉宽 180°的方波驱动，每个单相桥左右桥臂驱动脉冲相位相差 120°，使单相桥输出电压脉宽为 120°。三角形连接的绕组上的电压是星形连接绕组上电压的 3 倍。每个逆变桥包含 4 个开关阀体，而每个开关阀体由 GTO、反并联二极管及相应的缓冲、驱动电路等组成，单只 GTO 容量为 4.5kV/4kA，最大工作直流电压设计为 1.9kV。输出线电压基波有效值为

$$V_{ah}=\frac{12\sqrt{2}}{\pi}(\cos 7.5°)KV_d \tag{3-18}$$

式中 V_d——直流电压；

K——0°和－15°变压器变比。

输出线电压 $V_{ab}(t)$ 相位超前同步电压相位 22.5°

装置参数：容量：±20MVA；额定输出电压：10kV；额定输出电流：1.155kA；调节范围：滞后 20Mvar 到超前 20Mvar，连续调节；主电路结构：四重化电压逆变器；开关元件：4.5kV/4kA GTO；直流电压：1.3～1.87kV。控制方式：恒电压＋恒无功；调制方式：50Hz 脉冲幅度调制（PAM）。冷却方式：纯水冷却；循环流量：30t/h；冷却发热量：200kW；水电阻率：不小于 2MΩ·cm（不带温度补偿）；工作介质：60%高纯水加 40%乙二醇，凝结温度－15℃。

3.3.3.3 STATCOM 控制器

图 3－33 为控制器框图。控制器采用双机热备用结构。当一台故障时，切换电路自动切换至备用机运行，从而提高系统的连续运行能力。两台控制器均可运行于恒无功方式和恒电压方式，其采样、控制计算及脉冲发生器均采用基于 32 位数字信号处理器（DSP）TMS320C31 的高速数字控制方式。脉冲发生器的相位精度高达 0.025°，使得无功控制的精度及稳定性得到保证。装置输出无功的大小通过调节装置输出电压与系统电压的相位差来调节，直流电压将随输出无功功率的大小而变化。控制器输出 24 路脉冲，这些脉冲经保护单元处理后，经过光纤输出至 GTO 门极驱动单元。当因系统不对称等原因引起过电流时，保护系统将迅速封锁 GTO 驱动脉冲，但主开关不跳闸。控制器在检测到系统恢复正常后，将解除脉冲封锁，使装置能尽快投入运行。解除脉冲封锁时，为防止因封锁脉冲后变压器剩磁产生过电流，解除封锁时刻与封锁时刻的时间差应保证为系统周期的整数倍。

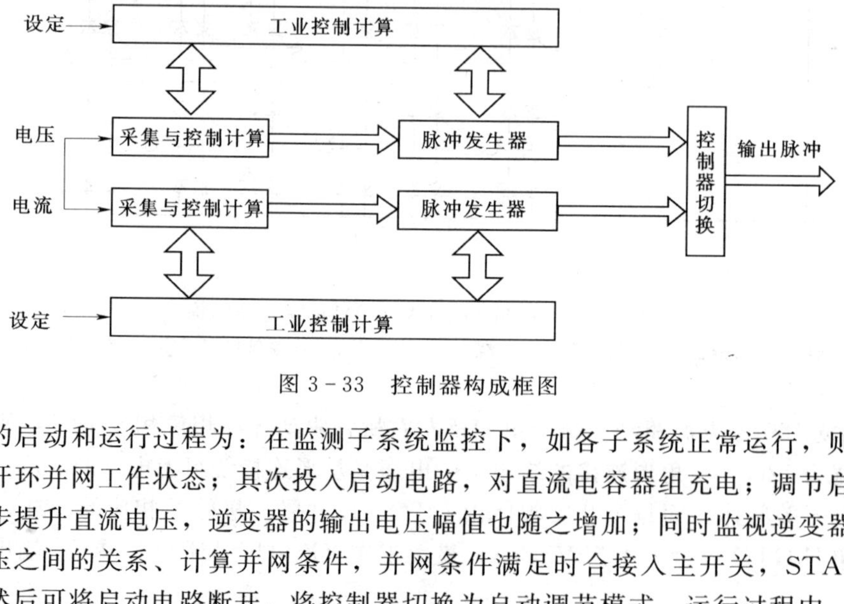

图 3－33 控制器构成框图

装置的启动和运行过程为：在监测子系统监控下，如各子系统正常运行，则首先将控制器置于开环并网工作状态；其次投入启动电路，对直流电容器组充电；调节启动整流器输出，逐步提升直流电压，逆变器的输出电压幅值也随之增加；同时监视逆变器输出电压与系统电压之间的关系、计算并网条件，并网条件满足时合接入主开关，STATCOM 并网运行；然后可将启动电路断开，将控制器切换为自动调节模式。运行过程中，控制器能根据用户设置工作于恒无功、恒电压和阻尼振荡控制模式。

3.3.3.4 试验介绍

稳态试验：在零无功工况下，输出电压为 10.2kV，输出电流为 1.13kA，直流电压为 1.6 kV；在额定滞后无功（－20 Mvar）工况下，输出电压为 9.6kV，输出电流为 1.2kA，直流电压为 1.3kV；在额定超前无功（＋20Mvar）工况下，输出电压为 10.8kV，输出电流为 1.06kA，直流电压为 1.87kV。

动态试验：图 3－34、图 3－35 分别给出了装置在突加 20Mvar 超前及滞后无功指令下的输出线电压和电流响应。从图中可见，无功功率阶跃响应时间小于 30ms。这一结果表明 STATCOM 具有极快速地输出无功功率的能力。

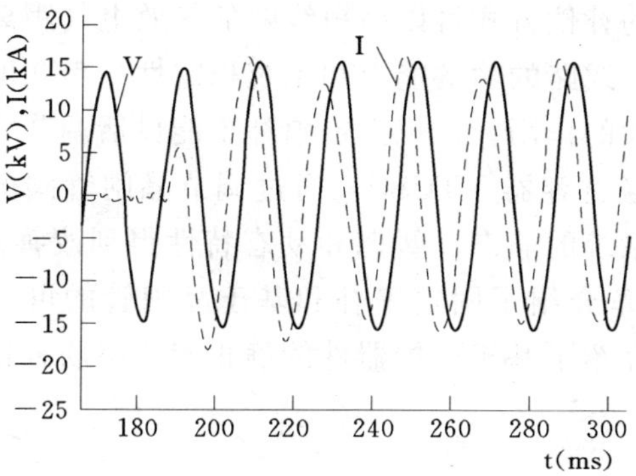

图 3－34　突加 20 Mvar 超前无功时电压电流波形

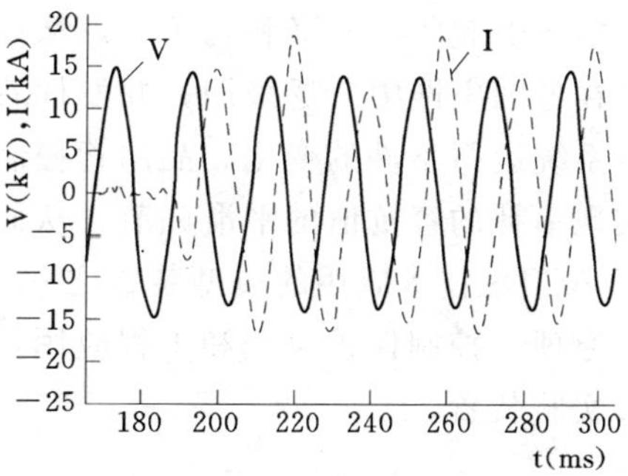

图 3－35　突加 20 Mvar 滞后无功时电压电流波形

±20 Mvar STATCOM 已经成功地在朝阳变电站投入运行。试验结果表明，STATCOM 可以在额定滞后工况和额定超前工况之间连续变化地运行，且输出无功响应时间小于 30ms。装置各项性能指标达到了设计目标，从而验证了文中所给出的各种设计方法的正确性和可行性。该装置的研制成功为今后更大容量的 FACTS 装置研制打下了良好的技术基础。

第4章　串联补偿技术

输电线路采用串联电容器补偿线路感抗的补偿方式可以缩短线路的等效电气距离，减小功率输送引起的电压降和功角差，从而提高线路的输送能力和系统稳定性。串联电容器装置已在各国电网中广泛采用，并发挥着巨大的作用。常规固定串补不能灵活调节线路电抗适应系统运行条件的变化。晶闸管控制串联电容器（TCSC）通过调节晶闸管阀的触发角，实现串补的容抗值的平滑调节，从而使系统的静态、暂态和动态特性得到改善。TCSC 是 FACTS 技术应用的典型装置之一。本章介绍了固定串补和基于晶闸管的可控串补的基本原理、控制保护系统和工程应用，并介绍了基于可控器件的静止同步串联补偿器的原理和实验装置。

4.1　串联补偿概述

随着三峡工程、西南水电基地和西北煤电基地的开发建设，大容量、远距离输电在中国已势在必行。除了高压直流外，采用高压交流输电也是解决问题的基本途径之一。然而，一方面由于经济或生态方面的原因，人们要求充分利用原有输电系统的潜在能力，使之达到最大的传输容量，另一方面提高长距离、重载、跨区间交流输电系统的传输容量又通常受到其暂稳极限的限制。从技术而言，在远距离输电系统中，送受端间的电压相角差较大，因而稳定裕度较小。这时，如果受到干扰，系统的稳定运行容易受到破坏。其次，远距离输电系统将涉及大量无功功率的产生和消耗。无功功率的不平衡则会造成较大的电压偏差，从而可能导致系统电压不稳定。

串联补偿技术是一种提高稳定极限的经济有效的手段。在输电线中间加入串联电容器能减少线电抗，缩小线路两端的相角差，从而获得较高的稳定裕度及传输较大的功率。据不完全统计，目前世界上在 220kV 及以上电网中投运的串联补偿容量已超过 70GMvar。早在 1950 年，世界上第一个 220kV 串补站就在瑞典建成投运；1968 年美国开始在 500kV 远距离输电网络中采用串补技术；1989 年第一个 800kV 串补站并入了巴西电网。所有的运行经验均表明，串联补偿技术是提高远距离输电系统传输容量、改善系统稳定性的一种非常有效的方法。图 4-1 展示了安装在华北电网沽源 500kV 的串联补偿的实例。这套装置在 2010 年由中电普瑞科技有限公司建造，用于提高 500kV 输电系统的传输容量以及改善该系统的稳定性。串联补偿技术不仅在技术上具有优势，而且经济效益也非常明显。常规串联补偿造价通常不到建造一条相应输电线路造价的 10%，而且，其提高输电系统传输性能所带来的效益有可能在一年之内便收回建造串补装置的投资[36]。

图 4-1 沽源 500kV 的串联补偿装置

4.2 固 定 串 补 装 置

4.2.1 串联补偿作用

串补的主要目的是降低输电线路从送端到受端间的等效串联阻抗。下面用单机无穷的模型说明串补的作用，如图 4-2 所示。当线路没有装设串补时，传输功率可由下式表达

$$P_1=\frac{EU}{X_L}\sin\delta \tag{4-1}$$

加入串补后

$$P_2=\frac{EU}{X_L-X_C}\sin\delta \tag{4-2}$$

传输功率之比

$$\frac{P_2}{P_1}=\frac{X_L}{X_L-X_C}=\frac{1}{1-K} \tag{4-3}$$

$K=X_C/X_L$ 为补偿度，从该式上可以看出串补可以增加输送功率。实际上，串联电容器的主要作用是通过降低线路电抗，来降低线路的电压降以及减少两端电压相角差，从而提高了输电线路动态及稳态的稳定裕度，为大功率传输创造了有利条件。由于串联补偿有众多的优点，人们常常用它来解决以下问题：

(1) 提高远距离输电系统的传输容量。

(2) 提高系统的稳定性。

(3) 降低电压偏差。

(4) 改善传输功率的分配。

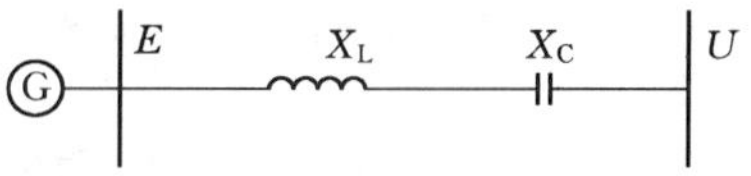

图 4-2 单机无穷大系统等效阻抗图

4.2.1.1　提高线路传输容量

固定串联电容器的主要作用是提高远距离输电系统传输功率。本书用图 4-3 所示的输电系统作为例子来说明这点。发电厂位于点 A，容量为 2000MW，它与位于点 D 的电网通过 500kV 输电线相连。传输同样的功率也可以考虑三回线配制方式。然而，这种配置正常运行情况下每回线只有 660MW 的负荷。很明显，其输送容量不能充分得到利用。与此相比，配有固定串联补偿双回线路输电系统能满足功率输送以及系统稳定性要求，而且更为经济。

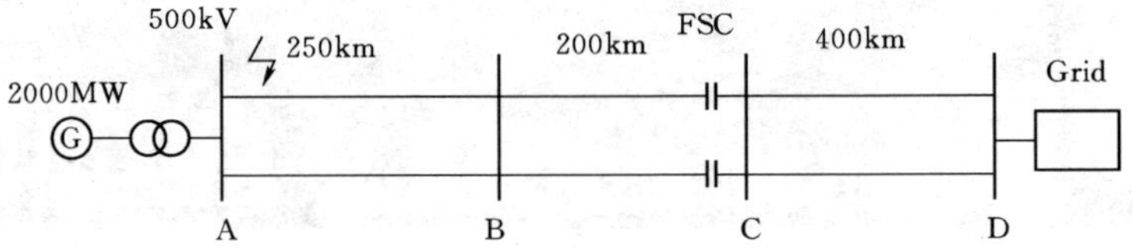

图 4-3　输电系统单线图

根据设计要求，串补站可选择在线路的两端，也可选择在线路的中间。在确定串联补偿度时则应考虑到系统的暂态稳定性以及传输功率的合理分配同时也应该考虑次同步谐振等诸种因素。假定串联电容器安装在图 4-3 中 C 所示的位置，则潮流计算的结果表明，无论有无配置串联电容器，系统均可以在稳态情况下输送 2000MW 的电功率，沿传输线的电压也能够控制在 1.05～0.95 电压标幺值之间。但是，在没有配置串联电容器的情况下，受端电压基本运行在所允许电压的下限，而且线路的传输角也非常大，接近于 65°。这意味着系统安全裕度很小，任何形式的干扰都有可能导致系统失稳。

图 4-4 给出了系统有、无配置串联电容器的情况下，发生最严重故障时发电机转角曲线。这里，所谓最严重故障是指输电系统送端发生三相故障并切除故障线路。很明显，在没有配置串联电容器的情况下，系统很快失稳。如果将输电系统的传输功率从 2000MW 降低到 1200MW，在同样的故障情况下系统则基本可以维持稳定。如果配置一补偿 BC 线路阻抗 45%的串联电容器，在传输功率仍然为 2000MW 的情况下，则故障消除后系统仍能保持稳定。相比之下，配置串联电容器后能极大地提高系统的稳定性，从而保证了传输系统的可靠运行。

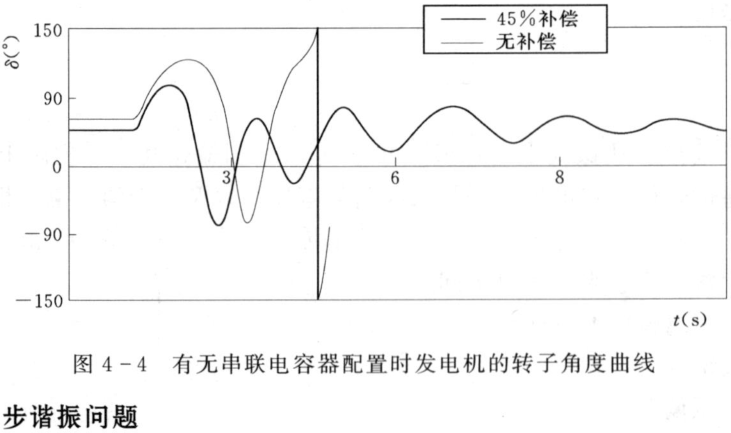

图 4-4　有无串联电容器配置时发电机的转子角度曲线

4.2.1.2　次同步谐振问题

在远距离输电系统中采用串联补偿技术的一个很大的障碍就是次同步谐振以及机、电联合体扭转交互作用。次同步谐振以及机、电联合体扭转交互作用会破坏系统的稳定性，并对汽轮发电机及系统其他设备造成很大的危害。1970 年 12 月 9 日和 1971 年 10 月 26 日 Mohave 发电站接连发生两次汽轮机轴的损坏事故，引起了人们对次同步谐振现象的关注。从此以后，投入了大量的人力来研究次同步谐振现象，并寻求减少其破坏作用的解决办法。在规划安装串联补偿装置时，一个重要的考虑就是要找出可能导致次同步振荡的临界补偿度。

一般来讲，如果从发电站看出去输电网络呈辐射状，并且在补偿度超过线路阻抗的 50%时，就必须分析系统的次同步振荡问题。研究次同步振荡现象已经有了一些比较成熟的方法，如频率扫描、特征值分析和时域仿真。前两种方法必须首先将系统在工作点附近线性化，然后计算线性化系统行为。时域仿真考虑了整个系统的非线性特征，对系统动力学行为进行研究。时域仿真是在暂态条件下，计算汽轮机组的轴应力和扭矩的动态响应。在计算时考虑了汽轮机组的多质块扭振系统与具有串补装置的电气系统之间的耦合。如果随着事故的发生，汽轮机轴的扭摆未被阻尼，甚至经过一段时间后被放大，那么，系统则发生了次同步谐振。

频率分析法计算当前运行点附近线性化系统的等值系统阻抗。该系统是从所研究的发电机看出去的等值系统，包括发电机、汽轮机组的轴系扭振系统、控制系统以及变压器和线路等无源元件。对图 4－3 所示的输电系统进行频率计算，考虑了汽轮发电机轴系扭矩的耦合作用。从图 4－5 计算结果可看出，在补偿线路阻抗 70%附近发生了次同步谐振。

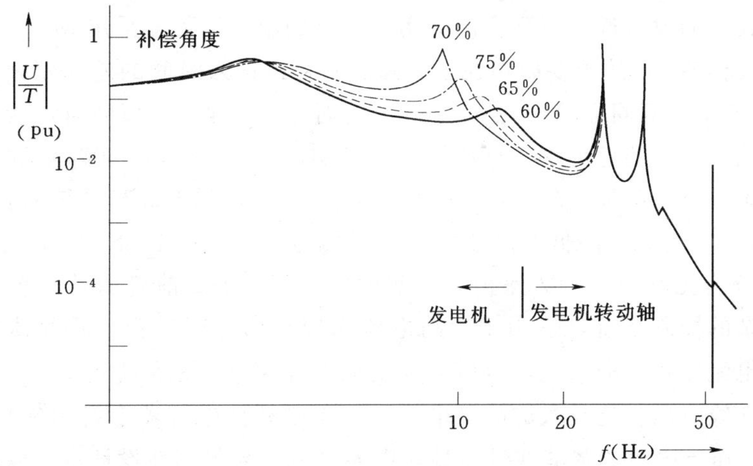

图 4－5　频域计算结果

4.2.2　串补过电压保护系统

串补电容器串联在超高压线路中，系统短路故障或者操作过电压都会给电容器带来损坏。因此在系统运行中，串联电容器必须装设过电压保护装置，限制由于系统故障电流引起的过电压。目前，在电力系统串补站中采用的过电压保护措施主要有单间隙保护、双间隙保护和 MOV 保护 3 种方案，其电气接线如图 4－6 所示。

单间隙和双间隙保护在 1980 年以前的串补站中使用较多，MOV 保护随着金属氧化

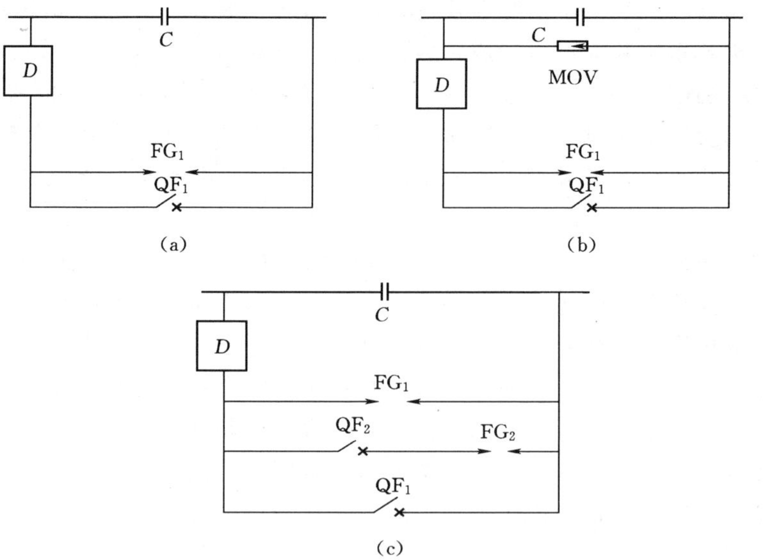

图 4-6 串补过电压保护措施

(a) 单间隙保护；(b) MOV 保护；(c) 双间隙保护

C—电容器；D—阻尼装置；MOV—金属氧化物避雷器；QF_1—旁路断路器；QF_2—再接入断路器；FG_1、FG_2—火花间隙

物避雷器制造技术的发展逐步得到广泛应用，新建的串补站大多采用 MOV 保护方案。这 3 种保护方案对系统运行的主要影响在于故障后串补再接入时间的差异较大，其中单间隙保护为 200～400ms，双间隙保护为 60～80ms，而 MOV 保护可以瞬时再接入。故障后的串补再接入时间对系统的稳定水平有比较大的影响，ABB 公司对 500kV 输电系统的暂态稳定水平进行了研究，结果发现采用 MOV 保护方案更有利于提高系统的暂态稳定水平。此外，MOV 保护还有利于降低短路故障时电容器的过电压水平和短路电流。在 MOV 保护方案中，又分为无间隙 MOV 保护和带间隙 MOV 保护。前者串补站平台设计比较简单，不需要复杂的控制系统，适用于短路电流比较小的应用场合；后者具有后备保护功能，用于短路电流比较大的系统，可以大幅度地降低 MOV 的容量[37]。

当串补所在线路出现比较大的故障电流时，串联补偿电容器上将出现较高的过电压，但由于 MOV 电压—电流的强非线性特性，电容器电压被限制在设计水平以内。在这一过程中，MOV 将产生一定的能耗。为了保证 MOV 能够安全运行，MOV 的最大允许能耗应该超过故障时 MOV 可能吸收的最大能耗。在带间隙的 MOV 保护方案中，MOV 能耗与保护间隙的触发控制策略是密切相关的。保护间隙触发控制的基本策略为：区内故障时（串补所在线路上发生故障）间隙可以触发；区外故障时（该串补所在线路以外的任何地方出现故障）间隙一般不触发。

当系统发生区内故障（或上述允许间隙触发的特殊区外故障）时，若 MOV 电流或能耗超过上述启动电流和启动能耗，就可以启动间隙触发命令。此后很短的一段时间里 MOV 仍要吸收一定的能量。区内故障时，由于同时采用了电流和能耗触发判据，所以并非短路电流最大时 MOV 能耗就一定最大。因此需要沿着串补所在线路进行大量的短路计算，并找到 MOV 能耗最大的故障点以及 MOV 能耗的最大值。图 4－7 给出了区内故障时有关波形，其中电容器电压被明显削平，MOV 能耗上升很快，直至间隙动作。

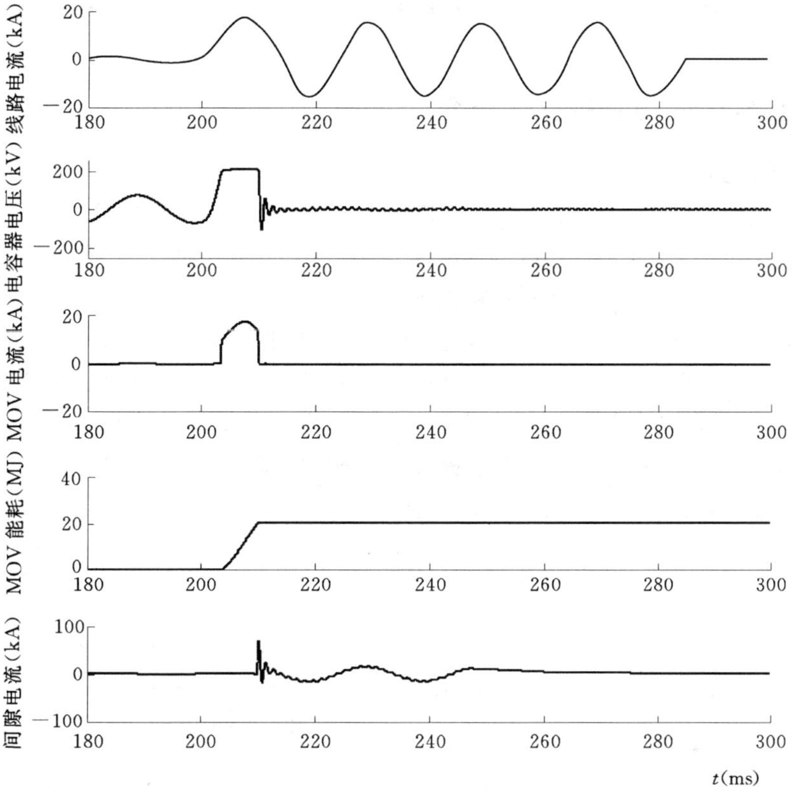

图 4－7　区内故障相关电气量波形

阻尼回路的主要作用是限制电容器的放电电流，确保电容器、旁路断路器和间隙的安全运行。目前，在电力系统串补站中采用的阻尼装置主要有电抗型、电抗＋电阻型、电抗＋避雷器＋电阻型，其电气接线如图 4－8 所示。

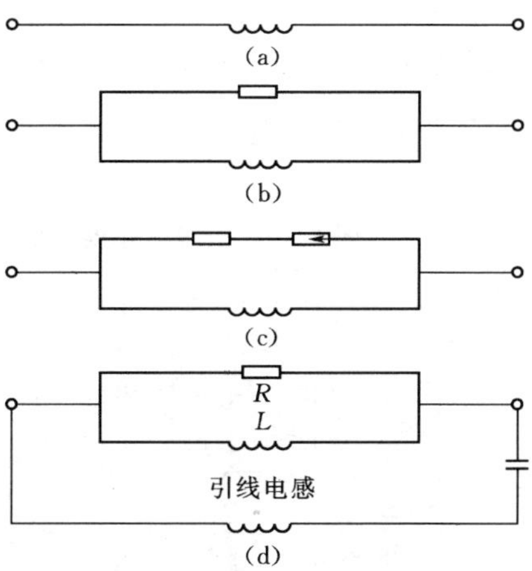

图 4－8　阻尼回路结构

(a) 电抗型；(b) 电抗＋电阻型；(c) 电抗＋避雷器＋电阻型；(d) 等值放电回路

电抗型阻尼回路结构简单、造价低，但放电电流衰减较慢，适用于串补容量较小的系统；电抗＋电阻型阻尼回路放电电流衰减特性好，但长时间运行时电阻损耗较大，对电阻的热容量要求较高；电抗＋避雷器＋电阻型是前者的改进，当短路消失后间隙自动熄弧，阻尼回路损耗低。

阻尼回路的设计要求：①电容器的放电电流（峰值）应小于电容器额定电流的 100 倍；②旁路断路器的关合冲击电流要小于其允许值；③保护间

隙的冲击电流要小于其允许值（一般取 100 kA）；④能够快速阻尼电容器的放电电流，采用阻尼电阻时放电电流波峰值宜小于此前同极性波峰值的一半；⑤间隙或断路器动作后 MOV 能耗应能很快停止上升；⑥阻尼回路长期运行电流与电容器额定电流相当；⑦在系统电容器旁路和随后的持续运行过程中，阻尼回路应有足够的热容量，确保阻尼回路自身的安全。

4.2.3　阳城 500kV 固定串补工程介绍

4.2.3.1　系统参数

在山西阳城到江苏淮阴的阳城送出工程中，阳城电厂本期装机容量为 6×350MW（规划容量 6×350MW+2×600MW）。从阳城电厂到江苏上河变电所的 500kV 输电线路单回线线长约 700km，在山东的东明和江苏的三堡分别设有 2 个开关站，输送的功率约为 2000MW。从阳城到东明是 3 条线路，其中 2 条为同杆架设的线路，每条线路长度为 256.3km。从东明站到三堡站为 2 条非同杆架设线路，每条长度为 269.3km。从三堡站到淮阴上河变为 2 条同杆架设的线路，每条线路长度为 200km。从三堡站到徐州任庄变为一条 36.91km 的线路（见图 4-9）。为了提高山西阳城到江苏电网的稳定输送容量，在三堡开关站东三线路侧装设 2 套固定式的串补装置，补偿度为 40%。串补装置接线图见图4-10[38-40]。

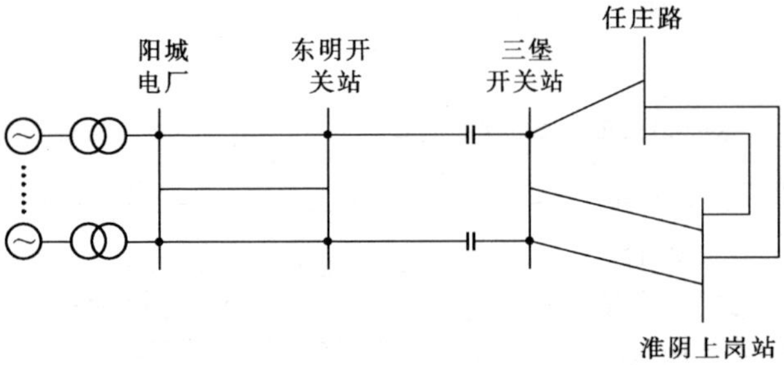

图 4-9　阳城串补接入系统

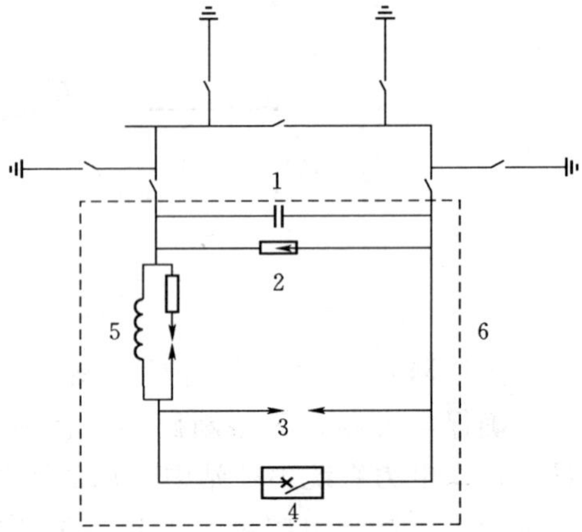

图 4-10　串补装置基本接线图

1—电容器组；2—MOV；3—火花间隙；4—旁路开关；5—阻尼装置；6—绝缘平台

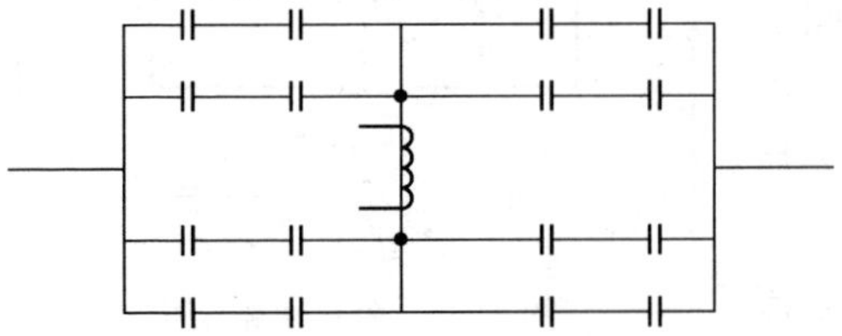

图 4-11　H 形电容器单元结构

4.2.3.2　串补装置主要技术参数

阳城—淮阴送出工程的固定式的串补装置采用的保护电容器的设备是金属氧化物避雷器（MOV）、旁路间隙及旁路断路器。该串补装置的基本接线如图 4-11 所示。SIEMENS 公司的内熔丝电容器。每箱电容器由 320 台电容器单元组成其额定电流为 2360A。

三厢电容器组额定容量为500Mvar。为了在部分电容器发生故障时能及时发出故障信号或旁通电容器组，每相电容器单元组成一个双H形，并接有不平衡TA。

当带串联补偿装置的线路发生故障时，系统短路电流要流过串联电容器组，电容器组上的暂态电压会很高。该工程利用MOV优良的非线性特性及快速响应来限制出现在电容器组上的过电压。当装有串补的系统中发生区外故障时，为提高系统的稳定输送容量，串补装置仍应处在运行状态，MOV中会流过部分故障电流而吸收能量。区内故障时，为了降低MOV的吸收能量，限制电容器组上的电压，触发间隙应及时动作旁路电容器组和MOV。其基本技术参数为：①额定电压为113kV；②过电压保护水平为2.3pu（标幺值）；③最大能量吸收能力为50MJ。

（1）触发间隙。串补装置用的触发间隙都是非自熄灭型的。间隙本身没有很强的熄弧能力，其电弧要在旁路开关合上或线路开关跳闸后才能熄灭。它的主要功能是：在一定的条件下，迅速击穿以防止MOV过热损坏，也保护了电容器组免受过电压的损害。

（2）旁路断路器。旁路断路器是用来投入或退出串联电容器的。其另外一个功能是旁路间隙使其灭弧。

（3）阻尼电抗器和阻尼电阻。当触发间隙放电导通时或旁路断路器合闸时，电容器组会通过这一闭合回路放电，产生高幅值的高频振荡电流。为了把这一电流限制到一定的幅值，回路中串有阻尼电抗器和阻尼电阻。很显然，阻尼电阻的存在会使放电电流迅速衰减，从而降低了电容器熔丝的要求，也减轻了电容器组、间隙和旁路断路器的负担。该工程的阻尼电抗器是空心电抗器，其额定电感为0.4mH。3.0Ω的阻尼电阻是经过一个15mm小间隙与阻尼电抗器并联的。

4.2.3.3 继电保护配置

针对串补装置的主要一次元件，继电保护系统配置了5类保护，分别介绍如下。

（1）电容器组保护。电容器组保护有电容器组不平衡保护和电容器组过负荷保护。电容器组不平衡保护主要是防止电容器的部分原件或电容器单元损坏退出后，导致健康的电容器元件或电容器单元过负荷（过电压），其定值有低定值和高定值两种。不平衡电流超过低定值0.8A，延时2s后发信报警；超过高定值1.3A，延时200ms后永久旁通电容器组。当电容器组电流超过额定值时。为防止损坏电容器，按照设定的过负荷曲线，检测电容器是否过负荷，若过负荷，则过负荷保护动作，旁通电容器组。

（2）MOV保护。该保护是保证在发生区内故障时，使保护间隙动作，保证MOV吸收的能量被控制在允许的范围内，以免损坏MOV。启动MOV保护的方式有3种，分别为MOV过电流、MOV过负荷（过热）和MOV过高的能量吸收率。其中MOV过负荷（过热）反应的温度值和MOV能量吸收率是按照MOV的伏安特性和流过MOV的电流进行计算所得的结果。

（3）间隙保护。间隙自触发保护：当间隙在没有触发信号的条件下触发并有电流，三相旁通电容器组；间隙拒触发保护：发出间隙触发指令后100ms内间隙电流没有达到400A以上，则被认为间隙拒触发，保护发出三相永久旁通令。

（4）其他保护。平台保护：平台上的设备对平台放电、电流超过整定值时，该保护动作，发出旁路断路器三相合闸令，并永久旁通；旁路开关三相不一致：当旁路开关三相状态不一致时，经一定延时，发三相永久旁通令；旁路开关失灵保护：电容器旁路开关合闸令发出后，经200ms，电容器中仍超过200A的电流。则该保护动作，发出跳线路二侧开关的信号。

4.2.3.4 人工接地试验

串补投入运行之前，对整套装置进行了区外三相故障和区内单相故障的人工模拟试验。区外三相人工接地故障试验的接地点安排在东明开关站的东三2线的外侧，故障持续时间为450ms。实际的测量结果如表4-1所示。这次试验的A相故障实际的持续时间最长的为445ms。在合于故障后的第一个20ms（暂态过程）内，A、B、C三相的MOV各动作两次。以后的425ms中MOV均未动作。

表4-1 三相人工接地故障试验的测量结果

相别		A	B	C
线路最大冲击电流（kA）		7.102	8.212	6.783
电容器组最大电压（kV）		229	223.5	222.6
MOV电流（kA）	第一个脉冲	5.1	0.35	6.05
	第二个脉冲	4.4	5.2	2.0

区内故障的接地点设在串补电容器组的线路侧。为了保证串补设备的安全，防止间隙拒触发导致MOV的损坏，试验时区内故障的持续时间取30ms。试验时，串补保护及三堡站、任庄站和上河变电所相应的继电保护装置均成功地承受住了串补装置出口短路的考验。试验时，区内人工单相接地实际的持续时间为24ms，A相线路最大暂态故障电流为21.95kA，MOV电流为14kA，与计算结果基本一致。在区内人工接地试验中，间隙在短路后0.7ms时触发，MOV的动作时间过短，其温升仅2℃。

4.3 可控串联补偿装置

4.3.1 可控串补概述

常规固定串联电容器在技术和经济上有诸多优点，但它不能灵活地调整线路阻抗以便响应系统运行条件的变化；另一方面，由于次同步谐振的缘故，限制了串补度的提高。作为克服固定串联电容器缺点的一种先进技术，晶闸管控制的可控串联补偿装置（TCSC）应运而生了。TCSC应用了电力电子技术，利用对晶闸管阀的触发控制，来实现对串联补偿电容器容抗值的平滑调节，使输电线路的阻抗参数成为动态可调，实现对线路补偿度的灵活调节，使系统的静态/暂态和动态性能得到改善。TCSC是FACTS技术典型装置之一。

基本的TCSC模块包括电容器、与其并联的晶闸管阀控制的电抗器（即TCR支路）及金属氧化物避雷器MOV。实际的FACTS装置可采用多组TCSC模块串联构成，并常与多组FSC结合起来使用。采用FSC的目的主要是为了降低整套串补装置的成本，而多模块结构可将每个TCSC或FSC模块参数设计不同，以得到较宽的阻抗控制范围。

以平果串补为例，平果站串联补偿装置总容量为800MVA。天生桥—平果双回交流线路每回线各装设一套串联补偿装置，每套400MVA，固定、可控部分容量分别为350MVA、50MVA。总的串补度为40%，其中固定及可控部分为35%及5%。其固定和可控部分布置在一个平台上，两部分通过平台上的母线串联。固定和可控部分可同时运行，也可相对独立运行，因此两部分各设有旁路断路器。平果可控串补站电气主接线如图4-12所示。图中 C_1、C_2 为串联电容器；VD为晶闸管阀；L_3 为电抗器；L_1、L_2 为限流和阻尼元件；MOV_1、MOV_2 为金属氧化物避雷器；FG为火花放电间隙；QF_1、QF_2 为旁路断路器；QS_1、QS_2、QS_3 为隔离开关[42,43]。

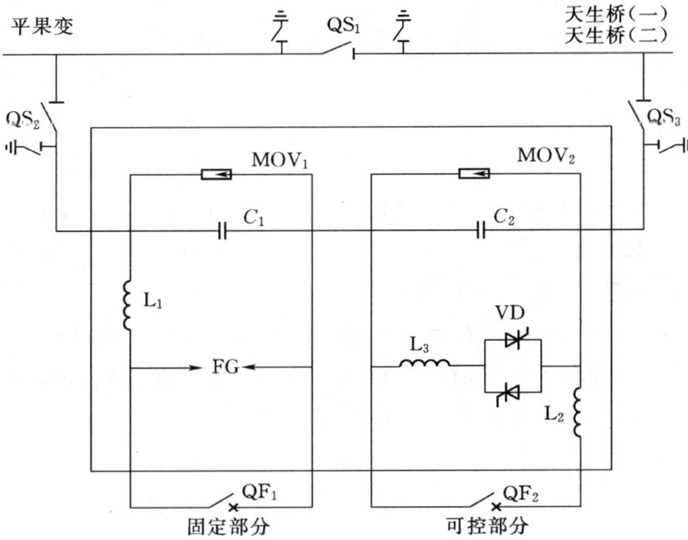

图4-12 平果站串联电气主接线

4.3.2 可控串补原理

TCSC单相电路如图4-13所示。对TCSC而言，其等效串联阻抗是可变的，能够对线路功率进行大范围的连续控制。等效串联阻抗的变化是通过对控制TCR支路阀的触发角 α 实现。由第3章TCR原理的分析可知，TCR的基波电抗值是触发角 α 的连续函数，因此TCSC的等效基波阻抗由一个不可变的容性电抗和一个可变的感性电抗并联组成的。

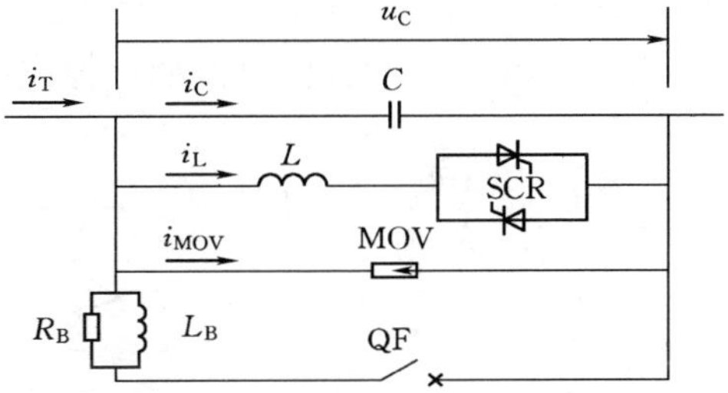

图4-13 单相TCSC电路图

TCSC稳态运行时，其等效基波阻抗

$$X_{TCSC}(\alpha)=\frac{X_C X_L(\alpha)}{X_C-X_L(\alpha)},\alpha\in\left[0,\frac{\pi}{2}\right] \tag{4-4}$$

其中：$X_C=1/\omega C$；定义TCSC支路的自然角频率：$\omega_0=1/\sqrt{LC}$，则TCSC自然角频率与电网工频之比为 $k=\omega_0/\omega$；易知：$k^2=X_C/X_L$。考虑到 X_L / $X_C=0.1\sim0.3$，从而 $k^2=3.3\sim10$。

以下借用第3章关于TCR的分析结论来简单介绍TCSC通过控制触发延时角 α 来达

到调节串联补偿阻抗的基本原理。

4.3.2.1 阻抗变化范围

根据式（3-4），TCR支路的阻抗值由触发延迟角 α 决定，即

$$X_L(\alpha)=X_L\frac{\pi}{\pi-2\alpha-\sin 2\alpha},\alpha\in[0,\pi/2] \tag{4-5}$$

控制 α 的改变，$X_L(\alpha)$ 值发生变化，从而调节TCSC的阻抗 $X_{TCSC}(\alpha)$。当 $\alpha=0$ 时，TCR的阻抗取得最小值 X_L，由于 $X_L<X_C$，TCSC阻抗呈感性，且感性阻抗为

$$X_{TCSC}(0)=\frac{X_C X_L}{X_C-X_L} \quad \alpha\leqslant\alpha_{Llim}<\alpha_{res} \tag{4-6}$$

当 α 从0逐渐增大，在达到并联谐振点之前，$X_L(\alpha)$ 逐渐增大，从而使得TCSC的感性阻抗逐渐增大。

并联谐振点对应于方程 $X_C-X_L(\alpha)=0$ 在 $\alpha\in[0,\pi/2]$ 区间的解（设为 α_r），对应TCSC的阻抗为∞；为防止TCSC产生并联谐振，在感性控制区要求 α 不得超过某一值 α_{Llim}，即 $\alpha\leqslant\alpha_{Llim}<\alpha_{res}$，或者说感性控制区的触发延迟角 $\alpha\in[0,\alpha_{Llim}]$。

当 $\alpha=\pi/2$ 时TCR的阻抗取得最大值∞，相当于TCR支路断开，TCSC的阻抗仅为串联容性产生的阻抗，其值为 X_C（容性）。

当 α 从 $\pi/2$ 逐渐减小，在达到并联谐振点之前，$X_L(\alpha)$ 逐渐减小，从而使TCSC的容性阻抗 $[X_{TCSC}(\alpha)]$ 逐渐增大。为防止TCSC产生谐振，在容性控制区要求 α 不得小于某一值 α_{Clim}，即 $\alpha_r<\alpha_{Clim}<\alpha$，或者说容性控制区触发延迟角 $\alpha\in[\alpha_{Clim},\pi/2]$。

TCSC的并联谐振点有

$$X_C-X_L(\alpha)=0 \tag{4-7}$$

代入式（4-5），即得

$$2\alpha+\sin 2\alpha=\pi(1-X_L/X_C) \tag{4-8}$$

由于 $X_L<X_C$，上述方程在 $\alpha\in[0,\pi/2]$ 有唯一解 α_r。

$X_{TCSC}(\alpha)$ 随着 α 而变化的过程可用图4-14来描述。可见，TCSC通过适当控制TCR支路的触发延迟角 α，可以获得一个可变的串联阻抗，且感性阻抗的可控范围为 $[X_L, X_{TCSC}(\alpha_{Llim})]$，容性阻抗的可控范围为 $[-X_{TCSC}(\alpha_{Clim}), -X_C]$。

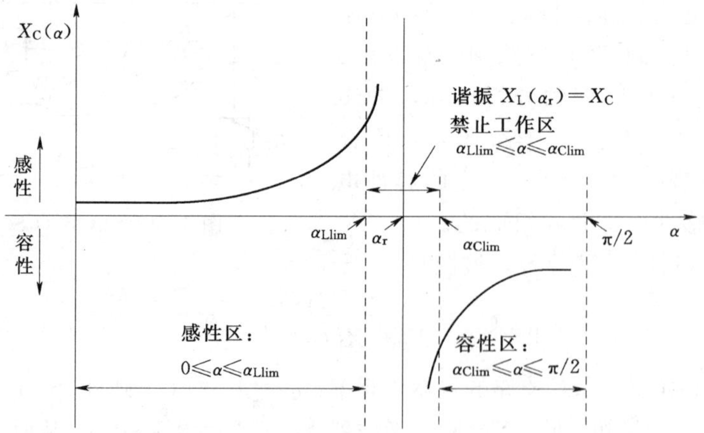

图4-14 可控串补阻抗随触发角变化曲线

4.3.2.2 运行模式

在实际运行中，可将 TCSC 的运行模式分为四种，即晶闸管旁通模式、晶闸管闭锁模式、容性微调模式和感性微调模式。

(1) 晶闸管旁通模式。在此模式下，晶闸管工作在全导通或触发角 $\alpha=0°$状态，TCR 支路流过连续的正弦电流。此时，TCSC 的行为就像一个电容器与电抗器的并联支路。因为所选择的电抗器感抗 X_L 比电容器容抗 X_C 要小，所以流过电容器与电感器并联电路的净电流是感性的，通常 TCSC 是在断路故障期间运行于该模式，以降低短路电流，减少 MOV 吸收的能量。

(2) 晶闸管闭锁模式。在此模式下，晶闸管阀的触发脉冲被封闭或触发角 $\alpha=90°$，TCR 支路没有电流流过，如果晶闸管在处于导通状态下下达闭锁指令，则当晶闸管电流过零时就立即关断。这样 TCSC 就退化为固定串联电容器，并且 TCSC 的净电抗是容性的，此状态下的线路补偿称为基本串补度。在这种模式下，电容器上的直流偏移电压采用直流偏移控制来快速释放，因而不会对输电系统的变压器产生危害。

(3) 容性微调模式。在此模式下，晶闸管阀的触发角 $\alpha_{Cmin}<\alpha<90°$，TCSC 呈现为容性电抗，如图 4-15 (a) 所示。TCSC 的容性电抗在其最小值（电容器容抗）和最大值（通常是电容器容抗的 2.5～3.0 倍，主要取决于线路电流和 TCSC 的短路过载能力等条件）之间连续可控。TCSC 通常都是运行于该模式。在稳态运行中，可通过调节其容抗使系统潮流分布合理，降低网络损耗；在暂态过程中，可通过提高其容抗来增大补偿度，改善系统暂态稳定性；在动态过程中，可控制其容抗来阻尼系统振荡。

(4) 感性微调模式。在此模式下，晶闸管阀的触发角 $0°<\alpha<\alpha_{Lmax}$，TCR 支路具有较高的导通程度，TCSC 呈现为感性电抗，并大于电抗器本身的电抗值，如图 4-15 (b) 所示。当一套 TCSC 由多个模块构成时，感性微调模式与容性微调模式的配合可使整套 TC-SC 获得较大范围连续可控性。

从容性模式平滑过渡到感性模式是不容许的，因为两种模式之间存在一个谐振区，此时 TCSC 呈现为一个非常大的阻抗，并导致很大的电压降落，应通过触发角上设置限制来避开谐振区域。典型的导致谐振的触发角为 45°，在同步和计时电路中需要配备滤波器，以保证交流系统电压中任何暂态或畸变不会影响 TCSC 控制系统的性能。

4.3.3 国内外应用情况

TCSC 是一项成熟和可靠的技术，在电力系统应用已有近 20 年的历史，目前世界上有 9 个大型 TCSC 工程投入运行。按照投入运行的先后次序分别是：3 个工程在美国，1 个工程在瑞典，2 个工程在巴西，3 个工程在中国。

4.3.3.1 国外 TCSC 工程

1991 年美国首先将 TCSC 技术应用于电力系统。Kanawha River TCSC 工程是最早投入运行的试验性工程，只安装在一相上，并且只用晶闸管阀投切 1/6 的串联容抗，可以说是极为初级性的探讨性试验，严格意义上讲该工程应该属于晶闸管投切串联电容器（TSSC）。

第二套 TCSC 装置安装在 Kayeta 变电站，由美国西部地区电力局（WAPA）和西门

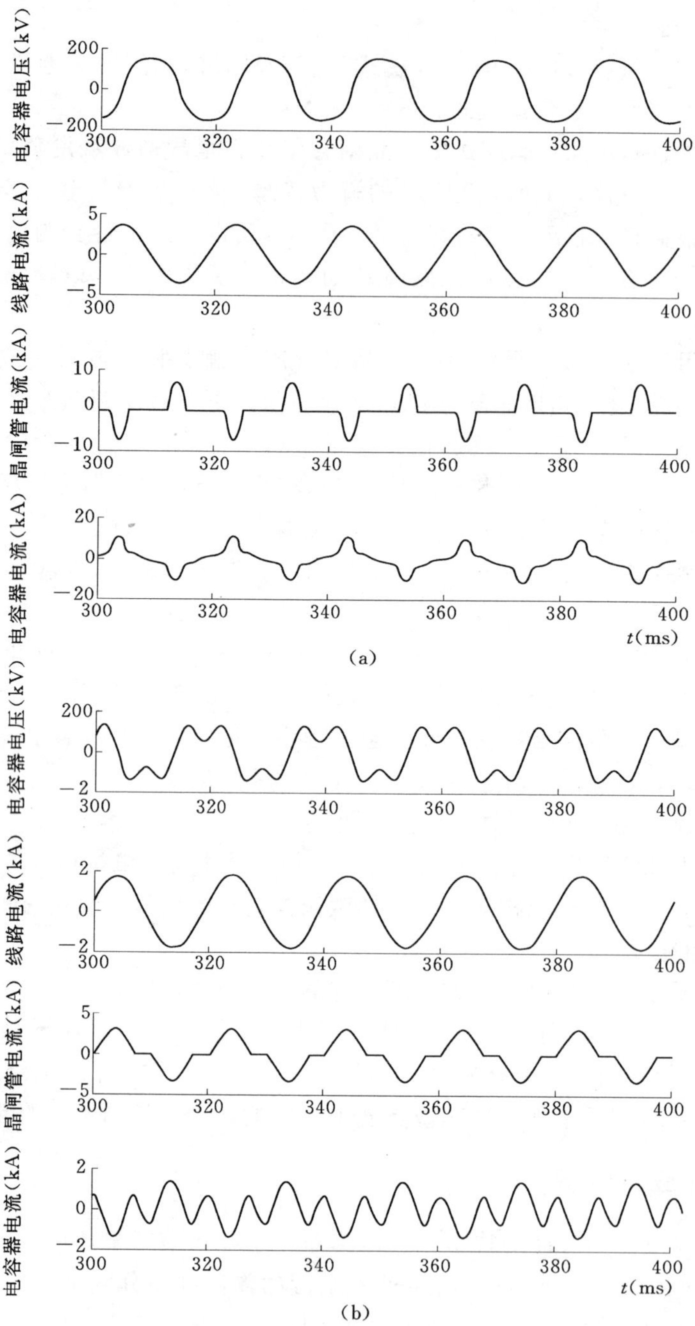

图 4-15　阻抗调节模式波形

(a) 容性模式；(b) 感性模式

子公司联合完成，于 1992 年投运。它处在从亚利桑那的 Glen Canyon 发电厂到新墨西哥州 Shiprock 变电站单回 230kV 输电线路上约中点的位置。该线路全长 320km，其初设计输电能力为 300MW。随着网络中潮流的增加，为了更充分地利用本线路，提高可靠性，增加输电系统的可控性和灵活性，并节约投资，在 Kayenta 变电站设置 TCSC 是一项经济有效的措施。Kayenta变电站内的TCSC装置可以认为是两套装置，每套装置的单相容抗是55Ω，额定电流为1kA（对应潮流为398MVA），电容器三相容量为165Mvar，其中一套为FSC，另一套又分为两部分，一部分（40Ω）是固定的，另一部分（15Ω）为可控的。可控部分动态容抗为15～60Ω。Kayenta变电站设置TCSC的主要目的是用于潮流的快速控制，因此TCSC装置设计的动态调节范围较大（动态最大容抗是其标称容抗的4倍），同时没有说明其额定工作点（TCSC额定工作点对于抑制同步谐振和低频振荡均是十分重要的参数）。另外，该工程是世界上第一个投产的可以连续调节的TCSC装置，其投产为TCSC技术提供了现场试验基地。

另外一套TCSC装置安装于美国北俄勒冈州的500kVSlatt变电站，串联在该站至Buckley变电站不太长的500kV线路上。该TCSC是一个多模块TCSC，由6个完全相同的TCSC模块串联组成，于1994年投入商业运行。Slatt变电站TCSC除了具有FSC补偿的功能外，还具有容抗值动态调节范围大、可快速准确调整潮流等特点，因而具有广阔的应用前景。Slatt变电站TCSC工程主要目标是建设一个商业化的多模块TCSC，全面而又严格地进行了各种试验，为了验证TCSC抑制次同步谐振的能力，该站TCSC接入波兰通用电气的Boardman发电厂进行了其抑制次同步谐振性能的试验工作。Slatt变电站TCSC工程是美国EPRI发起的灵活交流输电系统研究的一部分，它由GE公司负责制造和安装，BPA负责运行和管理。

4.3.3.2 国内TCSC工程

2003年，国内第一套TCSC装置在南方电网平果变电站投入运行，应用电压等级为500kV，可控部分串补度为5%（持续），短时可以达到15%。2004年12月，由国内自主研发的220kV TCSC在甘肃成县变电站投入运行，补偿度为50%（持续），补偿容量为96Mvar。2007年10月，由国内自主研制的500kV TCSC装置在齐齐哈尔市冯屯变电站投入运行，可控部分串补度为15%、补偿容量为652Mvar。下面对平果TCSC工程进行简单介绍。

平果TCSC工程采用了FSC+TCSC的补偿模式，全部装置由西门子公司提供。在南方电网中，贵州天生桥到广州的500kV输电线路采用双回平行并列线路，全长940km，其中天生桥到平果段为313km。该工程位于平果变电站进线侧。

平果TCSC工程分为可控部分和固定部分安装于同一平台上，两个旁路断路器、串联隔离开关及接地开关直接安装于地面上。固定部分和可控部分可同时运行，也可独立运行，任何一部分退出都不影响另外一部分正常运行。对于固定部分电容器，采用的保护方案是金属氧化物限压器（MOV）和放电火花间隙。系统外部接地短路故障是由MOV保护，无需将电容器组旁路。内部接地短路故障时，电容器组被放电火花间隙快速旁路并由断路器旁路后退出运行。对于可控部分电容器，采用的方案是MOV和晶闸管快速旁路保护，外部故障也是由MOV保护；内部故障时，晶闸管阀快速全导通流过故障电流，随后旁路电路器合闸使电容器组退出运行。可控部分电容器组保护不采用放电火花间隙，它要求在旁路断路器合闸前，晶闸管阀要能够承受较大的故障电流，这对于晶闸管阀的设计有较高要求。

4.3.4　可控串补过电压保护系统

对串补站危害最大的过电压是由短路电流引起 TCSC 两端间的过电压，它对 TCSC 横向绝缘配合起着决定性的作用。在常规绝缘配合中，保护设备和被保护设备之间的关系是单一的，保护设备将过电压限制到被保护设备“可以接受的范围内”，被保护设备基本上处在被动地接受保护的状态。在主动绝缘配合中，被保护设备在接受保护的同时还通过一定的控制策略，“主动地”对过电压保护过程进行干预，以期进一步降低过电压，在提高被保护设备自身安全水平的同时，也减轻了保护设备的工作条件，减少过电压保护费用。由此可见在主动绝缘配合中，保护设备与被保护设备之间是相互影响的交互式的关系，这是主动绝缘配合的最重要特征。在灵活交流输电系统（FACTS）出现之后，过电压保护面临着一系列新的课题：如一方面 FACTS 中有许多电力电子和控制设备直接工作在高电压下，它们对过电压保护提出了更加严格的要求；另一方面 FACTS 中各种电力电子装置为过电压保护控制和主动绝缘配合提供了必不可少的可控制的器件。当前过电压保护控制和主动绝缘配合已成为 FACTS 研究中的重要课题之一。

当系统发生短路故障时，为了限制 TCSC 两端过电压，并使得系统能尽快地恢复正常运行，主要采取以下的过电压保护及控制措施：

（1）使用非线性电阻限压器（MOV）限制 TCSC 两端的过电压。当 TCSC 两端电压升高到一定程度后，流过 MOV 的电流急剧上升，其等值电阻急剧下降，在限制过电压的同时，也改变了 TCSC 的总阻抗及相角，在相当大的程度上还起了防止自激、谐振以及限制短路电流的作用。

（2）当 MOV 的负载（主要是能耗）达到一定水平时，由 TCSC 的控制系统起动保护性旁路（旁路）模式，将 TCSC 的工作状态由容性改为低电抗的感性模式，进一步降低 TCSC 过电压，并减少短路电流；同时也减轻 MOV 的负担、降低对 MOV 能耗的要求。

（3）当短路故障清除后，TCSC 应尽快返回到容性工作状态，包括必要时的暂态稳定控制状态，以提高线路的输送能力和系统的稳定水平。

（4）当 MOV 的负载（电流及能耗）达到一个更高的水平，此时采用 MOV 及晶闸管旁路的手段不足以将过电压限制到保护水平，则闭合旁路断路器，防止电容器、MOV 等设备损坏。

图 4－16 为 TCSC 控制系统框图，其中单元（1）～单元（7）组成短路故障时过电压保护控制。可控串补过电压保护电气量波形类似于图 4－7 所示的固定串补的波形。可控串补采用主动过电压保护能极大减轻 MOV 的容量。

4.3.5　成碧 220kV 可控串补工程介绍

4.3.5.1　系统研究

甘肃陇南地区的水电资源丰富，最大送电容量为 356.6MW，该地区的碧口水电厂通过一回 140km 的成县—碧口 220kV 线路与成县变电所相联，该线路输送的电力在成县消纳一小部分后经一回 120km 成县—天水 330kV 线路送入甘肃主网，系统结构如图 4－17 所示[44,45]。

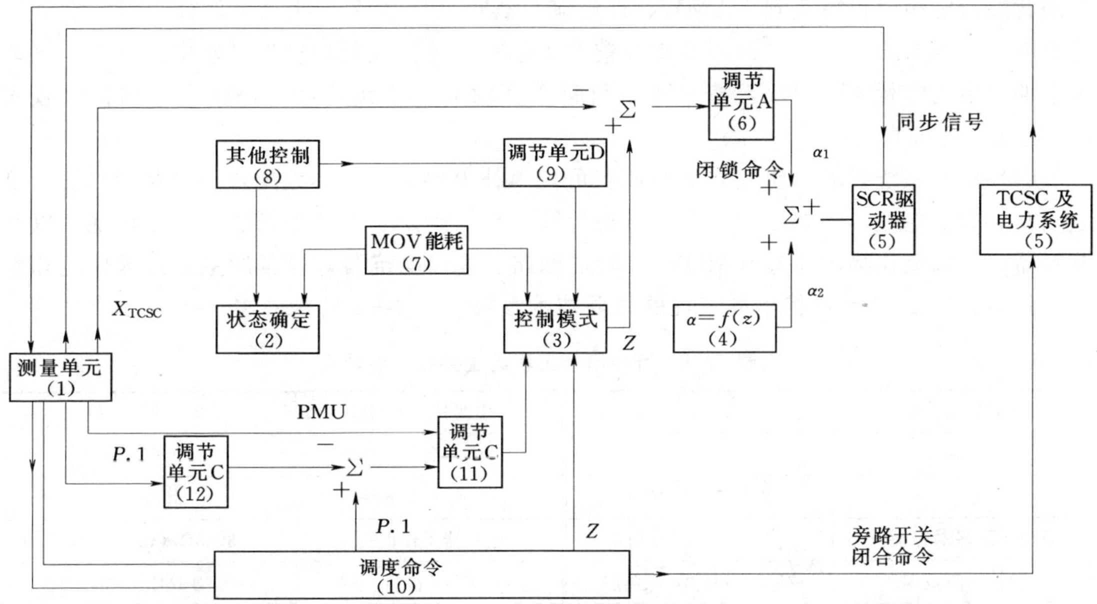

图 4-16 TCSC 控制系统框图

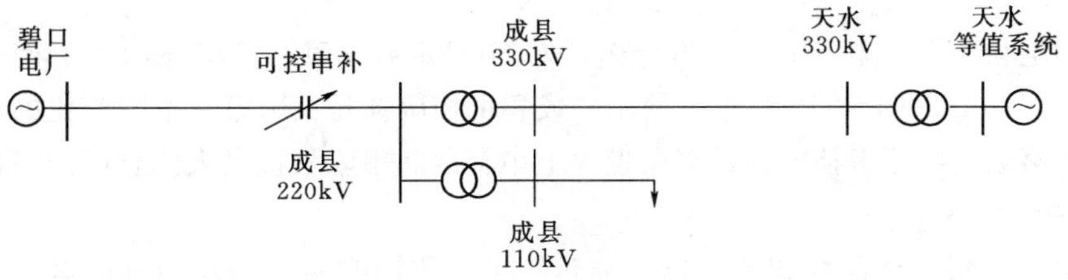

图 4-17 成碧系统结构图

由稳定计算结果可知，碧口—成县单回 220kV 线路的暂态稳定最大送电容量约为 235MW，静态稳定最大送电容量约为 332MW，不能满足碧口地区的最大送电要求，而且该系统还存在着明显的低频振荡。另外，碧口—成县线路的沿途几乎均为山区，输电走廊紧张，架设第二回输电线路不仅造价高而且还要砍伐大量森林，工程难度很大。为了有效提高线路的输电能力，研究人员对碧口—成县 220kV 线路、成县—天水 330kV 线路安装不同容量的串补或可控串补后的输电能力进行了分析比较，主要研究结果如下：

（1）碧口—成县 220kV 线路阻抗是成县—天水 330kV 线路阻抗的 2.55 倍且潮流较重，串补装在碧口—成县 220kV 线路的成县变电所侧效果较好。

（2）若按暂态稳定极限控制碧口—成县线路的输送功率，需在成碧 220kV 线路加装约 60%的可控串补才可满足碧口地区送出最大盈余电力的需要。若按静态稳定极限控制该线路的输送功率，则在碧口—成县线路加装 30%的固定串补即可满足送电要求。采用可控串补还可以解决碧口水电厂给主系统造成低频振荡的问题。

（3）经过技术经济比较，推荐采用 50%可控串补方案。该方案能够满足《电力系统技术导则》的要求，按静态稳定极限送出碧口地区的最大盈余功率；同时，碧口—成县线路的暂态稳定极限也提高到 345MW，能够满足碧口地区的季节性水大部分时间安全外送的要求。该方案比建设第二回线节省投资约 1 亿元。预计随着碧口地区水电的开发，该地区汛期可多送电量 421GWh，按平均电价每千瓦时 0.333 元计算，每年可增加售电收入 1.4 亿元（含税）。

（4）根据系统要求，研究人员对成碧可控串补工程的设备参数配置、线路断路器恢复电压及其潜供电流等问题进行了电磁暂态计算分析，确定了可控串补装置的工作能力以及电容器、金属氧化物限压器（MOV）、阻尼回路、旁路电抗器等设备的主要技术规范和参数。甘肃成碧 220kV 可控串补工程的主要技术参数如表 4－2 所示。

表 4－2　　成碧 220kV 可控串补工程的主要技术参数表

主要技术参数	参　数　值	主要技术参数	参　数　值
电容	146.6μF	TCSC 额定无功功率	86.6Mvar
容抗	21.7Ω（1.0pu）	TCSC 额定电压	26.3kV
电容组基本容量	95.4Mvar（三相）	电抗器工作电抗	3.45Ω（10.89mH）
阻抗调节范围	21.7～54.2Ω（容性）	MOV 能量	10MJ/每组
长期工作容抗	23.9Ω（1.1pu）	保护水平	2.3pu（峰值）
额定电流	1.1kA		

由中国电科院和甘肃省电力公司合作开发的 220kV 成碧可控串补示范工程在经过一系列现场试验后，于 2004 年 12 月投入使用。成碧可控串补是我国第一个国产化的可控串补工程和世界上第七个可控串补工程，也是世界上串补度和串联阻抗最大的全可控串补工程。

4.3.5.2　关键设备

根据电力公司对可靠性的要求以及通过一个工程同时实现串补和可控串补装置国产化的需要，甘肃成碧 220kV 可控串补装置采用一次设备混合复用和分平台布置方式，提高了整套设备的可靠性，便于运行维护。该装置是世界上第一套固定与可控混合串补装置，其主接线图如图 4－18 所示。

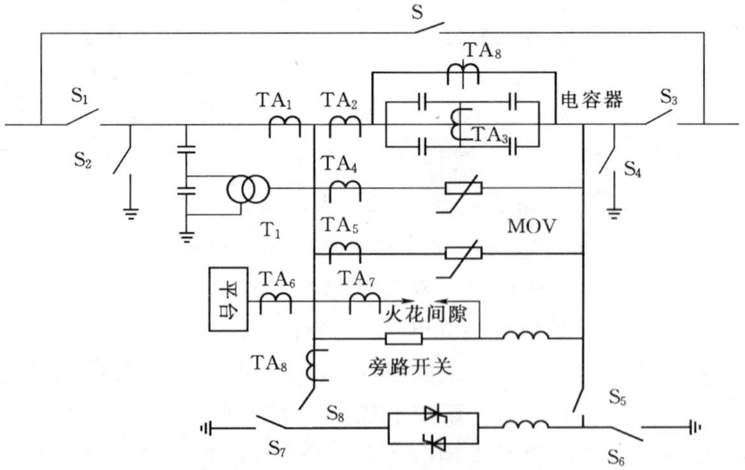

图 4－18　成碧 220kV 可控串补工程主电气接线图

带有保护间隙的整套固定串补（FSC）装置布置于大平台，晶闸管阀组件布置于小平台，中间用隔离开关相连，相控电抗器位于两平台中间。整套装置可通过一次电气或控制系统的切换实现按可控串补或固定串补模式运行。一旦晶闸管阀及其辅助系统故障，可以通过刀闸使其退出运行，控制系统将控制模式切换为固定串补模式，并使装置在固定串补模式下运行。

甘肃成碧220kV可控串补装置由我国自主设计、集成、制定技术标准并进行试验，除串联电容器和旁路断路器外，其他主要设备全部由中国电力科学研究院研制或集成，包括测量和控制系统、晶闸管阀组件、MOV、保护间隙、阻尼回路等。

（1）保护控制系统。成碧线可控串补的二次系统主要包括平台测量和数据采集系统、控制保护调节系统、当地工作站站控系统、阀的监测和控制系统以及故障录波和回放系统等。可控串补控制系统采用了双系统配置，由A和B两套完全独立的系统组成，两套系统配置完全相同，各自独立完成测量、数据采集、调节控制和保护工作。当一套系统退出运行时，另一套系统仍能稳定工作，保证了可控串补装置的可靠性。

（2）金属氧化物限压器。MOV用于限制线路故障时串联电容器组的工频过电压，采用多柱并联结构，每四柱为一个单元。金属氧化物电阻片的伏安特性具有一定的分散性，为防止因分流不均造成限压器损坏，需要相对准确地测量每个电阻片的伏安特性曲线，并根据实测结果配片，使每个电阻柱在“配片电流”下的总残压尽量接近。为了确保MOV在整个动作电流区段内的最大不平衡度都能满足要求，需预测最大不平衡度。采用了独特的配片技术，使MOV各柱间的最大电流不平衡系数的预测值不超过1.5%。系统试验表明，两组MOV之间的电流不平衡系数为0.29%。

（3）保护间隙。强制触发式火花间隙是串联补偿电容器组的后备保护设备，是MOV的直接保护设备。成碧可控串补的额定电压有效值只有26.3kV，火花间隙采用了单间隙型式，由闪络间隙和续流间隙构成。闪络间隙为羊角型间隙，放电首先起始于该间隙，该间隙对电弧具有很强的驱动力，当间隙击穿后，能使电弧弧道迅速离开间隙电极，进入续流间隙继续燃烧。续流间隙具有长时间大电流的抗烧蚀能力，间隙电极不仅采用了耐电弧烧蚀的材料，而且在电极上加工了能使电弧弧根受电动力影响而移动的电流导向斜槽，使电弧弧根在电极表面均匀地循环燃烧，进一步提高了材料的耐烧蚀能力。

（4）晶闸管阀组件。成碧可控串补装置的阀由26层晶闸管阀层组成，每层晶闸管阀层由反并联的晶闸管对、触发和检测板（TE板）、阻容吸收回路、直流均压电阻等组成。三相相控晶闸管阀容量达100Mvar，每相相控阀的额定连续电压为26.3kV，10s过电压达47.4kV，额定连续电流为920A，10s过电流达1683A。晶闸管阀采用电触发晶闸管（ETT），其触发系统基于多模星型耦合器，采用冗余的光纤触发通道，提高了晶闸管阀触发信号的可靠性。TE板采用电压和电流复合取能方式，扩大了可控串补装置的工作范围；TE板还可以自动辨别阀控系统的触发命令，实现三种触发方式的无缝转换，具备专有的自纠错功能。晶闸管阀层采用击穿二极管（BOD）进行快速保护，并采用密闭式水冷却方式。连接高压绝缘平台的水管支柱绝缘子以及用于绝缘平台和地面通讯的光纤绝缘子均采用有机复合外套，在$1.05U_r/\sqrt{3}$电压下的局部放电量不大于10pC。

（5）阻尼装置。成碧可控串补的限流阻尼装置采用电抗器加MOV串电阻器的阻尼回路设计。阻尼电抗器采用干式空芯电抗器，额定电感为 285μH；线性电阻的额定电阻为 4Ω；自振频率为 752Hz；限制电容器组的最大电流峰值小于 50kA；限制间隙中的最大电流峰值小于 100kA；电容器组的放电电压衰减至 10%以下的时间小于 5ms。采用串联无感陶瓷电阻片解决多柱 MOV 并联时的均流问题，阻尼回路 MOV 各柱间电流的不平衡系数小于 2%，提高了阻尼回路的可靠性。

4.3.5.3　系统试验

成碧可控串补在正式投运前共进行了 14 项系统试验，包括：成碧线串补平台带电试验；成碧线串补带电试验（空载）；成碧线串补投切空载试验；成碧线串补带负荷试验；TCSC 与 FSC 切换试验；可控串补持续高容抗试验；A、B 控制系统切换试验成碧线可控串补容抗调节试验；串补本体保护电源掉电试验；可控串补抑制低频振荡试验；大负荷系统稳定试验；成碧线成县侧单相瞬时短路接地试验；谐波测试。经过 4 天的系统调试，成碧可控串补装置工作正常，达到了设计指标，于 2004 年 12 月 27 日正式投入运行，主要试验情况简述如下：

（1）可控串补容抗调节试验。成碧线的输送功率为 150MW，在当地工作站设置 TCSC 的命令阻抗从 1.2pu 升至 1.8pu，现场测得在 54ms 后 TCSC 的阻抗达到设定值。

（2）阻尼低频振荡试验。成碧线的输送功率为 170MW，手动点跳成碧线成县侧的一相断路器，1s 后重合。分别比较在无任何措施、投入 FSC、投入 TCSC、碧口机组投入和不投入电力系统稳定器（PSS）几种情况下的系统振荡现象。现场试验结果表明，TCSC 可以改善系统的阻尼特性，使阻尼比由 0.016 提高到 0.042，而且可控串补阻尼功率振荡的功能和碧口电厂的 PSS 配合良好。TCSC 抑制系统振荡的录波图如图 4－19 所示。

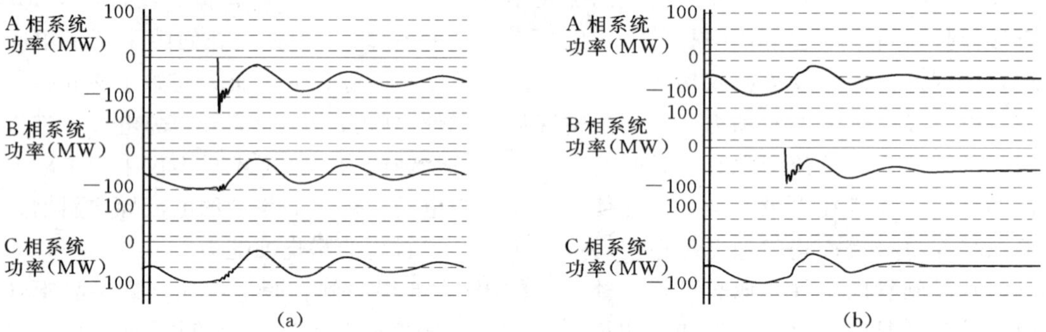

图 4－19　TCSC 退出和投入系统时低频振荡波形

(a) TCSC 退出系统时低频振荡波形；(b) TCSC 投入系统时低频振荡波形

（3）区内单相瞬时短路接地试验。成碧线的输送功率为 170MW，TCSC 的阻抗为 1.1pu，在成碧线的成县侧进行单相（A 相）人工短路，MOV 保护可同时向间隙和晶闸管发送命令。试验结果如图 4－20 所示。MOV 在短路后 14ms 出现电流，23ms 时 A 相 MOV_1 的电流达到最大值 3688.75A，A 相 MOV_2 的电流达到最大值 3668.75A（瞬时值），两组 MOV 的最大电流不平衡系数为 0.29%，这表明两组 MOV 匹配良好；23ms 时 A 相 MOV_1、MOV_2 的电流保护同时动作；1ms 后触发 A 相火花间隙，A 相晶闸管阀全部导通，MOV 的电流同时消失。

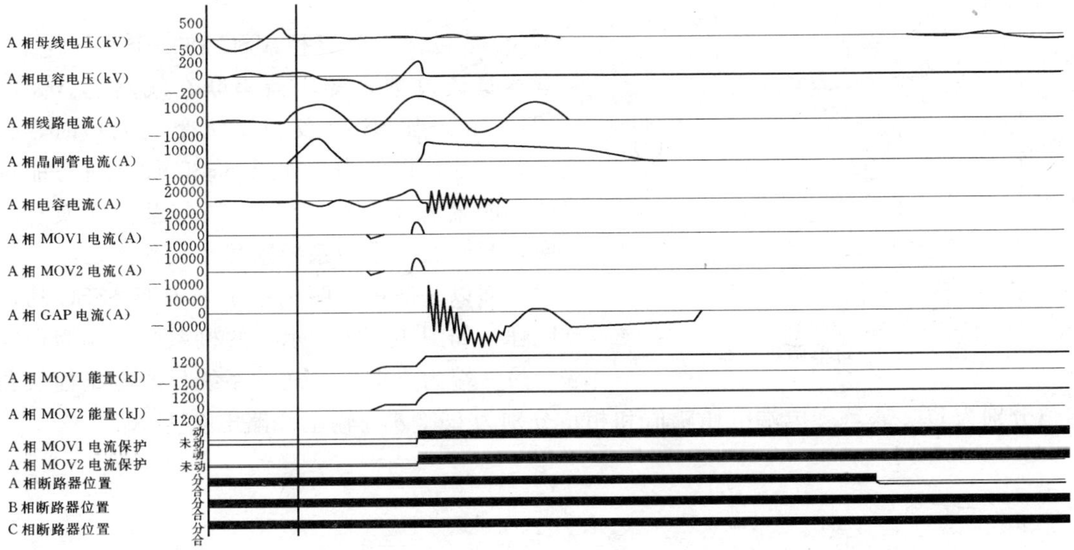

图4-20 区内单相瞬时短路接地故障录波图

甘肃成碧可控串补是我国自行设计、制造、安装和调试的第一个可控串补工程。该工程成碧线的输电能力提高了33%，增幅达100MW比在成县和碧口水电厂间架设第二回线路节省资1亿元，取得了巨大的经济和社会效益，保护环境。该装置是世界上首套采用混合复用方式的混合串补装置，也是世界上基本串补度和串联容抗最大的全可控串补装置，基本串补度50%。该装置同时实现了可控串补和常规串补的国产化，填补了国内空白。

4.4 静止同步串联补偿器（SSSC）

4.4.1 SSSC基本原理

上个世纪90年代，以可关断器件构成的电压源逆变器为基础的新补偿理论得到越来越多的关注。随着可关断器件容量不断增加，性能不断提高，这种补偿装置具备了应用于输电网的条件。静态同步串联补偿器（SSSC）是这种装置中具有技术代表型的串联补偿方式。SSSC通过在线路中串联注入幅值可调、相角与线路电流垂直的电压来调节线路的传输功率，相当于可控电压源，其核心部分是带有直流储能的电压源变化器。传统可控串补是通过晶闸管调节线路等效阻抗的方式，存在补偿出力受线路电流的影响，补偿设备与线路电感可能产生谐振等问题。SSSC具有优良的运行和动态性能：

（1）可不需用任何交流电容器或电抗器在线路内产生或吸收无功功率。

（2）可在同一电容性和电感性范围内，与线路电流大小无关地产生一可控的补偿电压。

（3）对次同步谐振（SSR）及其他振荡现象具有固有的抗干扰能力。

（4）接入储能器后，可对线路进行有功和无功补偿（增大或减少线路功率，甚至可使其反向流动）。

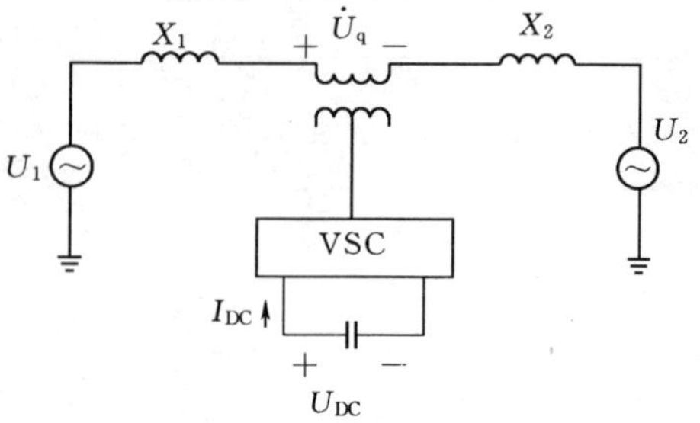

图 4-21 简单两机系统

SSSC 包含一个三相 VSC 和一个直流电容，装置本身通过耦合变压器串联在线路上。如图 4-21所示。当 SSSC 仅与系统交换无功时，直流电容尺寸可以较小。如果 SSSC 加装暂态能量存储或能量消耗装置，SSSC 还与系统交换有功功率，起到改善电力系统阻尼性能作用。

下面以一简单的两机系统来说明 SSSC 的运行原理，如图 4-22 所示。两机系统一端为送电端，另一端为受电端。送端系统母线电压幅值和相角分别为 U_s、δ_s，受电端电压幅值和相角分别为 U_r、δ_r，输电线路电抗为 X_L。

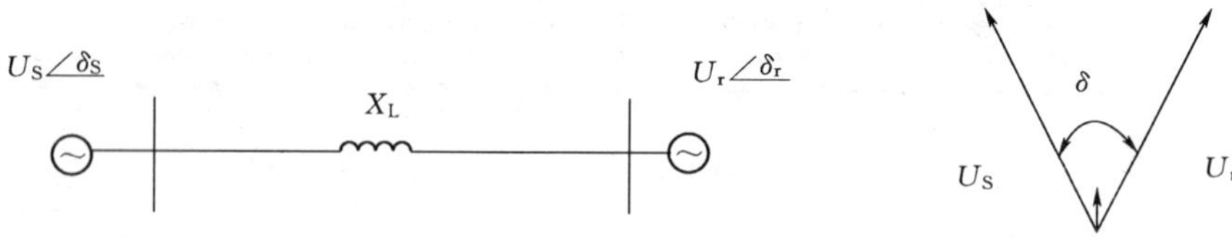

图 4-22 SSSC 运行原理

为了简化分析，可选定 $U_S=U_r=U$，则受端功率为

$$P=\frac{U_SU_r}{X_L}\sin(\delta_S-\delta_r)=\frac{U^2}{X_L}\sin\delta$$

$$Q=\frac{U_SU_r}{X_L}[1-\cos(\delta_S-\delta_r)]=\frac{U^2}{X_L}(1-\cos\delta) \tag{4-9}$$

式中 δ——送端与受端之间的相角差。

一般输电线路串联电容补偿通过提供一个滞后线路电流 90°的电压来对线路电抗进行补偿，这个电压的作用是抵消产生在输电线路上超前于线路电流 90°的线路压降，因此它的作用是减少线路电抗。SSSC 的运行原理类似，它也注入一个与线路电流成正比但滞后于线路电流 90°的电压，可等效成串联在线路中的容抗，此时称 SSSC 为容性补偿模式。当 SSSC 的串联注入交流电压超前线路电流 90°时，可等效成串联在线路中的感抗，此时称 SSSC 为感性补偿模式。图 4-23示意了 SSSC 的感性和容性补偿模式。

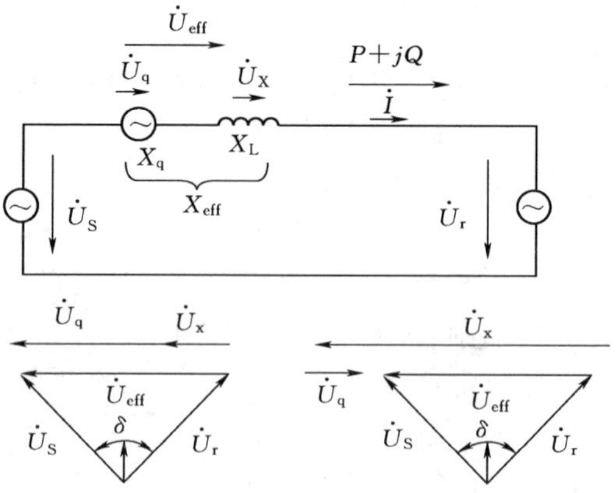

图 4-23 SSSC 容性和感性补偿模式

图中，SSSC 具有等效电抗 X_q。式（4-9）所示潮流表达式将变为

$$P_q=\frac{U^2}{X_{eff}}\sin\delta=\frac{U^2}{X_L+X_q}\sin\delta=\frac{U^2}{X_L\left(1+\dfrac{X_q}{X_L}\right)}\sin\delta$$

$$Q_q=-\frac{U^2}{X_{eff}}(1-\cos\delta)=\frac{U^2}{X_L\left(1+\dfrac{X_q}{X_L}\right)}(\cos\delta-1) \tag{4-10}$$

从图 4-23 向量图可以看出

$$2U\sin\frac{\delta}{2}=U_X+U_q \tag{4-11}$$

$$U_q=X_qI \tag{4-12}$$

$$U_X=X_LI$$

式中　U_q——注入电压，容性补偿时 $U_q<0$，感性补偿时 $U_q>0$。

将式（4-11）代入式（4-10）中，化简可得

$$P_q=\frac{U\cos\dfrac{\delta}{2}X_LI}{X_L}=\frac{U\cos\dfrac{\delta}{2}\left(2U\sin\dfrac{\delta}{2}-U_q\right)}{X_L}$$

$$=\frac{U^2}{X_L}\sin\delta-\frac{U}{X_L}U_q\cos\frac{\delta}{2} \tag{4-13}$$

由式（4-13）可以绘出串联接入 SSSC 装置的两机系统在补偿电压取不同标幺值时产生的功角曲线，如图 4-24 所示。可以看出，当 $U_q<0$ 时，功角特性比没有 SSSC 时的功角特性上升了，只有在 $\delta=180°$时，功角特性没有变化，这说明 SSSC 装置的正向调节可以提高线路输送有功功率的能力。当 $U_q>0$ 时，功角特性比没有 SSSC 装置时下降了，只有在 $\delta=180°$时，功角特性没有变化，这说明通过 SSSC 的反向调节可以降低输电线路输送有功功率的能力。在 δ 较小时，送端向受端的输送功率为负，即线路反送有功功率。可见，SSSC 装置不仅可以控制潮流大小，还可以改变潮流方向。

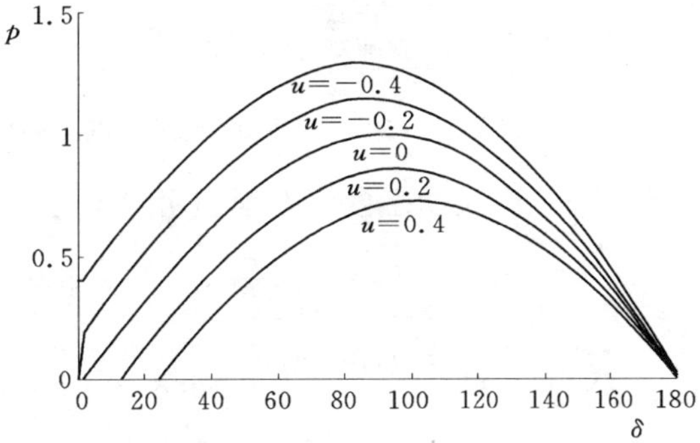

图 4-24　SSSC 功角特性曲线

串联注入电压的大部分是与线路电流垂直的，从而等效成串联在线路中的感抗或容抗，但是，由于实际情况下，VSC 并非是理想的，其可关断器件及其缓冲电路等或多或少的存在损耗，因而串联注入电压一小部分是与线路电流同向的，用于补偿 VSC 的损耗。

4.4.2　控制保护系统

SSSC 的控制目标是向输电线路注入一个与线路电流垂直的电压，使其呈现电感/电容特性，改变线路的阻抗，调节线路输送的有功和无功功率。当 SSSC 没有外部储能运行时，理想情况下输出电压的相位与线路电流垂直，但是实际上考虑变流器和变压器的损耗，串联变流器必须从系统中吸收能量来补充损耗，维持直流母线稳定。

SSSC的核心是电压源逆变器，电压源逆变器通过电力电子开关的有序开合将直流电容器电压转换为输出端的可控交流电压，通过对输出交流电压幅值、相位的控制达到补偿系统电压、调节系统潮流、增加系统稳定性的作用。图4-25所示采用基于两电平逆变器的正弦脉宽调制技术。

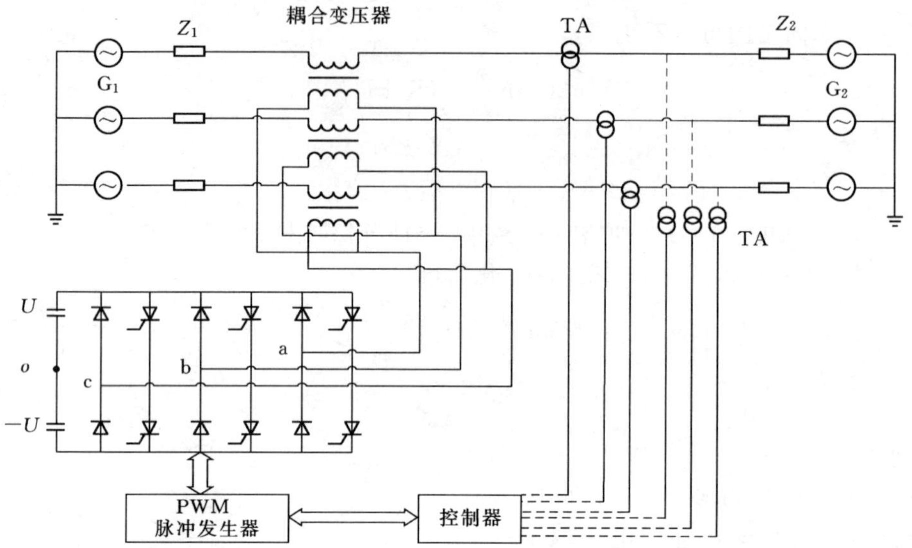

图4-25　基于两电平的SSSC装置

对SSSC三相动态微分方程利用Park变换得到基于脉宽调制的动态模型为

$$\begin{cases}U_{SS}=m\dfrac{U_{dc}}{\sqrt{2}}e^{j\delta_{ss}}=U_{ssd}+jU_{ssq}=m\dfrac{U_{dc}}{\sqrt{2}}(\sin\delta_{ss}+j\cos\delta_{ss})\\ \dfrac{dU_{dc}}{dt}=\dfrac{3m}{2C}(i_d\sin\delta_{ss}+i_q\cos\delta_{ss})\end{cases}\tag{4-14}$$

式中　m——脉冲宽度调制系数；

δ_{ss}——SSSC注入电压相角；

U_{dc}——逆变器直流侧电压；

C——逆变器直流侧电容；

U_{ssd}、U_{ssq}——SSSC注入电压直轴及交轴分量；

i_d、i_q——SSSC交流侧电流直轴及交轴分量。

由式（4-14）知，SSSC输出电压受调制系数m、相角偏移量δ及直流侧电压影响，而直流电压变化由m和δ决定。

SSSC输出电压与线路电流保持正交，因此产生触发脉冲时以线路电流为参考输入量，通过锁相回路得到线路电流的相角，通过控制回路生成调节系数m以及保持直流电压稳定的相角偏移量δ，由此产生正弦参考波；同时以线路电流相角为基准生成多倍频三角载波（15、27、33倍），这两个信号送入脉冲触发器最终生成IGBT的触发信号，如图4-26所示。

在SSSC输出电压幅值的控制上，采用直流电压恒定、控制调制系数m的方法，即稳态和扰动后要保持直流电压恒定，通过控制相角偏移量来实现。实际上，由于直流电流波形是 PMW 波形，因此当直流电容有限时电容电压是脉动的，保持其恒定就是保持电压在参考值基础上脉动，并尽量减小脉动量。控制回路以直流电压及线路有功功率 P_1 为输入量，如图 4－27 所示。

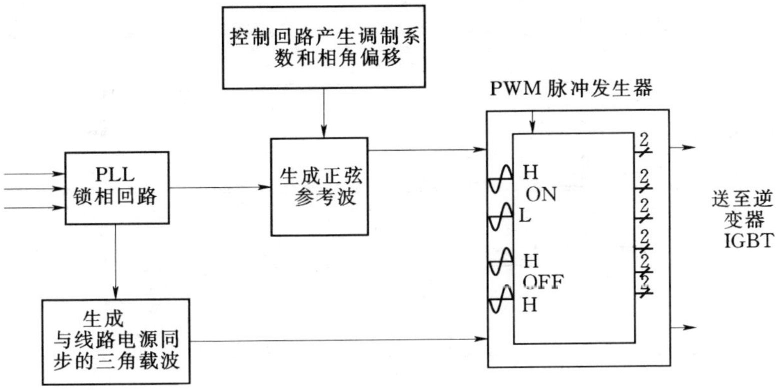

图 4－26　SSSC 的 PWM 脉冲发出原理

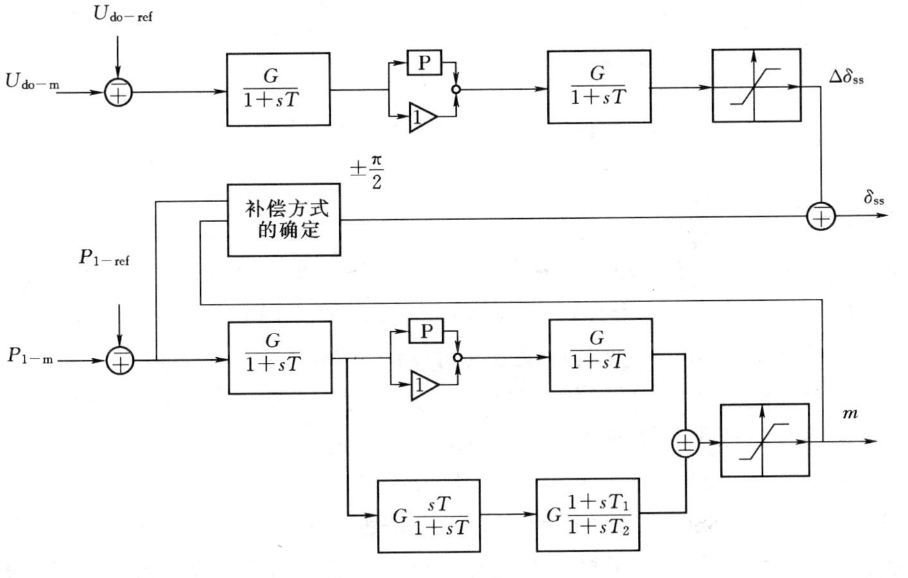

图 4－27　SSSC 的控制回路

SSSC 注入电压滞后线路电流 π/2 时，可对线路起到类似于串联电容补偿的效果。可根据系统需要提高线路的输送容量。如当有功功率目标值为 1450MW，0.4s 时发出指令，约 80ms 后达到目标值，仿真结果如图 4－28 所示。由图可见，注入电压滞后线路电流 π/2，功率控制的响应速度和稳定性均令人满意。电容电压有小的波动，但很快达到稳定状态。最大相角偏移为－4.3°，稳定在－0.80°左右，m 为 0.55，注入电压标幺值为 0.17[47,48]。

感性补偿时 SSSC 注入电压超前线路电流 π/2，使线路电流减小，从而控制线路功率，仿真结果如图 4－29 所示。切换到感性补偿后，线路电流幅值从 2.4kA 减小到 1.3kA，功率控制目标为 800MW。最大相角偏移为－3.7°，稳定在－0.80°，m 为 0.7，注入电压标幺值为 0.18。

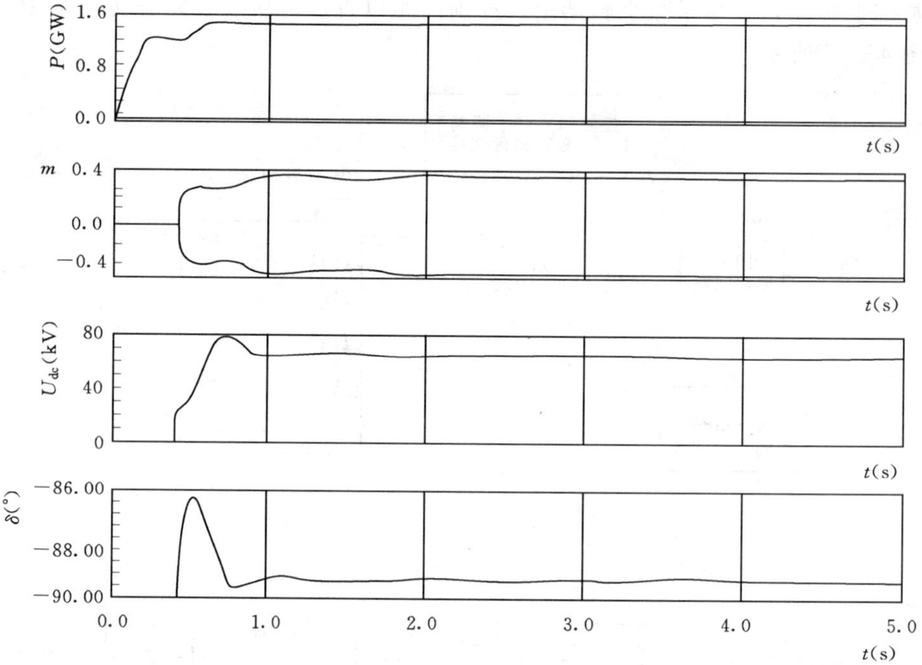

图 4－28　容性补偿模式下的线路功率及直流电容电压

4.4.3　工业样机介绍

目前现有文献调研资料表明，还无单独的 SSSC 实际工程，但有含 SSSC 的相关 FACTS 装置。1998 年美国电力公司 Inez 变电站投运的 UPFC（统一潮流控制器）装置，及 2002 年在 NYPA 的 Marcy 变电站投运的可变静态补偿器都集成了几种 FACTS 装置的功能，其体现对潮流和稳定控制的关键组成部分的就是 SSSC。国内对 SSSC 的研究成果体现在控制策略和仿真建模等理论阶段，河南省电力公司对工业样机进行了预研。该样机最大功率为 500kvar，应用于 10kV 电压等级，现介绍如下[50]。

500 kvar/10 kV SSSC 工业样机的主电路接线如图 4－30 所示。图中：1DJZ 为 SSSC 装置的旁路断路器，正常时用于投入和退出 SSSC 装置，线路故障时闭合，以保护 SSSC 装置；V_r 为反并联晶闸管，可迅速导通对 SSSC 装置起旁路保护作用，以防止线路故障时在耦合变压器的换流器侧产生高电压和短路电流；F_1、F_2、F_3 为金属氧化物避雷器，防止各种原因产生的高电压对装置的破坏；T_2 为耦合变压器，将 SSSC 中链式逆变器的输出耦合在线路上；L_f、C_f、R 构成低通滤波器，滤除换流器所产生的高次谐波。SSSC 工业样机中逆变器主电路采用链式结构，每相有三个单相 H 桥换流器链接构成，可以实现分相控制。相对于飞跨电容式和二极管箝位式多电平结构，它省去了大量飞跨电容和箝位二极管，在输出相同电平数的情况下，结构最为简单。相对于多重化结构，采取链式结构可省去曲折变压器，降低了系统成本。

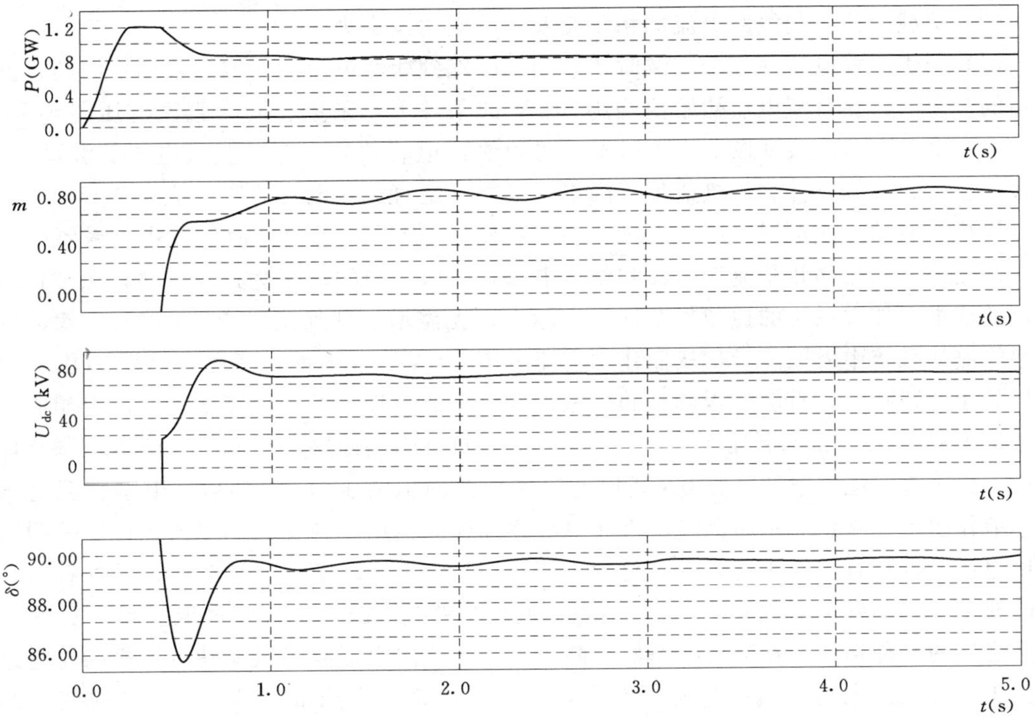

图 4-29　感性补偿模式下的线路功率及直流电容电压

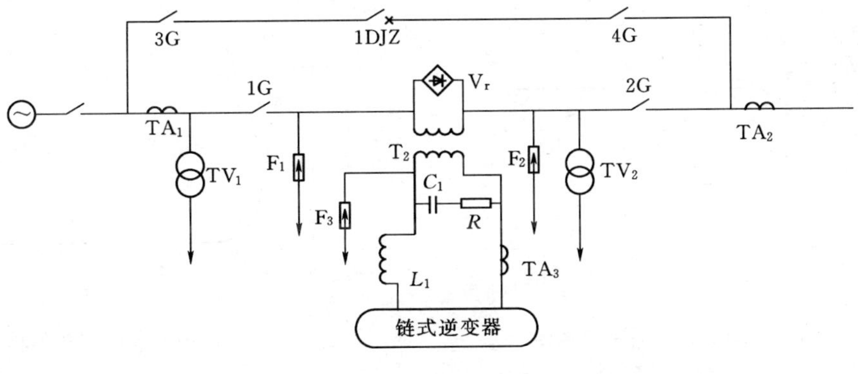

图 4-30　SSSC 工业样机主接线示意图

为了获得良好的运行效果，并且避免逆变器发生故障，需要将直流电压的波动限制在一定的范围内。一方面需要增加直流电压的闭环 PI 控制环节，另一方面需要合理地选择直流电容值。上式可以提供一定的参考，但还需计及样机的非稳态运行环境。在线路发生故障的情况下，为了防止过电流和过电压对 SSSC 的冲击，旁路电路迅速将装置旁路，所以直流电压的波动无需考虑线路的故障情况。以下分析样机在负荷突变时，直流侧电容电压的变化情况。建立如下仿真环境：

（1）线路电流有效值是 200A。

（2）逆变器输出电压的有效值为 1000V。此时对电容电压的调整，不能通过增加逆变器的输出来实现，而只能通过逆变器的输出电压的相角调整。

(3) 负载变化引起线路电流的相角突变，突变角设定为 30°。

(4) 同步跟踪电路在一个周波时才准确地跟踪到线路电流的相位。采用不同的直流侧电容的容量值，在直流电压初始值均为 550V 的条件下，采用相同的直流电压闭环 PI 控制，电容电压调节曲线如图 4-31 所示。可以看出电容值较大时，直流电压的波动较小。结合逆变器的结构设计、样机造价等因素，最终确定直流侧电容的容量值为 27mF。

样机的启动方式可以采用"它励"和"自励"。如果采用"它励"方式，需要增加一个并联支路，利用移相整流变压器和整流电路，采取适当的控制达到软启动，无疑将增加样机的成本，加大系统的控制复杂性。实际上，无需增加任何附属电路，SSSC 就可以通过串联侧从系统中汲取能量，从而建立直流电压。SSSC 投入前，旁路断路器 1DJZ 闭合，样机处于旁路状态，直流电压调整和虚拟母线电压调节控制处于闭锁状态，设定相应的输出初值偏移角 $\alpha=0$、调制比 $M=0.7$。2s 时刻，打开旁路断路器，同时直流电压调整环节解锁，由于直流电容电压值为 0，所以此时逆变器输出电压为 0。随后，由于直流电压调整环节作用，偏移角 α 不断调整，直流电容逐渐建立电压，逆变器仍然按照设定的调制比输出电压，直至直流电压达到设定范围，SSSC 进入稳态调节。从图 4-32 可以看出，样机的充电过程不到 1s，稳态运行时，偏移角为 2°左右，仍然从线路汲取能量，目的是补偿逆变器的各种损耗。在旁路断路器开断过程中，线路电流有轻微波动。样机的充电过程不到 1s，稳态运行时，偏移角为 2°左右，仍然从线路汲取能量，目的是补偿逆变器的各种损耗。在旁路断路器开断过程中，线路电流有轻微波动。

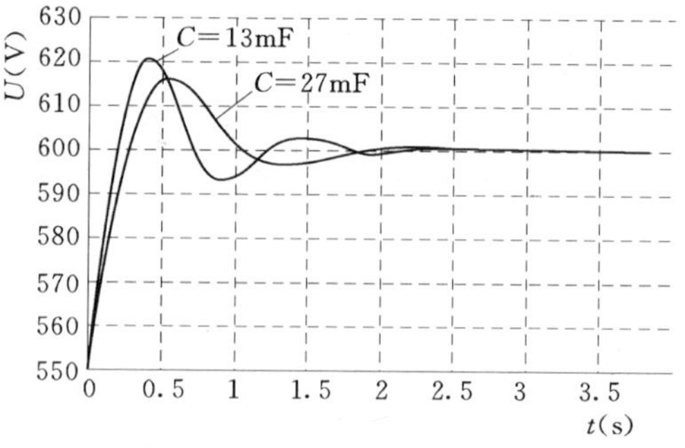

图 4-31　扰动下直流电压示意图

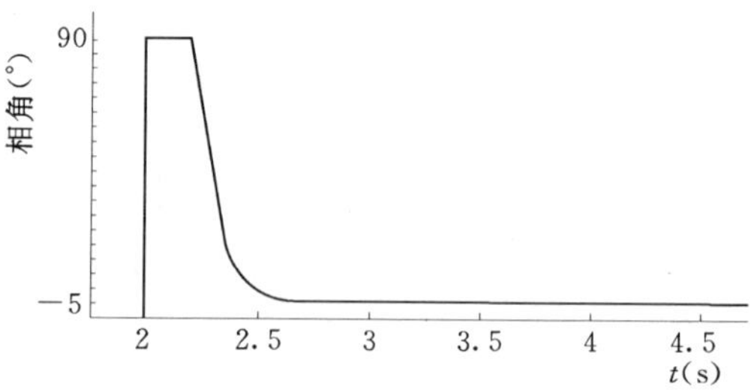

图 4-32　启动过程中相角偏移量

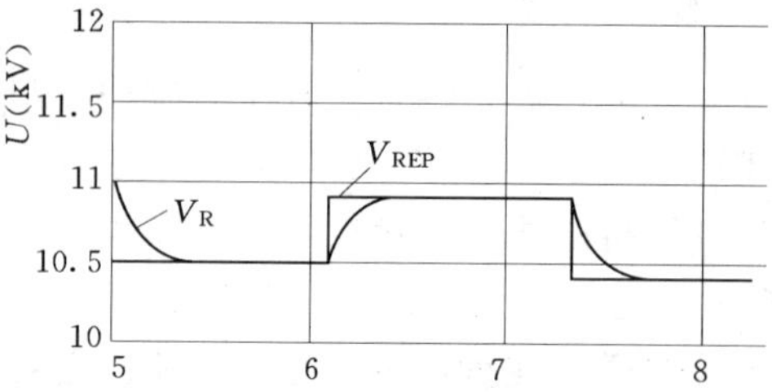

图 4-33　设定电压跟踪示意图

系统达到稳态后，PI 控制器解锁。在线调节 SSSC 出口处虚拟母线电压设定值，PI 控制器调整逆变器的调制比，控制 SSSC 注入线路的电压，从而控制 SSSC 出口虚拟母线电压。为运行安全可靠，调制比不能设定太高；为保证在各种运行环境下，逆变器直流侧能够从线路汲取足够能量以补偿损耗，调制比不能设定太低。因此，将调制比调节范围限定为 0.1～0.8 之间。从图 4-33 仿真结果可以看出，样机能够快速、准确地响应电压调节指令。

第5章 统一潮流控制器

统一潮流控制器（UPFC）是至今通用性最好的FACTS装置，仅通过控制规律的改变，就能分别或同时实现并联补偿、串联补偿和移相等几种不同的功能。UPFC可以看作是一台STATCOM装置与一台SSSC装置在直流侧并联构成的，它可以同时并快速地独立控制输电线路中的有功功率和无功功率，从而使得UPFC拥有STATCOM、SSSC装置不具有的四象限运行功能。本章介绍UPFC基本原理、控制保护系统和实验样机。

5.1 UPFC基本原理

第3、4章介绍与FACTS有关的元件和方案有：SVC（静止无功补偿器）、STATCOM（静态同步补偿器）、TCSC（可控串联补偿器）、SSSC（静态同步串联补偿器）。这几种FACTS装置的功能是单一的。例如，TCSC仅控制线路的阻抗，STATCOM只能控制无功功率以调节系统电压。如果系统某一局部同时有多种要求，就需要在该处设置几种装置，增大安装、调试的工作量，同时设备的投资也相当可观。统一潮流控制器（UPFC）的基本思想正是用一种统一的晶闸管控制装置，仅仅通过控制规律的变化就能分别或同时实现并联补偿、串联补偿、移相等几种不同的功能。UPFC的概念是由美国西屋科技中心的L. Gyugyi于1992年提出来的，目前UPFC被公认为是柔性交流输电技术(FACTS）领域中最具代表性的装置。

世界上第一台大容量工业化UPFC是美国电力公司、西屋公司与EPRI联合研制的，采用基于GTO的VSC。它的并联部分为160Mvar的STATCOM，于1997年完成；串联部分为160Mvar的SSSC，于次年完成。STATCOM和SSSC可各自独立运行，也可组合成UPFC运行。该UPFC装置装设在肯塔基州东部的Inez变电站[52]。

UPFC是为了交流输电系统实时控制和动态补充发展而来的，它可实时控制输电线路功率传输的3个基本参数（电压，阻抗，相位角），并在3个参数的任意组合下，优化传输功率及系统网络的潮流分布，实现有功和无功功率的精确调节，最大限度地利用现有线路，同时具备阻尼系统振荡，提高系统稳定性的作用。

UPFC是由2个换流器、直流连接线、直流侧并联电容以及2个变压器组成，如图5-1（a）所示。

换流器1通过变压器1并联接入系统，换流器2通过变压器2串联接入系统。换流器2的输出端通过变压器2向系统注入电压$\dot{V}_P$，电压幅值和相角都是可变的（$0 \leqslant V_P \leqslant V_{Pmax}$，$0 \leqslant \delta \leqslant 2\pi$）。$\dot{V}_P$串联叠加到UPFC的系统接入电压$\dot{V}_S$上，可以合成一个幅值和相角均可变的电压$\dot{V}_O$，如图5-1（b）中的电压相量示意图所示。通过控制$\dot{V}_P$就可以

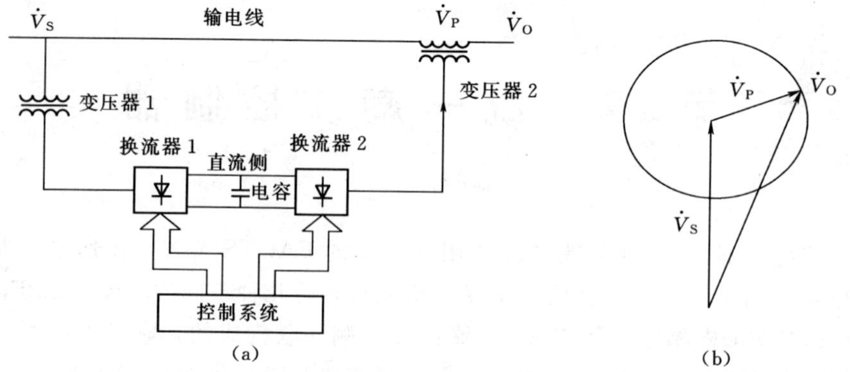

图 5－1　UPFC 原理图

控制线路的有功和无功功率，从而实现控制电压、移相调节和串联补偿等。换流器 1 则主要通过直流连接线向换流器 2 提供有功功率。此外，换流器 1 还可以产生或吸收无功功率。

使用 UPFC 进行潮流控制的原理可以用图 5－2 的串联部分其补偿电压幅值 U_{pq} 的可控范围是 $0 \leqslant U_{pq} \leqslant U_{pqmax}$，相角 ρ 的可控范围是 $[0,\ 2\pi]$。UPFC 借助于可调的幅值 U_{pq} 和可调的相角 ρ 产生有公共两次的交换，通过调整合适的 U_{pq} 和 ρ 就可以打到控制输电端的有功和无功功率的目的。值得注意的是，UPFC 的串联部分 P_{pq} 必须通过并联部分由输电线路的送端来提供[53-55]。

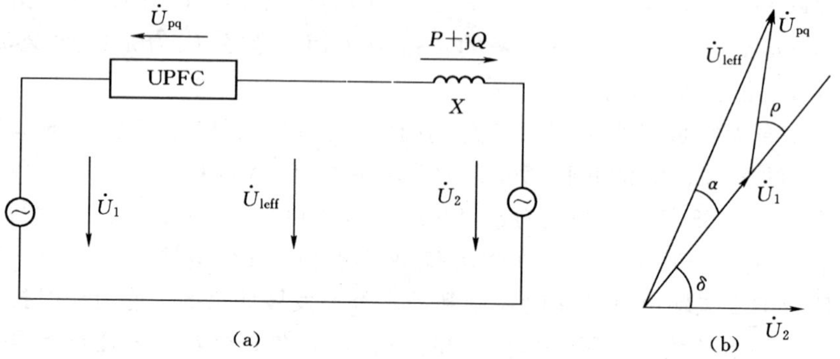

图 5－2　双机系统中的 UPFC

(a) 简化电路；(b) 相量关系

输电线路受端功率可表示为

$$P - jQ = \overset{*}{U}_2 \left(\frac{U_1 + U_{pq} - U_2}{jX} \right) \tag{5-1}$$

依据相量关系，得到安装 UPFC 装置的输电线路受端功率为

$$P = \frac{U_1 U_2}{X} \sin\delta + \frac{U_2 U_{pq}}{X} \sin(\rho + \delta)$$

$$Q=\frac{U_1U_2}{X}(\cos\delta-1)+\frac{U_2U_{pq}}{X}\cos(\rho+\delta) \tag{5-2}$$

将式（5-1）和式（5-2）适当变换，可得

$$\left(P-\frac{U_1U_2}{X}\sin\delta\right)^2+\left[Q-\frac{U_1U_2}{X}(\cos\delta-1)\right]^2=\left(\frac{U_2U_{pq}}{X}\right)^2 \tag{5-3}$$

当 $\rho=90°-\delta$ 时，对线路的潮流影响最大。图 5-3 给出了不同对应的功角特性曲线。功角特性曲线随 UPFC 输出电压的幅值大小而上下移动。

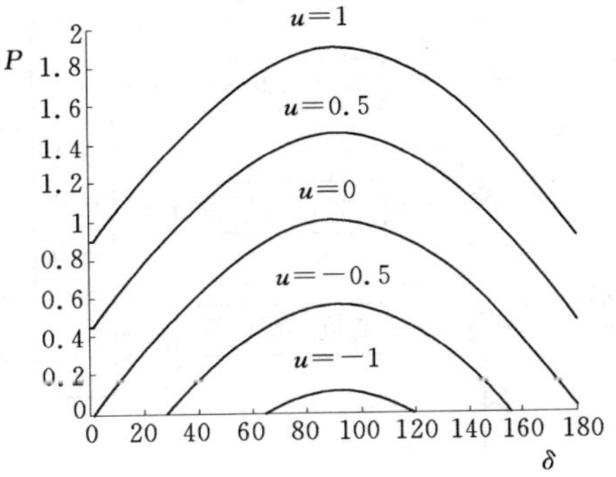

图 5-3　UPFC 的功角特性（$\rho=90°-\delta$）

可以看出 UPFC 装置大大扩展了输电系统的运行范围。特别是 $\delta=90°$时，如果没有 UPFC 装置的补偿，输电系统已经达到稳定运行的极限点，而加入 UPFC 装置后，系统的运行范围已经大大超出原有的范围，而系统仍然能够稳定运行。如果在一个系统中安装适当数量的 UPFC 装置，对于系统的优化运行、提高系统稳定运行的极限、增加系统稳定欲度等具有重要意义。

5.2　UPFC 控制保护系统

UPFC 设备能否在电力系统中充分发挥调节潮流、增强稳定性、提高电网传输能力等方面作用，控制系统的设计是极为关键的。控制器一般由并联变流器控制和串联变流器控制组成，其中并联变流器的控制由节点电压和直流侧电压两个控制目标的综合控制组成，实现节点电压的稳定控制和 UPFC 的功率平衡；串联变流器是控制潮流、串联电压补偿、串联阻抗补偿等控制目标的综合。

根据 UPFC 的稳态模型，并联变流器部分用一个受控电流源等效，可将受控电流源分解为有功分量和无功分量，其中有功分量用于维持直流侧电压的稳定，为串联变流器提供功率支持，保证串联变流器部分功能的顺利实现。无功分量可作为并联无功补偿，根据电力系统的要求提供无功支持，实现无功的静止动态补偿，维持节点电压的动态稳定。当并联变流器独立工作时，它就是一台 STATCOM。如果不考虑损耗，等效电流源为无功电流。由此可见，并联变流器的控制目标有：UPFC 接入点前电压稳定，直流侧电压稳定和无功功率补偿。为实现上述目标，可得到并联变流器的控制方案如图 5-4 所示。在图中，由于无功补偿能稳定节点电压，因此节点电压控制与无功补偿控制两种方式只能选择其中一种作为工作方式。一般可考虑由节点电压调节器（或无功补偿调节器）直接产生并联变流器的无功电流分量的参考值，由直流电压调节器直接产生并联变流器的有功电流分量[59,60]。

根据 UPFC 的稳态模型，假定并联分流器部分能提供足够的功率支持，且只考虑串联变流器部分作用，因此用一个受控电压源等效串联变流器部分，通过控制受控电压源的相位和幅值来实现 UPFC 的补偿功能。串联补偿功能有三种基本模式：电压控制模式、

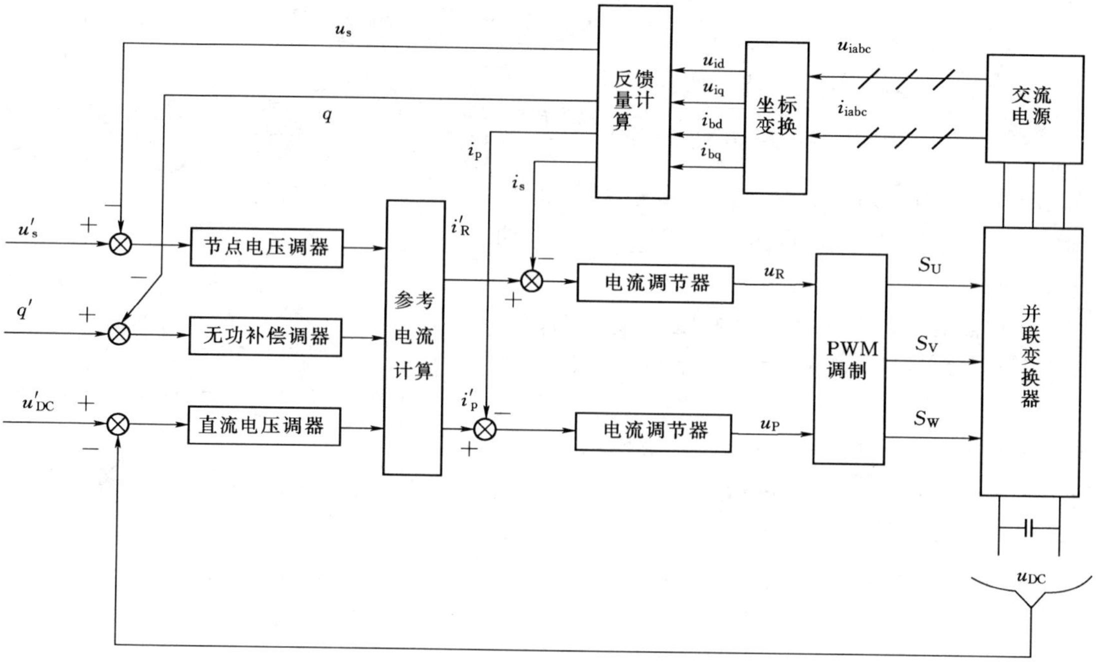

图 5-4　UPFC 并联部分的控制方案

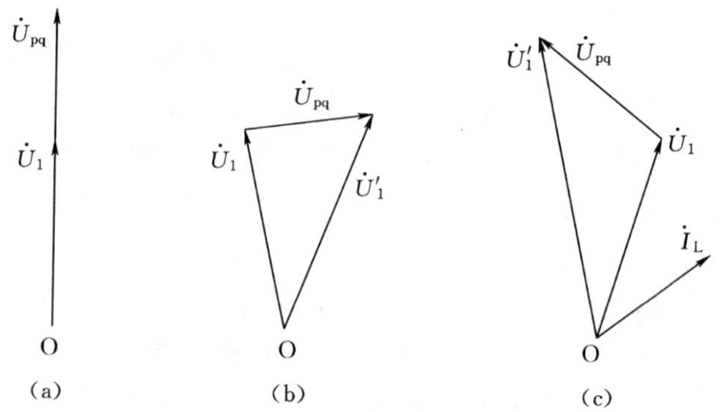

图 5-5　UPFC 并联部分的控制方案

(a) 电压控制模式；(b) 相角控制模式；(c) 阻抗控制模式

相角控制模式和阻抗控制模式，这三种基本串联补偿控制模式的相量图如图 5-5 所示。电压控制模式只改变 UPFC 接入点前后的电压幅值，不改变电压的相位。相角控制模式是一种相位角调节器，串联注入电压保持 UPFC 接入点前后的电压幅值不变，仅仅改变接入点前后的电压相位。阻抗模式可以实现线路电抗补偿，诸如电压与线电流正交，相位相差 90°。

无论是上述三种基本串联补偿控制外，还是线路潮流控制，都可以转化为对注入电压 U_d、U_q 分量的控制，因此可得到串联变流器的控制方案，如图 5-6 所示。如果在 UPFC 装置的并联部分和串联部分分别采用上述的控制方案后，UPFC 装置就能用来控制方案后，UPFC 装置就能用来控制输电线路的潮流及阻尼系统振荡。

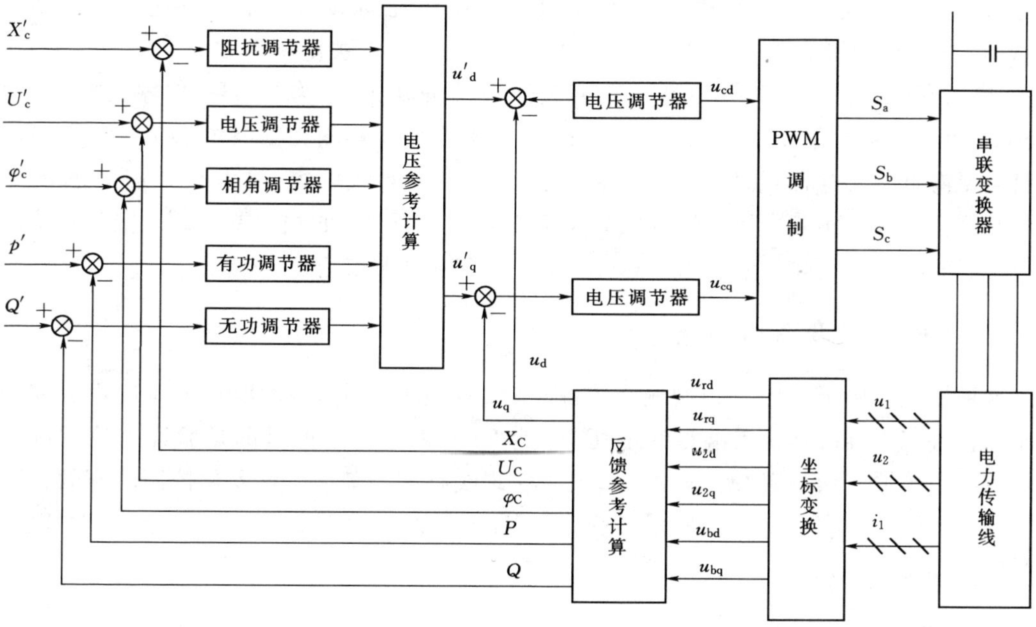

图 5-6 UPFC 串联部分的控制方案

5.3 UPFC 实验样机介绍

为了验证 UPFC 控制保护策略，建立了如图 5-7 所示的实验系统。在实验中并联和串联变换器都采用 IGBT 构成的三相 PWM 变换器，其开关和采样频率都被定为 5kHz，串联变换器和并联变换器的容量均为 7.5kVA，同时采用 DSP TMS320F240，作为变换器的控制元件。UPFC 系统被插入到一条连接在 2 个电网节点之间的模拟传输线中。实验的目的是为了验证采用本文所提出的控制方案时，UPFC 在维持 UPFC 输入端电压幅值

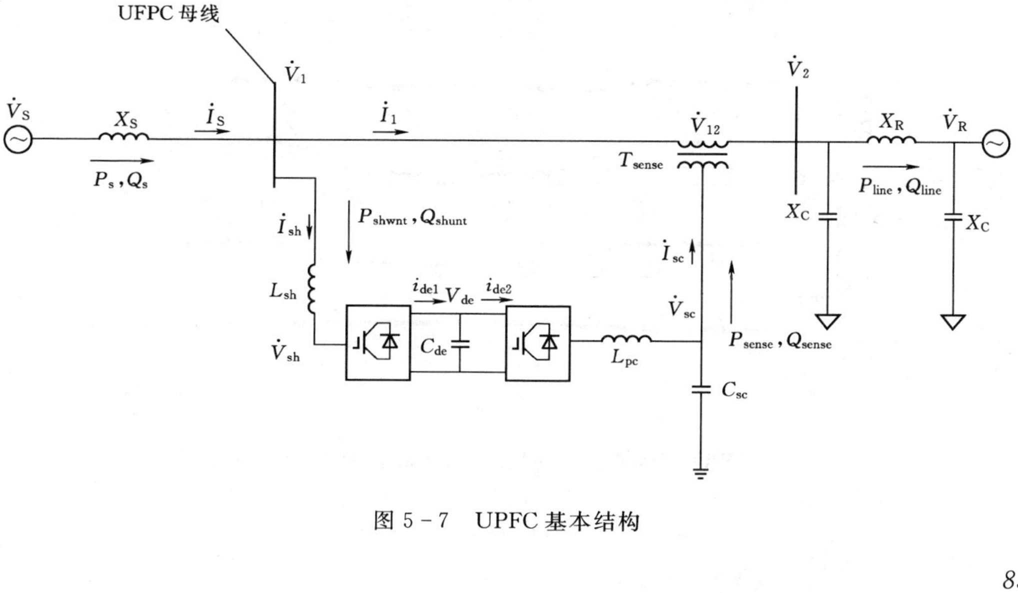

图 5-7 UPFC 基本结构

恒定的条件下控线路功率传输潮流的能力。实验系统的参数如下：发送端电压 V_O 为 380V（线—线）；接收端电压 V_R 为 380V（线—线）；并联变压器变比为 2.5：1（Y—△）；串联变压器变比为 8：6（△—Y）；发送端线路阻抗 L_O 为 2mH；传输线阻抗 L_R 为 27mH；并联变换器输出滤波电感 Ls 为 6mH；串联变换器输出滤波电感 L_{se} 为 1mH；串联变换器输出滤波电容 C_{se} 为 10μF（星形连接）；直流母线电容 C_d 为 9400μF；直流母线电压 V_d 为 400V。实验中发送端电压 V_1，和接收端电压 V_R 的相角差为 0°。实验系统进行了一系列的实验，实验数据采用 Yokogawa　DL750 录波仪记录[61]。

5.3.1　UPFC 改变有功潮流

这种情况开始于 UPFC 控制线路传输有功、无功功率为 0。UPFC 的串联部分在功率潮流变化过程中维持其输入端母线电压 V_1 为 220V。本工况的目的是验证上述控制方案在保持线路传输无功功率 Q_{line} 不变的情况下实现线路有功潮流阶跃变化控制的有效性。其实验结果如图 5-8 和图 5-9 所示。图中：P_{shunt}、Q_{shunt}、P_{series}、Q_{series}，分别为并联、串联侧输入有功/无功功率。

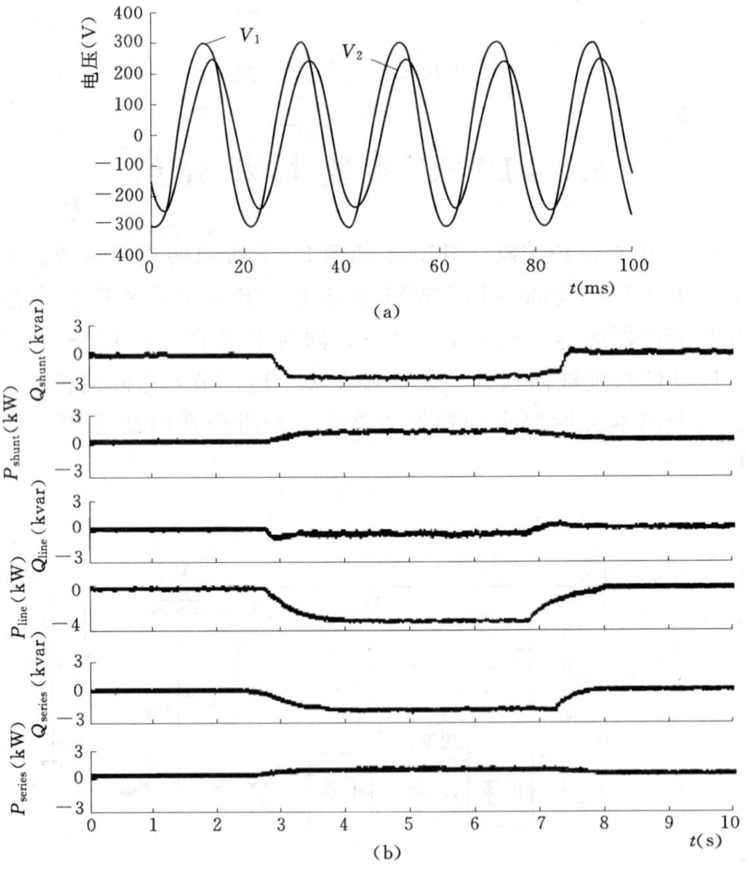

图 5-8　UPFC 调节线路有功潮流至 3kvar 再调回 0 的响应过程

（a）输入端电压 V_1 与输出端电压 V_2；（b）UPFC 输入/输出端功率和线路传输潮流变化波形

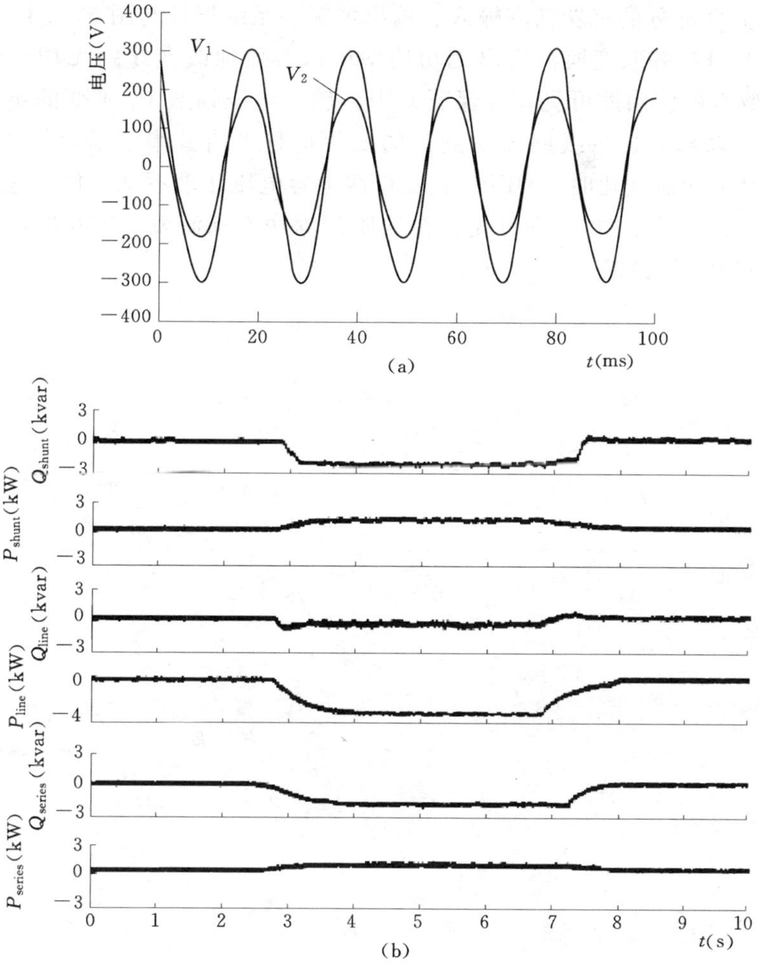

图 5-9 UPFC 调节线路无功潮流至 2kW 再调回 0 的响应过程

(a) 输入端电压 V_1 与输出端电压 V_2；(b) UPFC 输入/输出端功率和线路传输潮流变化波形

在图 5-8 中，UPFC 将线路有功传输潮流由 0 增加到 3kW 维持一段时间后再回到 0。在这种情况下，串联部分插入电压 V_{12} 相位变化了 180°，使得电压 V_2 相位滞后 V_1 大约 30°，而并联部分吸收的无功功率和串联部分发出的无功功率均为－2kvar。系统的有功损耗大约为 200W。

5.3.2 UPFC 改变无功

系统运行的初始状态与前面相同，本实验的目的是验证在上述控制方案的作用下实现线路无功潮流阶跃变化时维持线路有功潮流和 UPFC 输入电压恒定的能力。如图 5-9 所示，线路无功潮流 Q_{line} 首先阶跃至 2kvar，维持一段时间后再回复到 0。在此过程中 UPFC 的并联部分吸收－3kavr 的无功功率，而串联部分提供－1kvar 无功功率。这表明 UPFC 的并联部分提供了串联部分消耗和线路无功潮流变化所需的全部无功功率。为了维持电压 V_1 的幅值不变，UPFC 串联插入电压 V_{12} 使得电压 V_2 与 V_1 同相，不过其有效值略低，为

136V。串联、并联部分的有功功率输入、输出情况和系统损耗与图 5－8 相似。

通过控制 UPFC 并联变换器输出无功功率可以有效地改变线路无功传输潮流，这与以上的分析是吻合的。由此可见，在保证 UPFC 输入电压幅值 V_1 不变的条件下，实际上是由 UPFC 的并联部分提供线路无功潮流的变化量且平衡其串联部分输出的无功功率。同时，在线路功率潮流变化时，UPFC 直流母线电容电压几乎不见变化，这验证了有功功率协调控制的有效性。由图 5－9 可见：在线路传输功率潮流发生变化时，UPFC 输入端电压 V_1 被有效稳定在 220V。

第6章 故障电流限制器

随着大负荷中心的发展，短路电流也迅速增长，严重影响了电网的稳定运行。故障电流限制器的研究对于解决大负荷中心短路电流超标有极大的意义，国内外研究者提出许多方案，如超导限流器、桥式限流器、串联电抗器和串联谐振型限流器等。超高压电网对限流器的可靠性提出了极高的要求，目前实际应用限流器的有串联电抗器。谐振型故障电流限制器是解决超高压电网短路电流超标方案之一。相对于其他限流器来说，谐振型能适应电网的各种复杂操作，在工程上具有可实现性。本章阐述了各种限流器基本原理，详细介绍了串联谐振型限流器主电路、控制保护策略和示范工程应用情况。

6.1 短路电流限制方法

6.1.1 故障电流限制器的研究意义

由于电力系统不断发展，单机和发电厂容量、变电所容量、城市和工业中心的负荷和负荷密度的继续增长，以及电力系统之间的互联，出现了一个新的突出问题，即现代大电力系统各级电网中的短路电流水平不断增长。随着经济快速的发展，我国三大负荷中心京津唐、长江三角洲、珠江三角洲负荷和负荷密度急速增长。围绕着负荷中心大电源的投入更加加大了短路电流水平的增长。

短路是电力系统一种可能会产生严重后果的故障，除了故障点附近由于电弧效应而损坏，还可能导致架空线、电缆、变压器和断路器承受很高的电动力和热强度而损坏。发电厂容量和电网互联的持续增长导致更高的短路电流，甚至超过断路器遮断容量[62-64]。下面以华东电网和广东电网为例说明短路电流超标的严重性。

华东地区的电网容量位居全国首位，其负荷重、地域集中、网络结构紧密、支路繁多、区域内电厂与主干网络距离近。2004年底～2005年华东500kV电网枢纽变短路电流变化趋势如表6-1所示。

表6-1　2004年底～2005年华东500kV电网枢纽变短路电流　(kA)

地点＼年度	2004年底（未采取措施）	2005年夏季高峰	2005年底	短路能力
黄渡	51.72	52.45	57.80	50
南桥	50.39	51.00	54.42	50
石牌	49.93	54.26	63.40	63
武南	54.21	59.49	63.09	63
斗山	49.81	53.27	58.08	50
王店	54.32	55.12	58.64	63

由表 6-1 可见，2005 年夏季高峰和年底时黄渡、南桥、斗山 500kV 母线三相短路电流均超过了站内开关的遮断容量。一旦发生接地短路故障，极有可能发生严重事故。

随着广东省电力电网在主环网附近建设的岭澳核电站、阳江核电站等大型电厂相继投入运行，预计 2010 年系统总容量将超过 50000MW。通过计算得知，在环网运行和未采取任何限制措施的情况下，到 2015 年，500kV 电网短路电流超过 50kA 的节点有 9 个，超过 45kA 的节点有 8 个。220kV 电网在 2005 年短路电流超过 50kA 的节点有 6 个，到 2010 年超过 50kA 的节点将有 12 个，而到 2015 年，超过 80kA 的节点有 2 个，超过 70kA 的节点有 7 个，超过 60kA 的节点有 3 个。可见广东电网的短路电流水平超标已经成为一个不得不考虑的重要问题。

可见，随着我国电网互联和发电厂机组容量的快速上升，系统中部分地区的短路电流已经达到甚至超过了断路器的遮断容量，而且上升趋势越来越快，已经严重威胁到系统的安全运行。

超高压电网是整个输配电环节的核心组成部分，它对于系统运行安全性和可靠性的要求极高。在一定程度上而言，电网互联和发电容量的持续增加对于提高系统电压的暂态和稳态稳定性、提高供电质量具有重要意义，但同时也带来了系统短路电流水平持续上升，系统的安全性日益受到威胁，一旦发生接地短路故障，可能会造成故障线路中相关设备的烧毁，后果难以想象。可以说，系统稳定性和系统安全性的某些方面是矛盾的，这对矛盾恰恰是电力系统相关部门亟待解决的重要研究课题。

传统的解决方法如系统解裂、母线分裂、串联电抗器等，实际上是以牺牲系统稳定性、可靠性和供电质量为代价而获得系统安全性的有限提高。随着电网的发展，以及经济的快速发展对电网提出了越来越高的要求，在某些地方，上述方法甚至不再适用了。

应用于超高压电网的故障电流限制器的提出恰好满足了系统对于安全性、可靠性和稳定性的要求。因为故障电流限制器在系统正常运行期间处于“隐身”状态，不对系统运行产生任何影响，系统的互联和发电厂容量增加不再受到短路电流水平的限制，这对于整个系统的可靠与经济运行具有重要的意义；而在系统发生故障的时候，故障电流限制器迅速投入，从而将短路电流限制在预定值之下，直至最后切断故障电流，系统的安全性得到了保证。因此可以说应用于超高压电网的故障电流限制器实现了系统稳定性、可靠性和安全性的完美结合。

在新规划的电网中，故障电流限制器的全面使用还可以大大降低新建系统的短路电流水平，从而允许使用相对低参数的电力设备，使供应商有可能大幅降低设备造价，更进一步降低了电网建设的费用。综上所述，研究与开发应用于超高压电网的故障电流限制器有着巨大的经济效益和社会效益，是电网技术发展进程一个必然的选择。

6.1.2　故障电流限制器功能规范

故障电流限制器（FCL）是一种当发生过电流故障时，通过一个重要支路限制电流的电力设备，使得系统中设备不发生过载事故。电力设备规范是一个覆盖技术要求主题的详细列表，由于 FCL 类型的多样性，不可能得出一个总的技术规范，研究功能规范的目的是指出在考虑一个特殊应用时必须说明的一些关键问题[65]。

FCL第一种典型应用是系统互联（如图6-1所示），这种应用具有以下一些优点：①通过变压器的并联，使得供电变压器电流均匀分布；②降低了系统的短路容量要求；③降低了网络阻抗；④在FCL断开之后，实现了供电变压器隔离。

FCL第二种典型应用是系统进线处（如图6-2所示），这种应用具有以下一些优点：①通过两个系统变压器的并联，将得到一个均匀的供电变压器的分布；②降低了对于系统短路容量的要求；③降低了网络阻抗；④降低进线电源（变压器和发电机）短路电流。

FCL第三种典型应用是系统出线处（如图6-3所示），这种应用具有以下一些优点：①通过两个系统变压器的并联，将得到一个电流均匀的供电变压器的分布；②降低了对分系统短路容量的要求；③降低了网络阻抗；④在每一个安装了FCL的出线处，流到故障出线处的短路电流被降低，主母线必须被设计来承受总的短路电流。

FCL第四种典型应用是和限流电抗器并联（如图6-4所示），从而避免了固定串联电抗器的缺点。

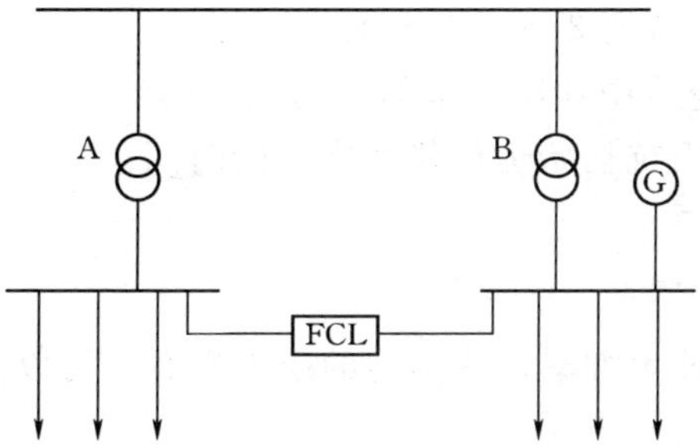

图6-1　母联示意图

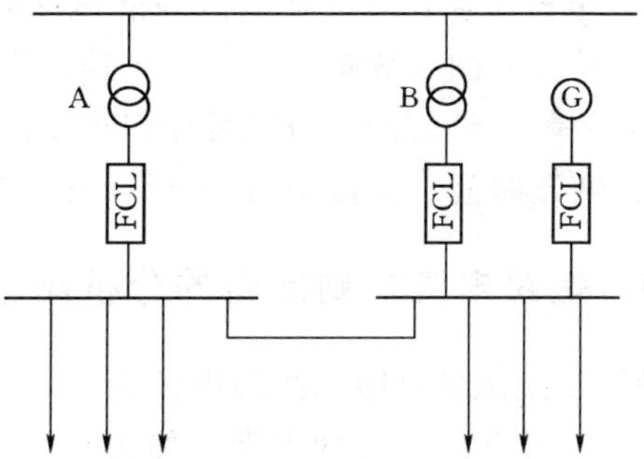

图6-2　变压器出线处示意图

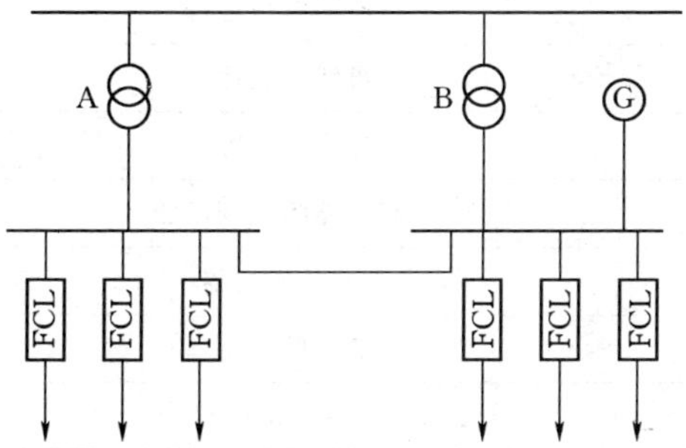

图6-3　线路出线处示意图

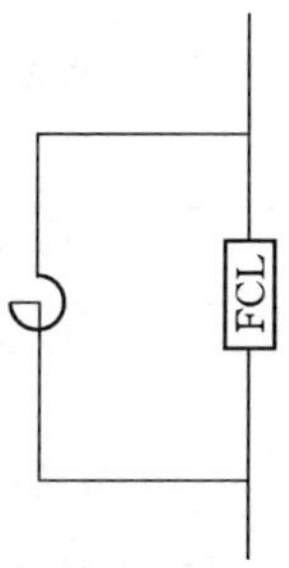

图6-4　并联电抗器示意图

故障电流限制器的特性应加以定义，FCL规范目的是从总体上给出一些定义其基本特性和关系的判据，描述其限制行为[4]。对于不同型式FCL，其中的某些定义可以不包括。图6-5显示了$t=0$时没有限制的短路电流和不同FCL的功能。

正常运行时：额定系统电压（U_n）；额定电流（I_n）。

限制行为参数：最小起始电流（I_{min}）；最大限制电流（I_{max}）；峰值短路电流（Ip）；允通电流峰值（I_{fol}）。

故障电流限制器的性能特性可以用以下关系描述：

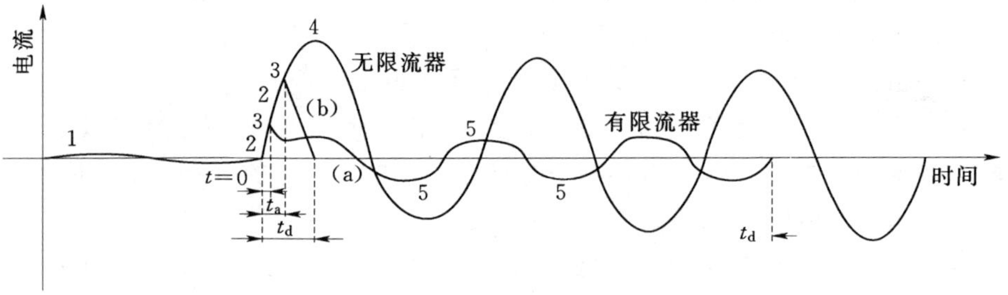

图 6-5　短路电流抑制示意图

(a) 超导限流器；(b) 快速限流器

η_0：允通电流比（允通电流峰值与额定电流峰值之比）。

η_1：峰值电流限制比（最大限流与峰值短路电流之比）。

η_2：电流限制比（允通电流峰值与峰值短路电流之比）。

t_a：动作时间（故障发生时刻到最大限制电流所要求的时间）。

t_d：故障持续时间（故障发生时刻到故障电流中断所要求的时间）。

t_r：恢复时间（电流中断和 FCL 返回至低阻抗初始运行状态之间的时间。

6.1.3　短路电流抑制措施的分析比较

增加系统阻抗是限制故障电流最为可行的技术方案，从实施的层次来看，可以分为系统级措施和设备级措施两大类，如表 6-2 所示。

表 6-2　　故障电流限制措施实施层次分类表

系统级措施	电网解裂运行
	母线分裂运行
	提高电压等级
设备级措施	高短路阻抗变压器
	限流电抗器
	高压限流熔丝
	Is-limiter
	超导限流器
	PTC 电阻
	液态金属限流器
	固态限流器

系统级措施中电网解裂和母线分裂运行是我国电网中经常采用的一种降低系统短路电流水平的措施，但这些措施降低了系统运行的稳定性和可靠性，它给系统运行所带来的影响往往是不可忽视的，与建设坚强的国家级电网的主旨背道而驰。建设更高一级电压的国家主干电网是提高电网运行可靠性和稳定性的最为有效的手段之一，但并不能解决当前多

数电网短路电流水平超高问题，且建设难度大，周期长，需要进行更为深入的研究。综上所论，从长远角度来看，系统级措施不是解决短路电流水平超标问题的根本办法，也给系统规划等方面的工作增加了难度。

从设备级措施的角度来看，如果能够在系统中某些点建设一些专门用于限制系统故障电流的设备，可以从根本上解决系统短路电流水平超标问题。另外，如果在系统规划与建设阶段即考虑用故障电流限制器降低系统短路电流，还有可能大幅降低系统建设造价和运行费用。因此研究可靠的故障电流限制器将会给未来的电力系统带来巨大社会效益和经济效益。

在设备级的措施中目前较多采用的是串联电抗器和高阻抗变压器。串联电抗器是目前广泛应用于高中低压系统的故障电流限制技术，也是最为成熟的故障电流限制器。高阻抗变压器也是一种切实可行的故障电流限制技术，但这两种限流技术不但会增加网损，还会降低系统稳定性，目前关注的发展方向是尽可能不增加电源的短路阻抗，同时实现串联电抗器可控化，从而消除这两种技术固有的一些缺点。

由于传统串联电抗器以及上述的其他限流措施固有的一些缺点，研制各种新型的故障电流限制器已经成为目前故障电流限制技术最为重要的发展方向，而这些新型的故障电流限制器的开发主要是两种技术路线，一是在原有的串联电抗器的基础上，采用各种可靠开关技术实现串联电抗器的可控化；二是基于其他创新原理实现的故障电流限制器，如基于超导技术的故障电流限制器。

从限制短路电流措施的运行方式角度来看，限流措施可以分为主动式和被动式两大类。被动措施是正常情况和故障情况下均增加系统阻抗；而主动措施只在故障情况下，快速增加系统阻抗，如表 6-3 所示。被动限制短路电流措施较易实现，目前在国内外的电网中得到了广泛的采用，但同时也给系统运行带来了许多不利的影响。随着系统发展，其缺点日益显现，已不能满足系统对于运行可靠性和稳定性的越来越严格要求。因此，目前的研究重点在于如何将各种可能的技术，如超导技术、电力电子技术等，应用到故障电流限制领域中，实现故障电流限制技术从被动型尽快过渡到主动型。

表 6-3　　故障电流限制措施运行方式分类表

<table>
<tr><td rowspan="3">被动措施
（正常和故障状态下均增加阻抗）</td><td colspan="2">高阻抗变压器</td></tr>
<tr><td colspan="2">串联电抗器</td></tr>
<tr><td colspan="2">中性点消弧线圈接地</td></tr>
<tr><td rowspan="5">主动措施
（正常状态下小阻抗，故障状态下迅速增加阻抗）</td><td rowspan="2">传统方法</td><td>高压熔丝</td></tr>
<tr><td>Is-limiter</td></tr>
<tr><td rowspan="3">创新方法</td><td>电力电子技术</td></tr>
<tr><td>高温超导技术</td></tr>
<tr><td>综合技术</td></tr>
</table>

主动措施型故障电流限制器等在系统运行时阻抗为零，而发生故障时短路电流限制器动作将限流电抗在适当的时间以内迅速投入，从而抑制了短路电流。这种方式与被动措施相比较，可以不改变系统运行方式，是最为理想的限流措施。另外还可以采用静止无功发生器

（STATCOM）、统一潮流控制器（UPFC）等柔性输电技术及采用“背靠背”技术等措施来限制短路电流，这些技术同样属于主动措施范畴以内，但这些灵活交流输电（FACTS）设备的主要功能不在于限制短路电流，因此这里不对这些技术展开深入研究与分析。

根据系统要求以及所采用技术路线的不同，主动型故障电流限制器之间在运行方式上存在着较大的差异，具体包括以下几个方面：

（1）触发方式：如超导型故障电流限制器即属于自触发式，而电力电子型故障电流限制器即属于外触发式。

（2）有无电流分断能力：例如 Is－limiter 即具有电流分断能力，而超导型故障电流没有电流分断能力，需要线路断路器配合动作。

（3）能否在短路期间承受短路电流。

（4）是否具有自恢复能力：例如高压熔丝和 Is－limiter 即不具备自恢复能力，而超导型故障电流限制器即具备自恢复能力。

在各种主动型故障电流限制器中，由于原理的限制和其他一些因素，造成了它们中一些同样也存在某些缺点，从而使其应用受到了某些限制。如 Is－limiter 和高压熔丝技术在一次动作后需要更换相关元件，不能满足电力系统重合闸的要求，只能使用某些不太重要的配电网络中；背靠背技术和 UPFC 是实现电网互联同时又不会增加系统短路电流水平的一项技术，但目前其造价很高，且占地面积过大，只有应用在某些重要的潮流交换点才较为适合；超导型故障电流限制器在性能上最为接近理想限流器，但其目前还仅处于研究阶段，某些技术障碍还没有完全克服，距离在系统中特别超高压输电系统中的工程应用还较为遥远。基于电力电子等高速开关技术的非超导型故障电流限制器的造价大大降低，在性能方面和超导型故障电流限制器极为接近，如正常运行时阻抗为零，不对电网产生负面影响，在故障电流产生时，可以在半个周波之内迅速投入限流电抗，且电力电子等高速开关技术相对成熟，已经在超高压系统中得到了较为广泛的应用，可以满足故障电流限制器的高可靠性要求。综合以上理由，基于电力电子等高速开关技术的非超导型故障电流限制器由于技术较为成熟、造价相对较低、可靠性满足要求、性能较为优越、易于在高电压系统中实现等优点而成为最有潜力，甚至是目前唯一应用于限制超高压系统故障电流的技术方案。

6.2　故障电流限制器类型

6.2.1　限流电抗器

限流电抗器通常由干式绝缘、空心、自然冷却的线圈组成。它们通常以一个单相形式或三相单元形式提供。空心电抗器在故障时电抗值维持常数，适合于限制故障电流，是目前最为成熟的故障电流限制器，广泛应用于高、中、低压系统中。这种限流器在系统正常运行期间承受一定的电压，造成系统电压损失，并产生一定的损耗和电磁干扰，对系统稳定性带来负面影响，有些地方可能还要加装无功补偿设备，增加系统投资。另外，限流电抗器由于受到正常运行工况下电压的限制，电抗值一般不能选择太大，限流效果受到一定的影响[64]。目前限流电抗器的最高工程应用参数为额定电压 400kV，额定电流 4000A。

超高压电网目前大都采用限流电抗器。如巴西 ITAPETI 到 MOGI 的两条传输线各安装了一台限流电抗器，额定电压 362kV，额定电流 2100A，每相电抗值 24mH，限流值 25kA。美国纽约电网 345kV 主干线路安装了 4 台串联电抗器；澳大利亚 MetroGrid 电网 330kV 线路安装了一台串联电抗器。

6.2.2 高压限流熔断器

熔丝的生产历史超过 100 年，它是应用于限制故障电流器造价最低的一种方式。高压电流限制熔丝由导体条组成，通常由银做成，呈螺旋状态安排在密封的干石英砂中，石英砂填充在一个极端的热阻陶瓷管内部。导体条设计有许多较窄的横截面以确保在过电流或在故障电流下，导体在许多点同时发生融化，产生电压足够高，以达到限制故障电流的目的，直至导体断裂，实现故障电流的切断。它具有自触发、可实现电流分断、无自恢复功能等特点。高电压电流限制熔丝额定电流的典型范围达到 315A，当电压达到 24kV，额定电流可达 160A，当电压达到 36kV，电流可达 100A，更高的额定电流可以通过熔丝的并联而实现。因此，从目前的工艺水平来说，高压熔丝只适合应用于中低压系统，目前在超高压系统尚无应用的可能性。

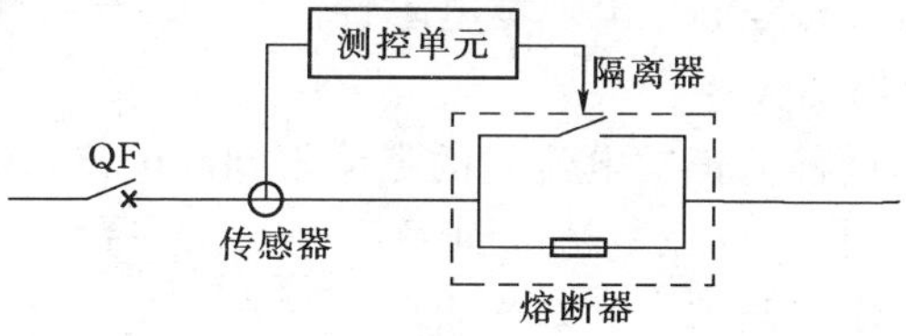

图 6-6 Is-limiter 原理图

高压限流熔断器还有另一种形式就是 Is-limiter。Is-limiter 基于极端快速开关原理，能够承受较大电流，但没有故障电流限制能力，因此并联一个电流切断能力很强的熔丝。当主导体分断时，电流流过并联熔丝，这个过程限制在 0.5ms 以内，熔丝在一个电压过零点分断。自从 Is-limiter 在 1955 年被发明，几千套这样的设备被成功用于 DC、AC 和三相系统中。它具有外触发、具有电流分断能力、无恢复功能等特点。Is-limiter 原理图如图 6-6 所示[66]。

Is-limiter 优点是响应速度快可以达到 5ms，装置功耗低，体积小，安装维护费用低。目前参数最大的为 ABB 公司的 35kV，开断短路电流为 200kA 的产品。Is-limiter 可以一次性开断短路电流，但对于线路重合闸无能为力，因此具有一定局限性。

6.2.3 谐振型故障电流限制器

在谐振型故障电流限制器中，串联线路电抗器上的电压降被电容补偿，而电容并联一个非线性旁通电路，用于实现在故障发生时电容器的保护和限流电抗器的投入工作。系统正常运行时，FCL 处于谐振状态。当系统发生故障时，旁通电路转为低阻抗状态，FCL 谐振状态被破坏，串联电抗器起到限制故障电流作用，故障切除后，旁通电路恢复高阻抗，FCL 恢复谐振状态[65]。

谐振电路最简单的组成如图 6-7 所示。采用谐振技术后，电抗器可以取到更高的电抗值。为了避免故障期间电容和电抗器上出现不可接受的高电压，电容器并联了一个饱和铁芯电抗器。当铁芯电抗器上的饱和电压被超过后，饱和电抗器打破了谐振状态，从而限制了故障电流。这种装置的优点是不需要动作部件，而且在故障之后自动恢复。其缺点是

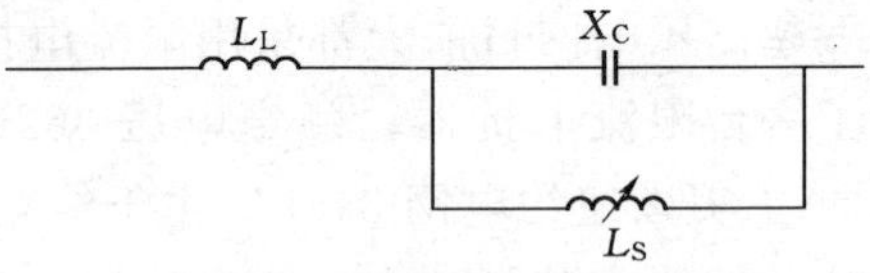

图 6-7　谐振型限流器原理图

相对较高的造价和较大的占地空间。

旁通电路的替代型式正在探索中。如快速开关型式，它在检测到故障电流后动作，代价是增加了复杂性。这种技术具有以下几个特点：①自触发/外触发，这依赖于旁通电路采用的技术类型；②没有电流中断功能；③在短路期间能够承受短路电流；④具有自恢复和重置功能。这种技术在 20 世纪 70 年代就已提出，并有数套装置投入运行，电流达到 1500A，电压达到 12kV。

超高压系统中的应用，关键问题在于旁通电路替代型式的研究，随着容量和电压等级提高，饱和电抗器成本和制造难度迅速增加。而电力电子和开速开关等技术的快速发展，为新型电容器保护用旁通技术的探索提供了新的思路。

6.2.4　超导限流器

超导电性已经在 1911 年由 H. Kamerlingh Onnes 在水银中发现（低于 4.2K），现在超过 100 种不同的超导体已被发现。超导体明显的电气特点是：

（1）当低于临界温度（T_c）和临界电流密度（j_c）下，出现零电阻特性。

（2）一旦 j_c 或 T_c 被超过，材料的电阻迅速增加。

大多数高温超导限流器，都是在探索超导体这种从正常电流时的零电阻到高电流密度时的有限电阻值的明显转变。当临界电流被超过时，故障电流立刻被限制。由于这些特点，超导故障电流限制器最为接近理想的故障电流限制器，并具有自触发特性，是一种具有故障保险功能的设备。超导体主要的缺点是：

（1）需要非常昂贵的冷却系统。

（2）超导体趋向热不稳定性的开发（所谓的热点）。为了维持在这些热点下，保护材料，经常采用一个正常导通旁通支路。

（3）交流电路造成所谓的交流损耗导致冷却费用的增加。

经典的金属超导体转变温度低于 25K。低温超导（LTS）线是许多年的商业产品，它们的特性使其比较适合故障电流限制器的应用。因此，几个基于低温超导材料的示范项目正在研究中。然而，由于低运行温度（通常用液氦冷却至 4.2K），冷却费用相当昂贵，基于低温超导体的故障电流限制器目前还不能商业化。因此，基于低温超导技术的故障电流限制器的开发在高温超导材料发现之后，已经基本处于停止状态[67,68]。常用的超导材料见表 6-4。

表 6-4　　常用超导材料一览表

家　族	材　料	T_C
La - Cuprate	La（Sr，Ba）CuO	＜40K
RE - Cuprate	YBa2Cu3O7 - δ	92K
Bi - Cuprate	Bi2Sr2Ca1Cu2O8	94K
	Bi2Sr2Ca2Cu3O10	110K
Tl - Cuprate	Tl2Ba2Ca2Cu3O10	125K
Hg - Cuprate	HgBa2Ca2Cu3O8＋δ	133K

在1986年，一种新型的超导体被发现。由于它们具有相对高的转变温度，被命名为高温超导体（HTS）。这些材料基于铜氧陶瓷，显示出高达135K的临界温度。因此大多数HTS材料在液氮（77K）中运行，从而大大降低了冷却费用。另外，液氮冷却系统也远比液氦系统简单得多。

目前基于超导原理的故障电流限制器主要有以下四类：电阻型超导故障电流限制器、屏蔽铁芯型故障电流限制器、饱和铁芯型故障电流限制器和整流式超导限流器。

6.2.4.1　电阻型超导故障电流限制器

在这个概念中，超导体被直接接入线路中。在故障期间，超导体的临界电流被超过，其电阻迅速上升，从而导致电流限制器被失超，在故障发生和失超保护之间的时间间隔可以小于1ms，设备具有很小的体积和重量。但它要求电流引线去连接超导体和正常导线，从而导致了附加热损耗。和其他超导故障电流限制器概念类似，这种设备需要被切除，在一次不可恢复的保护之后，通过传统的机械开关完成。因为在限流期间，材料被加热，在一段恢复时间之后（一般在几秒钟范围之内），冷却介质将超导材料降到运行温度，故障电流限制器已经准备好可恢复正常运行。可采用特殊的设计，超导体能够恢复到运行温度，当一次故障之后，立刻承受正常的电流；不过这样的设计要求大量的超导体，费用非常昂贵。这种类型的超导故障电流限制器具有自触发、无电流分断功能、在短路期间不能承受短路电流、具有自恢复功能等特点。目前的电阻型超导故障电流限制器还处于试验室研究阶段，已经出现了很多样机。

6.2.4.2　屏蔽铁芯型故障电流限制器

这个装置主要由一个铁芯、一个原边线圈和一个超导容器组成。这个设备可以被看成是一个具有短路副边线圈的变压器。由于线圈和超导体之间的电感耦合，这种装置通常被看成是电感型故障电流限制器。在正常运行期间，原边线圈中的安匝数超导体中的电感电流所平衡（超导体屏蔽铁芯），在这种状态下，设备阻抗很低。在故障状态下，这个平衡被破坏，磁链进入铁芯，一个高阻抗被插入被保护的线路中。这种设计的主要优点是它无需电流引线，因为副边线圈的匝数可远小于原边匝数。仅需要很短的超导体，在低温部件上的电压降很低；其主要缺点是其相对较高的体积和重量。它具有自触发、无电流分断功能、短路期间不能承受短路电流、具有自恢复功能等特点。目前，这种类型的故障电流限制器也处于试验室研发阶段，目前实验室样机的参数为70A，10.5kV（Bi2212）。

6.2.4.3　饱和铁芯型故障电流限制器

一个带有铁芯的铜线被插入电路中，在正常运行期间，铁芯通过一个附加的超导磁体线圈所产生的磁场而保持在饱和状态，因此设备的阻抗在正常运行期间很低。在过电流状况下，在正常导通的线圈上电流快速上升，使得铁芯脱离饱和状态。因此，设备的阻抗在故障期间上升。超导线圈上只经受直流电流，并总是处于超导状态，所以它在一次故障之后不需要恢复时间。主要的缺点是重量和体积都很大，它大约是同样容量的变压器的两倍。目前这种概念的高温超导限流器已经停止研发，原因为：①过大的重量和体积；②设备需要超导磁体承受一个很高的磁场。采用现有的高温超导材料，要求运行温度在20～30K范围之内，从而相应的增加了冷却系统费用。它具有自触发、无电流分断能力、在短路期间能够承受短路电流、具有自恢复功能等运行特点。目前这种故障电流也处于试验室研究阶段，样机参数为556A，3kV（LTS）。

6.2.4.4 整流式超导限流器

超导限流器的另外一种型式是采用整流型式，超导磁体上流过的是直流电流，这样避免了交流损耗的影响，在故障期间，利用超导磁体的电感值限制故障电流的上升，且维持超导状态，直至被断路器切断故障电流。这种设备采用Bi2223线圈。目前这种故障电流限制器也是处于试验室研究阶段。实验室提供的样机参数为1200A，15kV。

6.2.5 固态故障电流限制器

固态故障电流限制器是由半导体器件组成，在峰值电流达到之前，电流上升阶段，就可以中断故障电流。为了实现这个目的，装置中应用自换向固态器件如GTO、IGBT或IGCT。基于大功率电力电子器件的固态故障电流限制器的型式有很多种。固态故障电流限制器的原理图如图6-8所示。它由双向半导体开关组成，并联一个限流电抗器。当故障电流被检测到之后，正常导通的半导体开关被关断。电流转移到电流限制电感上，而限制故障电流。半导体开关并联了氧化锌避雷器和缓冲电路，从而限制了半导体两端的电压幅值及其上升率[69,70]。

图6-9给出了没有限流电抗的固态电流限制器的单线图。在这种方案中，半导体开关在故障电流达到峰值之前迅速关断。通过使用大功率电力电子器件，可以实现快速故障电流限制与分断。这类电流限制器主要的缺点是造价高和损耗大。

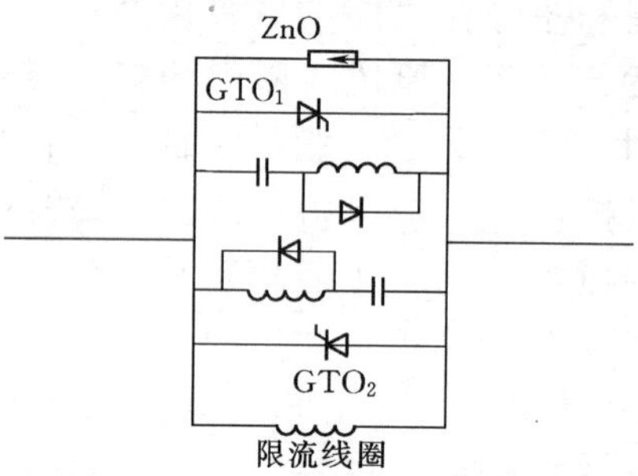

图6-8 固态限流器原理图

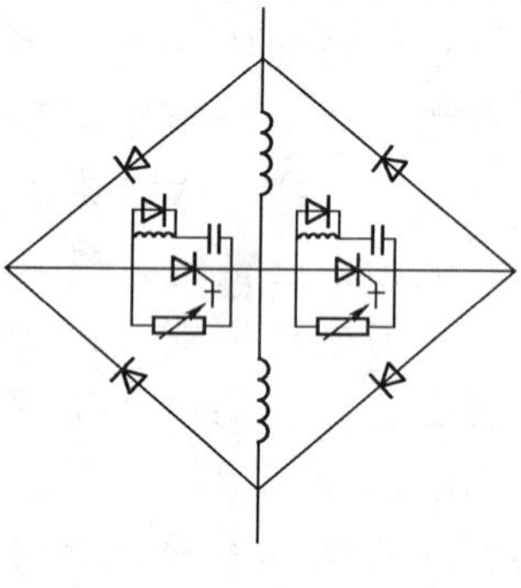

图6-9 快速开断固态故障电流限制器单线图

在此基础上，西门子通过将TPSC和外部电抗器结合，电抗值设计由允许通过的短路电流水平决定，提出了将TPSC技术应用于故障电流限制领域，称为短路电流限制器（SCCL）。这种新设备在稳态运行时是零阻抗。在短路的状况下，在几个毫秒之内切换为限流电抗器的阻抗值。根据真实故障的现场测量和快速动作的电流限制功能的仿真，可以看出：这种新型的SCCL实现了和高温超导故障限制器非常类似的功能。SCCL的设计重点在于大幅度提高可靠性和有效性。西门子公司提出的SCCL三维视图如图6-10所示，西门子公司的TPSC现场视图如图6-11所示。

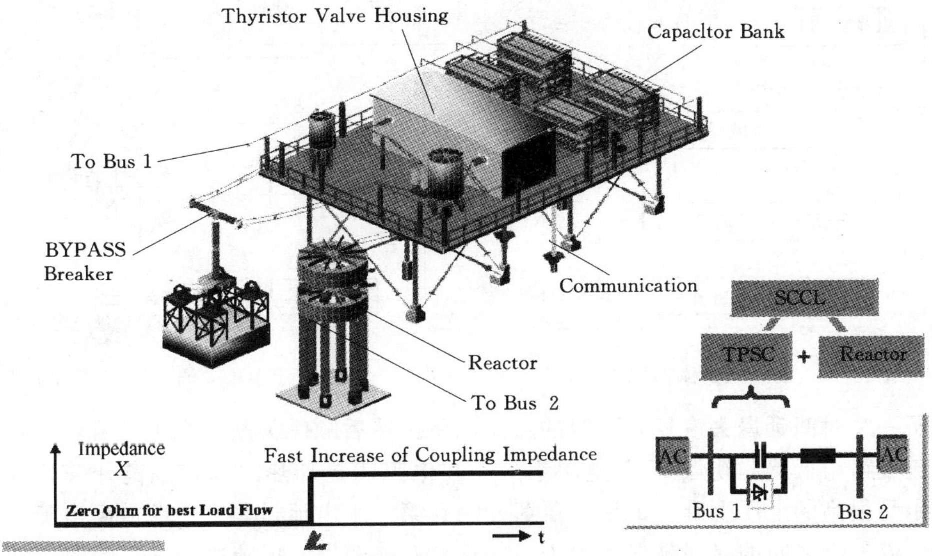

图 6-10　西门子 SCCL 设计三维视图

图 6-11　西门子 TPSC 现场视图

6.2.6　复合式故障电流限制器

复合式故障电流限制器由不同的模块组合而成。每一个模块在设备的运行期间完成某个特定任务。图 6-12 提供了复合故障电流限制器的原理图。图 6-13 显示了复合故障电流限制器由三个并联路径实现的方案。

短路电流检测单元检测电流，并在故障时触发设备。一个超快速机械触头（转移开关）通过电动斥力驱动在几百微秒之内打开，使得还在上升的电流转移到换向支路。换向支路由一个半导体器件的配置和串联的快速开关（充当隔离开关）组成。IGCT 为转移开

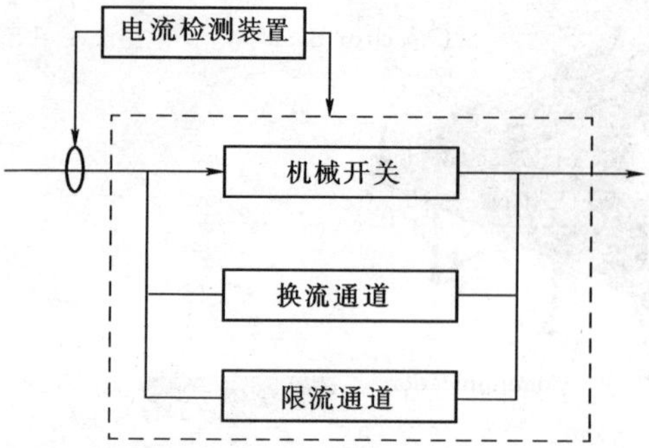

图 6-12　混合式限流器原理图

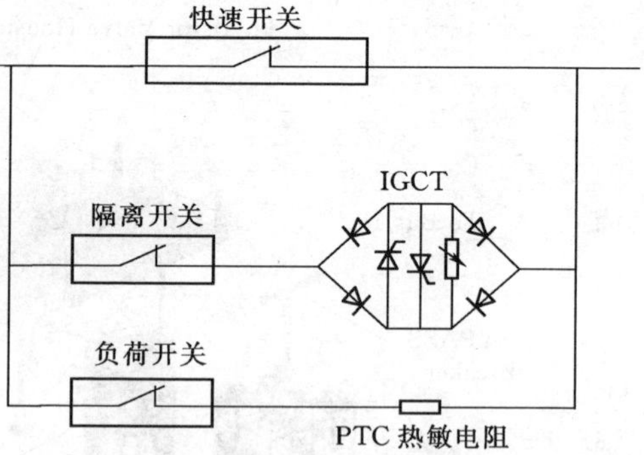

图 6-13　基于 IGCT 的 PTC 限流器原理图

关提供了一个时间延迟去恢复其一定的耐受电压，然后顺序关断，强迫电流转移到限流支路。限流支路由低感非线性 PTC 电阻组成。在电阻明显加热之前，隔离开关打开，以免半导体承受很高的电压上升。最后，负荷开关在第一个电流过零点中断故障电流。在故障检测和电流限制之间的时间延迟小于 1ms。它具有外触发、电流中断、自恢复等特点。目前，这种故障电流限制器处于试验室研究阶段，实验室样机参数为 2000A，12kV[71]。

6.2.7　应用总结

通过上述对现有成熟故障电流限制器和正在研究的故障电流限制器的分析和比较，对于目前故障电流限制器的发展现状，可以得出以下几点：

（1）在故障电流限制器的基础理论与应用研究方面，已经取得了一些具有突破性的进展，如超导技术在故障电流限制方面的应用就是一个很好的例子。超导型故障电流限制器是截至目前为止最为理想的故障电流限制器。但这些创新技术研究目前还仅仅处于试验室研究阶段，而且样机参数普遍较小，仅仅是一些演示性样机，距离工程化应用还有较长的一段距离，特别是在超高压系统，如 500kV 电力系统中的应用，还有很多基础问题有待去进一步研究。

（2）目前普遍采用依然还是一些传统技术，如限流电抗器、高压限流熔丝、Is - limiter、串联谐振型故障电流限制器等，而这些成熟的故障电流限制器中，限流电抗器是目前唯一可以应用于超高压系统的成熟的限流技术，高压限流熔丝、Is - limiter 在目前的结构工艺水平下，还主要应用于中低压系统中。

（3）通过上节的讨论可知，传统的不控限流电抗器向可控的限流电抗器方向的过渡可能是解决目前故障电流限制技术瓶颈的最佳发展路线。而可控的限流电抗器的技术方案中，串联谐振式由于其技术难度的大幅降低而最有可能首先得到普遍的推广应用。

（4）在所有的新型故障电流限制技术中，有多种基于各种原理的技术方案，如超导技术、电力电子技术、PTC 技术等。而基于电力电子技术的故障电流限制器由于电力电子技术本身，特别是基于大功率晶闸管串联技术的迅速成熟，目前是最有可能在故障电流限制技术方面很快得到广泛应用的技术方案。

（5）在各种基于电力电子技术的创新型故障电流限制器方案中，尽可能降低串联电力电子器件数目是提高故障电流限制器可靠性，降低故障电流限制器造价的最关键问题。在现有提出的几种故障电流限制器方案中，并联限流电抗器型固态故障电流限制器和快速关断型固态故障电流限制器由于要承受系统主电压，在500kV级电网中，造价将大幅增加，可靠性也受到影响，所以在超高压电网应用的可能性不大。而基于串联谐振原理的固态故障电流限制器中，晶闸管串联阀由于只承受纵向电压，电力电子器件串联数大幅减少，可靠性得到提高。因此基于串联谐振的固态故障电流限制器是基于电力电子技术方案中最有可能应用于超高压系统的技术方案。

(6) 串联谐振型故障电流限制器中最为关键的问题就是用于谐振电容器的过电压保护，即如何选择非线性旁通的技术方案。原有的饱和电抗器型式受到制造工艺、造价和体积等因素的影响，难以在超高压输电系统中得到应用。由于大功率电力电子技术的突破性进展，基于晶闸管阀的电容器过压保护技术已经在西门子公司的实际工程中得到了应用。

6.3 串联谐振型限流器

6.3.1 快速旁路电路

快速旁路电路高速闭合对限流器装置的绝缘配合，过压保护和旁通电路通流水平的降低都十分有利。如果闭合速度慢于1/4周波（5ms），谐振电容就会产生明显的过电压。依据旁路器件划分，旁路电路有以下五种类型：间隙旁路型、避雷器旁路型、可变电感旁路型、快速开关旁路型、晶闸管阀旁路型，具体原理如图6-14所示。

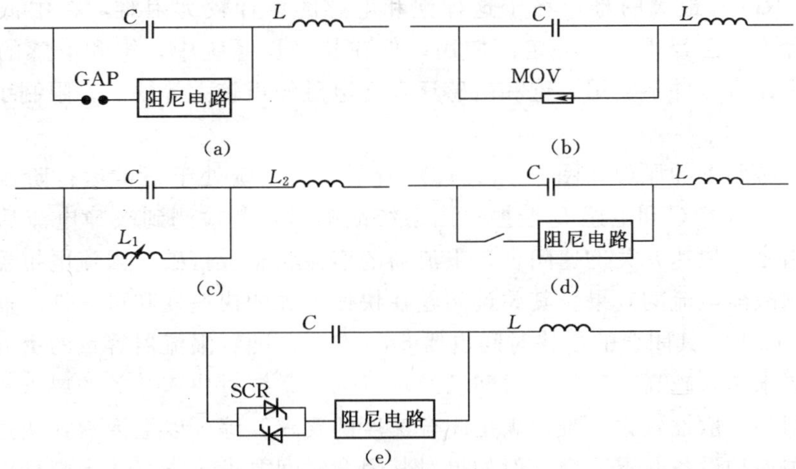

图6-14 快速旁路电路拓扑类型

(a) 间隙旁路型；(b) 避雷器旁路型；(c) 可变电感旁路型；(d) 快速开关旁路型；(e) 晶闸管阀旁路型

间隙旁路型电路原理如图6-14（a）所示，间隙是一种电压敏感型设备，经常应用于电容器的过压保护，其动作速度很快，但间隙的一个重要问题是对环境，如温度、湿度等因素敏感，可靠性较低，且动作电压精确度差，难以作为电容器过压的主保护设备，一般作为电容器过压的后备保护设备。

避雷器旁路型电路原理如图 6－14（b）所示，其原理与其他保护类型有所不同。实际应用中利用金属氧化物变阻器（MOV：Metal Oxygen Variable）非线性伏安特性，系统正常运行时，系统负荷电流流过 LC 串联支路，MOV 中只有毫安级以下的微小电流；当短路故障到来时电容两端电压迅速上升，合理配置 MOV，能将电容电压限制在允许的范围内，并且电容只流过大约 2 倍额定电流，大部分短路电流，特别是直流分量部分将流过 MOV 支路，这种情况下相当于从正常工作时的 LC 串联谐振过渡到电感限流状态。

避雷器旁路型动作速度极快，且不受环境的影响，但动作后存在发热问题，冷却时间较长，抵抗连续冲击的能力较差，难以满足系统重合闸的要求。如果将其作为 SRFCL 的电容主保护设备设计，将造成其热容量设计极高，装置成本会非常高。由于以上两项缺陷，MOV 不适合作为 SRFCL 中电容器的主保护设备，只能作为电容器的后备或辅助保护手段。

基于饱和电感原理的 SRFCL 有多种电路类型，原理如图 6－14（c）所示。系统正常运行时，由于电容电压较低，电感处于不饱和状态，呈现较高电抗值，C、L_1 和 L_2 组成的电路处于谐振状态；系统发生故障后，故障电流使得电容电压上升，流过可变电感 L_1 的电流增大，其饱和程度迅速变化，打破原有的串联谐振状态。合理配置电路参数能使该组合电路在电流超过正常值时开始呈现一定数值的感抗，并且随着故障电流的增大该感抗值也随之增加。

基于这种原理的限流器具有自动调节良好特性，短路电流从起始阶段就得到限制，限流峰值较低，与其他类型限流器相比具有限流曲线平滑，对电网设备冲击小等优点。饱和电感保护式 SRFCL 最大的难点在于这种饱和电感的设计较为困难，在中低压系统的应用，这种设计方案已经得到了一定的应用，但在超高压系统中，饱和电感的容量急剧上升，造价非常昂贵，并不实用。饱和电感还存在电磁噪声较大等缺点，限制了其应用范围的扩展。

快速开关旁路型的原理如图 6－14（d）所示。当系统处于正常运行阶段，快速开关处于分闸状态，电容 C 和电感 L 谐振；当系统故障时，若检测到故障电流后，向快速开关发出闭合指令，快速开关迅速闭合，限流器的谐振状态被打破，限流电抗器迅速投入系统，起到限制故障电流的效果。其关键问题在快速开关的快速性和可靠性。而现有开关技术，在 10kV 以下，其闭合的最快时间也要 5ms 左右。随着限流器容量的上升，快速开关的断口电压要求越来越高，其闭合时间已经难以满足系统对快速开关的要求。另外，快速开关的分合闸的分散性较大，难以满足闭合速度的要求。综合以上因素，快速开关作为电容器过压的主保护设备并不适合，但如果对其闭合时间要求放宽至几十毫秒以上，则这种开关的可靠性是可以保证的，开关的最大优点在于其热容量大，能够承受较长时间的故障电流，这是其他各类非线性旁路设备，如晶闸管阀、避雷器、饱和电感等所无法比拟的。

晶闸管阀旁路型的原理如图 6－14（e）所示。系统正常运行时，晶闸管阀截止，电容器和电抗器处于谐振状态，不对系统运行产生不利影响；故障发生时，检测到系统故障电流或电容器上的过电压后，向晶闸管阀发出触发命令，晶闸管阀快速导通，使电容器被旁路，电抗器单独接入系统，起到限制故障电流目的。

由于晶闸管阀动作时间在微秒级别，非常适合应用于电容器过压的快速保护。晶闸管阀在系统正常时处于截止状态，而在系统故障的情况下，要承受约数百毫秒的故障电流。晶闸管阀的热容量有限，不能长时间耐受大电流，需要快速开关切换电流，如上节的介绍西门子常规串补改造工程（TPSC）。固定串补（FC）通常采用火花间隙作为电容器过电压保护器件。TPSC第一次采用了晶闸管阀作为电容器过电压保护主要器件。故障发生后晶闸管阀快速旁路电容器组，然后快速开关切换晶闸管阀。西门子在此基础上提出了串联谐振型限流器工程概念，即串补保护和电抗器结合，但未有工程实际应用[72]。

综上所述，通过单一类型的电容旁路技术，目前还难以满足系统对故障电流限制器可靠和快速要求。考虑将现有限流技术进行某种方式的组合使用，从而最大限度的提高故障电流限制器的可靠性。实际串补工程都采用多种过电压保护措施，如表6-5所示。表中TCSC为可控串补。MOV均作为电容器过电压保护第一道防线，固定串补用火花间隙做主要保护器件。TCSC当在串补运行模式时，用火花间隙做主要保护器件；在可控串补运行模式时，用晶闸管阀做主要保护器件。快速开关均作为电流切换开关。华东电网限流器示范工程限流器主电路采用了多种保护措施，其详细情况将在下节介绍。

表6-5　串补工程状况

项　目	FC	TCSC	TPSC
实施单位	美国AEP	中国电力科学研究院	西门子
实施时间	1991	2007	2001
工程参数	345kV/2.5kA/7Ω	500kV/2.3kA/16.7Ω	500kV/2.3kA/16.7Ω
电容器过电压保护器件	MOV，火花间隙，快速开关	MOV，火花间隙，晶闸管阀，快速开关	MOV，晶闸管阀，快速开关

6.3.2 限流器控制保护策略

短路故障时，限流器的电容器组将在短时承受过电压。电容器过电压保护技术在固定串补和可控串补都有工程应用，如国内的甘肃成碧220kV可控串补和三堡500kV固定串补。超高压电网在线路上增加串补目的是减少线路阻抗，提高静态传输功率。固定串补应用于远距离传输线路上，电容器阻抗一般为线路阻抗的一半。其过电压保护措施是由带并联间隙的氧化锌变阻器（MOV）构成，如图6-15（a）所示。MOV限制电容器过电压，达到额定电压值迅速动作，但不能长时间工作。间隙是MOV和电容器的后备保护，动作时间在微秒级别，缺点是熄弧时间较长，需要开关配合熄弧。短路故障按照保护线路范围分为区内和区外故障。区外故障因为故障电流不大，依靠MOV作为过电压保护。区内故障发生后，MOV有能耗积累，达到一定数值，触发火花间隙和旁路开关。由于火花间隙动作时间比旁路开关要快，火花间隙提前导通为电容器提供放电电流，旁路开关滞后闭合，为火花间隙灭弧做准备。TPSC的保护策略与固定串补是一致的，只是火花间隙换成晶闸管阀而已。

可控串补（TCSC）系统功能是调节线路潮流分布。工作原理依靠调节阻尼回路的晶闸管的触发角而改变电容器的阻抗值，达到改变该线路的潮流的目的。TCSC的过电压保护电路如图6-15（b）所示。保护措施依靠MOV、晶闸管和旁路开关，保护策略与串补相同。

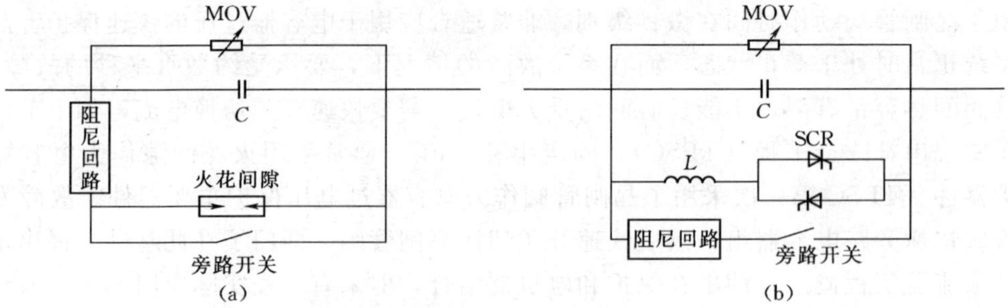

图 6-15　固定串补和可控串补主电路

(a) 固定串补；(b) 可控串补

区外故障依靠 MOV 限制 TCSC 上过电压，区内故障当 MOV 能耗达到一定水平启动 TCSC 旁路模式即全感抗模式。当短路电流较大时，触发旁路开关，构成电容放电通道。

限流器的系统功能与串补不同。限流器目标是抑制短路电流。短路故障发生时，限流器主动旁路电容器，投入电抗器抑制短路电流。串补是短路故障发生后，电容器组承受过电压而采取被动保护措施。虽然都是由于短路原因造成电容器组过电压而旁路，但对串补来说，电容器旁路是保护策略，而对于限流器，快速旁路是控制策略。当限流器响应足够快时，可以避免电容器过电压。而串补是尽可能避免切除电容器。

限流器的系统功能与串补不同。限流器目标是抵制短路电流。短路故障发生时，限流器主动旁路电容器，投入电抗器抑制短路电流。串补是短路故障发生后，电容器组承受过电压而采取被动保护措施。虽然都是由于短路原因造成电容器组过电压而旁路，但对串补来说，电容器旁路是保护策略，而对于限流器，快速旁路是控制策略。当限流器响应足够快时，可以避免电容器过电压。而串补是尽可能避免切除电容器。

限流器的系统工况与串补不同。限流器一般安装于紧密型系统中，紧密型网络特点是潮流大，系统短路阻抗小，网络中短路电流大。串补应用于长距离输电，短路电流相对于限流器短路电流小。限流器的短路故障的危害程度比串补大，若不快速旁路电容器，将会迅速引起过电压，将导致限流器设备受到损坏。因此限流器控制保护策略目标是短路故障时电容器快速切除。系统对限流器要求是快速性、可靠性和灵活性。快速性要求限流器在短路故障发生后，要抢在短路电流峰值前动作；可靠性要求限流器不能误动，更不能拒动；灵活性要求限流器适应电网运行方式调整。

图 6-16 为限流器控制器示意图。测量点见主电路结构图。电流即各支路的电流，电压为电容器端口电压。限流器安装于 500kV 输电线路中，电磁环境非常严酷。快速旁路回路与电容器处在同一电位平台上，对地绝缘水平一致。因此测量信号要经过光电转换才能输送到控制室去。控制器图中测量单元测量电气信号，通过光电变换传送到绝缘平台外的控制器。控制单元发送触发信号，再通过光电变换传到绝缘平台上。脉冲单元接受触发信号，立即发送脉冲给执行机构。

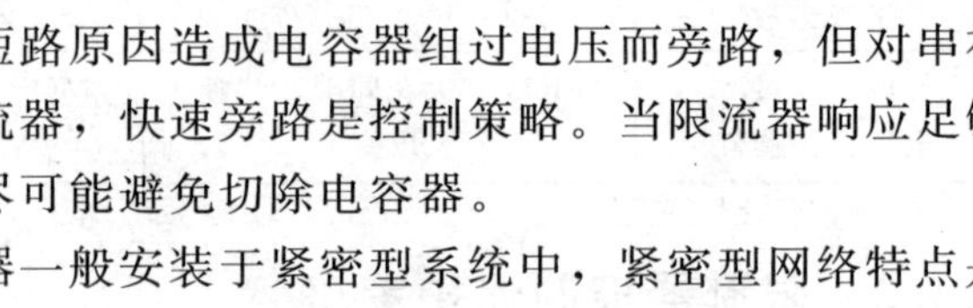

图 6-16　限流器控制器示意图

快速旁路电路采用 MOV、晶闸管阀、火花间隙和快速开关等。旁路器件工作特点如下：MOV 装置在额定电压下会迅速启动，将电容器限制在保护电压范围内，能耐受大电流，但有大量能耗积累。晶闸管阀触发由控制器决定。一旦触发，动作时间在微秒级。晶闸管阀热容量有限，不能长时间通过大电流，需要快速开关切换。火花间隙触发由控制器决定。其动作速度同晶闸管阀一致，可以承受很高冲击电流，但对电压有要求。间隙设计击穿电压最低为 1.8 倍电容器组额定电压，最大击穿电压为 2.6 倍额定电压。间隙导通后电流不能自动熄弧，需要快速开关切换。快速开关耐压值在 50kV 时，最快合闸时间 30ms，动作时间分散性在 5ms，因此默认为合闸时间为 40ms。MOV 能耗积累与动作时间有密切关系。图 6－17 为 MOV 能耗与动作时间关系。MOV 能耗随动作时间线性增长。动作时间包括保护判据时间和旁路器件闭合时间。在所有器件能正确动作情况下，保护判据决定快速启动时间。保护判据时间由采样和算法计算时间构成。采用高速采样和快速算法可以将判据时间控制在 5ms 内。

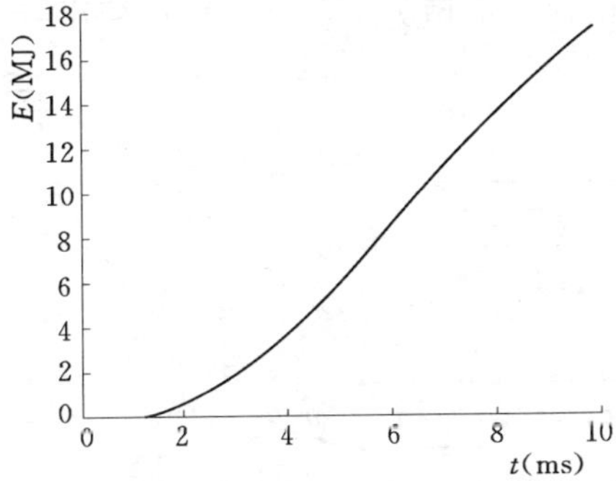

图 6－17　MOV 能耗曲线

考虑限流器可靠性和快速性等技术因素，基本控制策略如下：MOV 是限制电容器在短路及操作瞬时过电压的第一道主保护；晶闸管阀是限流电抗接入及旁路电容器的主要手段，间隙作为旁路电容器的后备措施；在晶闸管阀正常动作情况下，间隙不应动作；无论是晶闸管阀还是间隙动作，均发判据信号给快速开关，避免晶闸管阀和间隙长时间通过大电流。

该控制策略利用晶闸管快速性，避免了 MOV 能耗积累。若是先触发快速开关，依据图 6－17，MOV 设计容量可能大于 20MJ，该方案明显不经济合理。若是先触发间隙，虽然晶闸管阀和间隙动作时间一致，但间隙有最小击穿电压要求。若采用间隙作主要器件，有延迟现象。延迟现象即当保护判据出口时，间隙电压未到达动作电压值，间隙延迟触发，如图 6－18 所示。

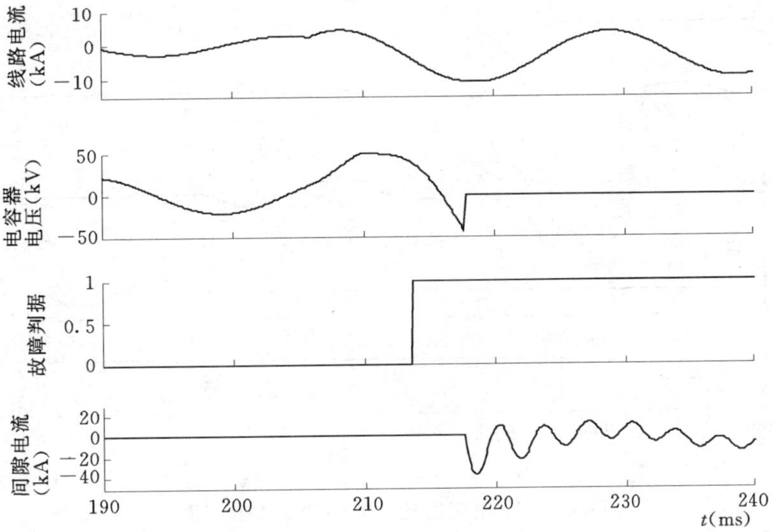

图 6－18　间隙触发延迟现象

图中故障在 206ms 发生，故障地点较远，故障电流为 6kA。MOV 保护在 209ms 动作，故障判据在 214ms 处给出，但此时间隙电压在回落，满足不了触发要求，因此间隙到 217ms 才触发。而晶闸管阀端电压最小要求 100V。只要判据出口，晶闸管阀可以瞬间触发。所以晶闸管阀有快速响应优势。但该控制策略对旁路器件动作时序配合有苛刻的要求。下面设计旁路器件动作时序，并细致研究其暂态过程。依据基本控制策略，动作时序如图 6－19（a）所示。

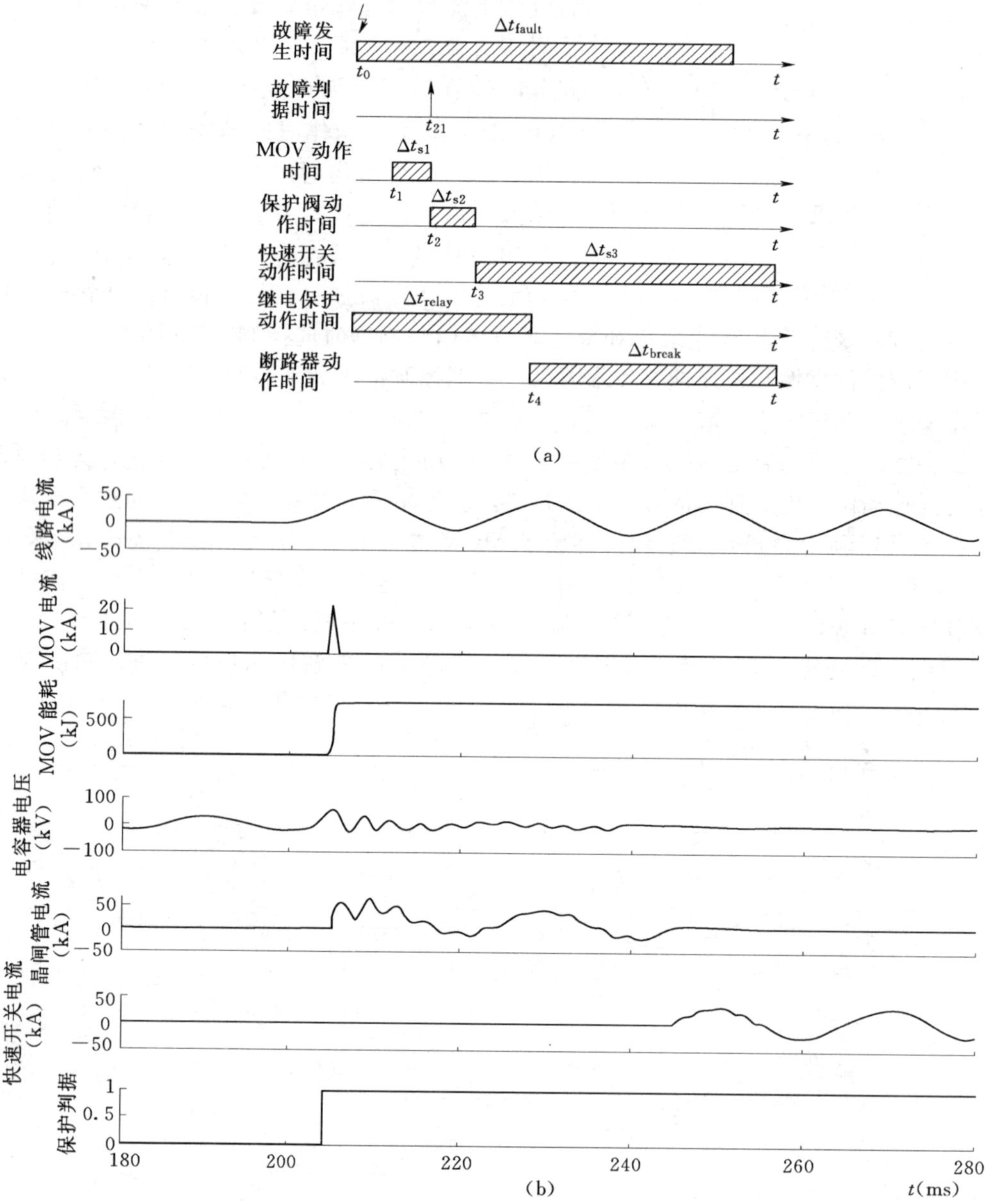

图 6－19　限流器动作时序和动作波形图

（a）限流器动作时序；（b）限流器动作波形

图 6－19（a）中设故障发生时刻为 t_0，故障持续时间 Δt_{fault}。MOV 动作时刻为 t_1，晶闸管阀闭合时刻为 t_2，快速开关闭合时刻为 t_3，线路断路器断开时刻为 t_4。MOV 动作时刻 t_1 是在故障判据 t_{21} 之前。MOV 动作持续时间 Δt_{s1}。故障判据向晶闸管阀和快速开关同时发出，晶闸管快速闭合，快速开关闭合时间要延迟 Δt_{s2}。晶闸管阀和快速开关进行电流切换后，快速开关工作持续时间为 Δt_{s3}。继电保护检测时间为 Δt_{relay}。保护动作信号出现在快速开关动作时间内，断路器收到保护出口信号，动作时间为 Δt_{break}。动作波形如图 6－19（b）所示。短路故障发生时刻在 200ms，MOV 过电压保护动作在 203.5ms，保护判据在 202.5ms 给出触发信号，晶闸管阀触发时刻在 204ms，快速开关动作时刻在 242.5ms。晶闸管阀峰值电流为 62kA，MOV 能耗控制在 700kJ，快速开关和晶闸管自然换流。故障发生后，限流器动作时间不超过 5ms。

6.3.3 华东电网 500kV 限流器示范工程介绍

6.3.3.1 主电路参数

依据可控串补工程经验，华东电网限流器示范工程主电路方案采用 MOV、晶闸管阀、间隙和快速开关作为旁路器件。中国电力科学研究院系统所对限流器主电路提出了基本结构方案，串联谐振型限流器装置简化结构如图 6－20 所示。主要组件及功能如下[73-75]：

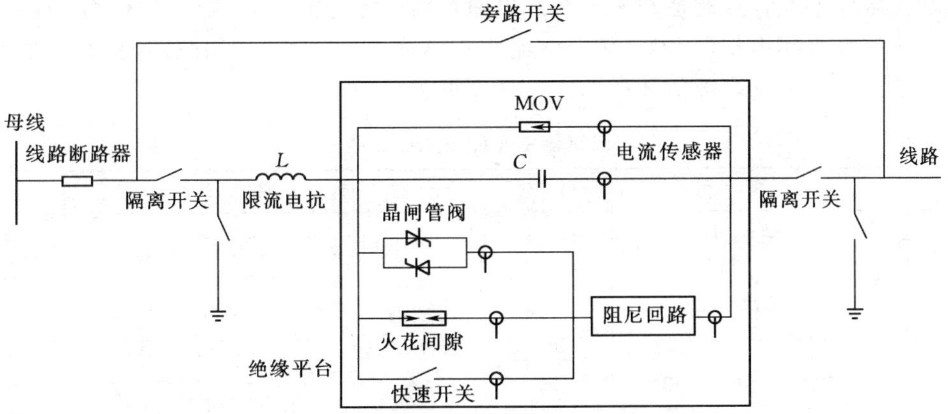

图 6－20 串联谐振型限流器结构简图

（1）晶闸管阀是旁路电容器的主要手段。当发生短路故障后应快速导通，旁路电容器组，使得电抗器起到限流作用。

（2）可控火花间隙是电容器组的过电压保护装置。短路故障下，如果晶闸管导通失败电容器组电压迅速上升到危及电容器安全的水平，则可控火花间隙应能够迅速动作。

（3）快速开关在 30ms 内可实现电容器的可靠短接，也为电容器组投入、退出操作提供手段。

（4）MOV 是电容器组过电压保护的必要措施。

（5）阻尼回路限制阻尼放电电流，确保电容器组、晶闸管阀、火花间隙、快速开关的安全运行。

（6）旁路开关及隔离开关为系统操作及检修提供手段。

上述设备中电抗器通过一组绝缘子单独支撑，隔离开关、快速开关通过绝缘子单独支撑，其他设备都装设在绝缘子支撑的平台上，每相采用一个独立的平台。除了上述一次设备以外，短路故障检测诊断及触发控制系统也是短路电流限制器的重要组成部分。

华东电网公司对安装地点进行了研究，在瓶窑点安装阻抗适中，对系统运行方式影响比较小，为示范工程理想地点。限流器安装于瓶窑至杭北线路上。图6-21是瓶窑—杭北线路出口处短路电流随限流阻抗变化曲线。当限流目标44kA，限流阻抗为26Ω；限流目标46kA，限流阻抗为12Ω。随着限流阻抗增加，短路电流降低幅度逐渐减小，短路电流随阻抗值变化曲线形状趋于平缓。因而，充分发挥短路电流限制器的作用，应当选择使电流曲线变化较陡的阻值范围为宜。限流阻抗增大，设备成本线性增加。限流器经济成本，阻抗8Ω、额定电流2kA的装置造价初步估算可以控制在5000万元，随着额定电流和阻抗的提高，将显著加大限流器设计、制造技术难度。以原短路电流为51kA，限流指标为47kA以下，对瓶窑—杭北站采用电抗值8Ω、额定电流2.0kA的设计参数，是比较经济合理的。限流电抗参数确定后，其他参数值才能确定，具体见表6-6。

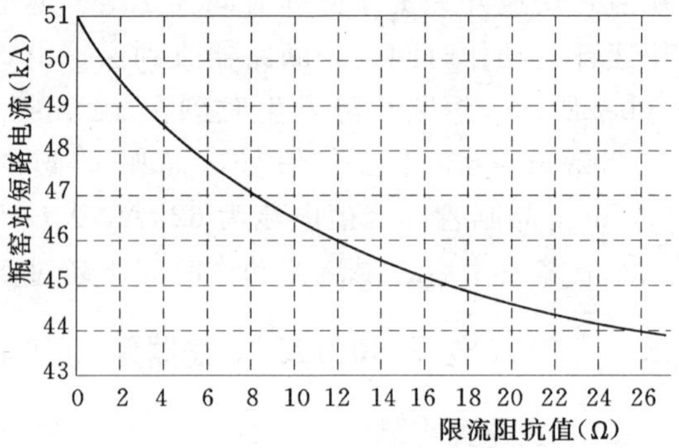

图6-21 瓶窑短路电流随阻抗值变化曲线

表6-6 限流器主元件基本额定值

元　件	额　定　值	参　数	元　件	额　定　值	参　数
电抗器	电感（mH）	25.5	电容器	电容（μF）	397.9
	额定电流（kA）	2		额定电压、电流和容量参数同电抗器	
	额定电压（kV）	16		10s过电流（kA）	3.6
	额定容量（Mvar/3相）	96		短时冲击电压（kV）	52
	0.5s工作电流（kA）	20	MOV	额定电压（kV）	28.3
	最大冲击电流峰值（kA）	46		过电压保护水平（kV）	52

6.3.3.2 样机控制保护系统

串联谐振型FCL控制保护样机基于DSP和大规模可编程器件等先进技术，由功能相同、独立运行、互为备用的两套系统组成，系统结构如图6-22所示。两套控制保护系统分别安装在图6-22所示的独立屏柜中，各自具有独立的输入和输出接口、数据传输系统、控制保护处理单元，从而确保两者运行时相互独立，检修时互不影响，为整套FCL的长期稳定可靠运行打下了坚实的基础。FCL控制保护系统完成对FCL主要电气量和运行状态的监控，实现FCL的安全、可靠运行[75-77]。FCL控制保护系统的功能模块如图6-23所示。

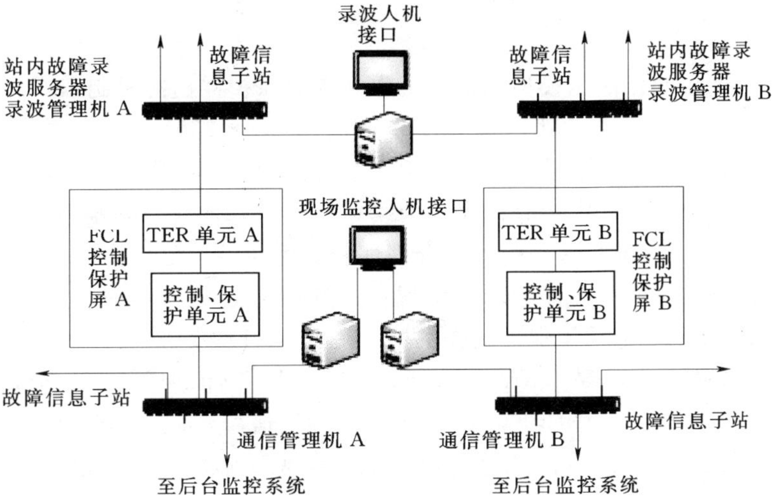

图 6-22 串联谐振型 FCL 控制保护样机的双系统结构

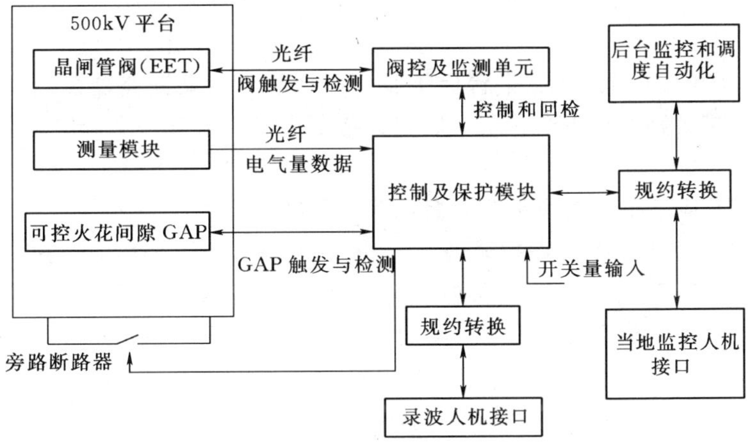

图 6-23 控制保护系统的功能模块

其主要功能包括：

(1) 测量功能。采集 FCL 高压绝缘平台上各种电气量数据，进行电光转换后通过光通道将其传递到地面控制保护装置。

(2) 输入输出功能。采集 FCL 装置所需的开关量信息，依据控制保护命令输出相关信号。

(3) 保护功能。依据信号采集系统提供的模拟量和开关量信息检测线路和 FCL 装置自身的运行状况，正确动作相关保护（即触发阀、SG)，闭合旁路断路器，快速、准确地隔离或切除故障，保证系统其他设备和装置自身的安全与稳定运行。

(4) SG 触发与检测功能。对平台上可控火花间隙进行触发控制，检测其工作状况并上报检测结果。

(5) 晶闸管阀控制与检测功能。对平台上所有晶闸管阀进行触发和工作状况检测，并上报检测结果。

6.3.3.3 样机试验

完成故障电流限制器低压模型的搭建工作和控制保护样机的研制工作后，相关科研单位依据 IEC60654-1，2，4、GB/T 14047 和 DL/T 478—2001 中的相关规定对样机进行了多项型式检验，包括功能试验、绝缘试验、干扰试验、连续通电试验，并记录了大量试验数据。下面针对试验数据中最有代表性的线路过电流瞬时保护试验数据进行详细分析，以验证 FCL 控制保护系统的保护配置的合理性和实用性。

（1）A 相线路过电流瞬时保护动作情况。A 相线路过电流瞬时保护动作后现场监控人机接口软件 SOE 列表记录了保护动作的整个流程。

1）当 A 相线路电流达到 753A（一次瞬时值）时，阀保护单元 A 相线路过电流瞬时保护动作。动作后其保护出口如下：发出 A 相阀触发信号，通过阀快速投入限流电抗器；启动 TFR 录波记录暂态波形；向平台保护发送合 BCB 命令；向平台保护发送暂时闭锁 BCB 命令。

2）阀保护单元应上报："A 相线路过电流保护动作"，动作值应大于保护定值；"阀保护暂时闭锁"；"A 相阀触发信号已发送"；"阀保护解除暂时闭锁"；"阀触发信号恢复初始状态"。

3）平台保护单元应上报："平台保护收到阀保护合旁路断路器命令"；"A 相旁路断路器合位"、"B 相旁路断路器合位"、"C 相旁路断路器合位"；"平台保护收到阀保护分旁路断路器命令"。

4）TFR 单元应上报"阀保护单元启动 TFR 录波"。

（2）A 相线路过电流瞬时保护录波图分析。图 6-24 为 A 相线路过电流瞬时保护动作时的暂态录波图。从图中可看到保护动作处 A 相线路电流（模拟产生的故障量）达到 753A 时，阀保护单元 A 相线路过电流瞬时保护动作，1ms 后低压模型上的阀组件被触发产生了阀电流（模型中的电气量），其阀电流瞬时值为 80A。

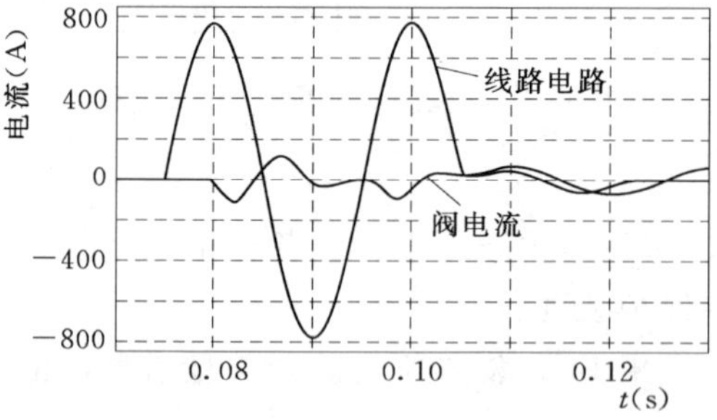

图 6-24 A 相线路过电流瞬时保护录波

第7章 用 户 电 力 技 术

电能质量问题包括稳态电能质量和暂态电能质量两个方面，它直接影响电力系统的供电安全及用户设备的正常运行。传统的电能质量问题都是基于系统稳态而言的，经过多年的努力，稳态电能质量有了相当的提高。随着电力市场化的逐步推进以及工业自动化、国民经济信息化的发展，一方面，配电网中非线性负荷对电网的电能质量构成了严重的威胁；另一方面，配电网中诸如计算机等用电设备对系统干扰更加敏感，它们对电能质量提出了高可靠性、高暂态恒定性、高可控性的要求。因此，暂态电能质量问题成为当前国内外研究的热点之一。美国电力科学研究院著名科学家 NG Hingorani 首先提出的用户电力（Custom Power，CP）技术。该技术的核心是电力电子技术在电力系统中的应用，是在系统侧提高综合暂态电能质量的一种经济、有效的方法。与柔性交流输电系统（FACTS）相比，其控制器原理及结构均相同，只是电气标称值较小，因此有人称其为配电网中的 FACTS 技术或 DFACTS 技术。本章概述了暂态电能质量主要问题，介绍了几种具有代表性的用户电力设备（如有源滤波器）的工作原理及国内外应用情况。

7.1 暂 态 电 能 质 量 问 题

7.1.1 暂态电能质量标准

电能质量一般是指电压或电流的幅值、频率、波形等参量距规定值的偏差。历史上，电力系统中许多机电设备都能在上述参量相对较大的变化范围内正常地工作。但是在近 5～10 年，随着高新技术、尤其是信息技术的飞速发展，基于计算机、微处理器控制的用电设备和电力电子设备在系统中大量投入使用，它们对系统干扰比机电设备更加敏感，因此对供电质量的要求也更高，即：不论系统是处于正常稳态还是故障暂态，均需保证幅值偏差很小（如只允许在额定值的±10%或更小的范围内波动）的基波正弦电力的可使用性。而哪怕几个周波的供电中断或电压跌落，都将影响这些设备的正常工作，造成巨大的损失。这类问题既不同于周期性的电流波形畸变问题，也不同于长期低（或过）电压问题，而是近几年随着信息技术的飞速发展而出现的另一类电能质量问题——暂态电能质量问题。

根据 IEEE 第 22 标准协调委员会（电能质量）推荐，暂态电能质量问题主要包括以下几种[79]：

（1）电压骤降（Voltage Sags）。指系统频率下，持续时间为 10ms 至 1min 之间的电压有效值下降，通常在 0.1～0.9 倍的额定值之间。

（2）瞬时断电（Interruptions）。一相或多相导线在某一段时间内彻底失电（或低于

0.1 倍的额定值），其持续时间在 10～35ms 之间。

（3）电压骤升（Voltage Swells）。系统频率下，持续时间在 10ms 至 1min 之间的电压有效值的短时上升，其幅值超过额定值的 10%。典型值为 1.1～1.8 倍的额定值。

（4）瞬时脉冲或突波（Transients）。瞬时脉冲表示在两个连续稳态之间的一种在极短时间内发生的现象或数量变化，它可以是任一极性的单方向脉冲，也可以是发生在任一极性的阻尼振荡的第一个尖峰。

（5）电压波动（Voltage Fluctuations）。指电压的有规则波动，幅值通常不超出 0.9～0.1倍的额定值。这种电压变化常称作“闪变”（Flicker）。

（6）电压切痕（Voltage Notches）。这是一种持续时间小于 10ms 的周期性电压扰动。它主要是由于电力电子装置换相时短路电流从一相流到另一相造成的，它使电压波形在一个周期内有超过两个的过零点。由于其频率非常高，用常规谐波分析设备无法测出，因此以前一直未把此项作为电压质量一个指标。

7.1.2　暂态电能质量危害

图 7-1 是几种主要的动态电压质量问题示意图波形，主要包括电压脉冲（Impulse）、浪涌（Surge）、电压跌落（Sags）和瞬时供电中断（Outage）等，但如何界定这些电能质量问题仍是目前研究的焦点。如多数文献用电压跌落的幅值、持续的时间这两个特征量来描述电压跌落，如“电压幅值在 0.1～0.9pu 之间，持续时间为半个周波到 1min”的低电压，但幅值大小及持续时间仍有不同的界定；另外有的文献将相移也作为描述电压跌落的特征量之一。各电压质量问题对系统造成的危害还不完全清楚，仍在研究中。但是电压跌落和瞬时供电中断已被认知是影响许多用电设备正常、安全运行最严重的电压质量问题。

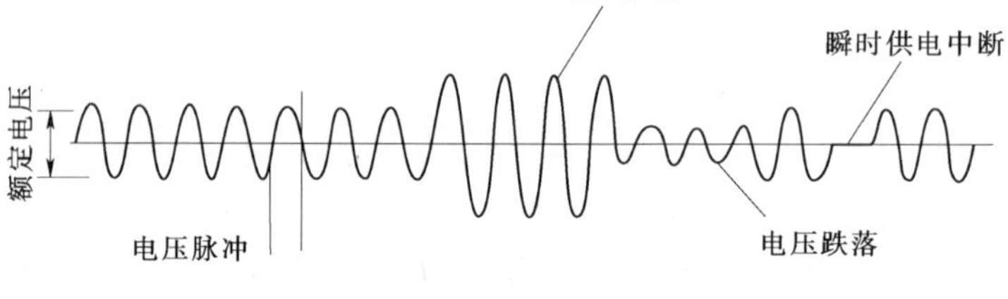

图 7-1　几种动态电压质量问题的示意图波形

表 7-1 分别就电压跌落对一家电子元件制造厂的制冷电子控制器（Chiller Controller）、塑料制品制造厂的直流电机（DC Motor）、IBM 公司的芯片测试仪（ChipTesters）、可编程控制器（PLC）、精密的机械工具（MachineTools）和调速电机（VSD）、计算机、普通电机的交流接触器（Motor Contacts）等设备的影响调查报告，这些设备都是现代工业、商业、信息业中应用相当广泛的设备。

表 7-1　电压跌落对一些设备的危害

设备名	电压跌落造成的影响结果
Chiller Controller	当电压低于 80%时，控制器动作将制冷电机切除，导致巨大生产损失
ChipTesters	当电压低于 85%时，测试仪停止工作，芯片、主板被毁坏

续表

设备名	电压跌落造成的影响结果
PLC	早期的产品，当电压低于10%时，仍能持续工作15个周波；新版产品，当电压低于50%～60%时，PLC停止工作；而文献［11］介绍，当电压低于81%时，PLC停止工作；一些I/O设备，当电压低于90%、持续时间仅几个周波，就会被切除
Machine Tools	由机器人控制对金属部件进行钻、切割等精密加工的机械工具，为保证产品质量和安全，工作电压槛值一般设为90%，当电压低于此值、持续时间超过2～3个周波时，被跳闸
DC Motor	当电压低于80%时，直流电机被跳闸
VSD	当电压低于70%，持续时间超过6个周波时，VSD被切除。而对于一些精细加工业中的电机，当电压低于90%、持续时间超过3个周波时，电机就会被跳闸而退出运行
Motor Contacts	有的研究表明当电压低于50%、持续时间超过1个周波，接触器就会脱扣，而有的研究表明当电压低于70%、甚至更高，接触器就会脱扣
PC	当电压低于60%，持续时间超过12个周波时，计算工作将受到影响，如数据丢失

由此可知，电压跌落已成为影响许多设备、尤其是电子类设备正常工作的严重干扰。由表还可知：不同类型、甚至同类型但不同品牌的用电设备对电压跌落的敏感度差异很大，这表明电压跌落所造成的危害与设备自身的特性以及用户的要求密切相关，因此如何消除或抑制电压跌落的影响，需要供电方、设备制造方以及用户的协力合作，共同解决。

7.1.3 电压跌落产生的原因

雷击引起的绝缘子闪络或线路对地放电是造成系统电压跌落或供电中断的主要原因之一。由于电力系统暴露在大自然中，在雷雨季节的多雷地区，极易受到雷击干扰。因雷击而引起的电压跌落次数有的约占总次数的60%，并且持续时间一般超过5个周波，所以在方圆几千平方公里内的任意处的雷击都将会影响该区域内的任一敏感负荷的正常、安全运行。

系统故障是引起电压跌落和供电中断的又一主要原因。目前配电系统中的线路主保护是电流保护，该保护最大的缺陷是线路中相当大部分区域上的故障不能无时延地予以切除；此外即使无时延保护，从监测到故障到断路器开断故障，目前最快也需要3～6个周波，因此在故障期间，当在故障线路及其附近线路上接有敏感负荷时，将会因电压跌落而被跳闸退出工作。另外，当保护动作后伴随着重合闸时，由此而引起的电压跌落次数将成倍数增加，并且规定时间间隔的连续跳闸是造成瞬时供电中断的主要因素之一。

由以上分析可知，电压跌落已成为威胁现代社会各用电设备正常、安全工作的主要干扰，而电压跌落主要由雷击或系统故障引起，因此系统即使按最大可靠性设计也无法避免这些扰动的侵袭。随着信息技术在各行各业的不断发展以及各行各业之间越来越强的相关性，如何保障优质电力的不间断供应变得越来越必要和迫切，这是摆在电力工作者面前的严峻挑战。

7.2 用户电力技术概述

7.2.1 控制器的分类及作用

传统的方法也可以提高暂态电能质量，如装设UPS、备用发电机等来保护敏感用户，但这些办法投资和损耗都很大，而且常不能完全满足用户的要求。CP技术正是为了解决这个问题而提出来的，其核心是电力电子技术、微处理器技术与现代控制技术的结合，以IGBT和IGCT等器件为基础的三相电压源逆变器（Voltage Source Converter，VSC）是各种CP控制器的主要组成部分。这种新技术的出现为解决暂态电能质量问题，建立一个高可靠性、高灵活性的柔性配电网提供了一条新途径。

目前国外已研制成功的CP控制器主要分为静态开关设备和静态补偿器。静态开关设备主要有固态断路器（Solid State Circuit Breaker，SSCB）和固态转换开关（Solid State Transfer Switch，SSTS）。静态补偿器按其与电网连接形式以及功能的不同主要分为串联型、并联型和混合型。并联型补偿器主要用于电流补偿，适用于电网电压波动相对较小而负载电流波动较大的场合，主要为了消除畸变负载对电网侧的不利影响，其代表产品为配电用静止同步补偿器（DSTATCOM）。串联型主要用于电压补偿，适用于线性负载而电网电压有波动的场合，用以消除电网电压波动对负载的不利影响，其代表产品为动态电压恢复器（Dynamic Voltage Restorer，DVR）。串并联混合型补偿器综合了以上两种补偿器的功能，具有双向补偿能力，是一种能解决绝大多数暂态电能质量问题的综合补偿装置，其代表产品为统一电能质量调节器（Unified Power Quality Compensator，UPQC）[80][81]。

7.2.2 用于改善暂态电能质量的装置

当前，已实用化的用于改善暂态电能质量的装置多种多样，其功能也各不相同。除了前面提到的SSCB，SSTS，DSTATCOM，DVR，UPQC外，还有有源电力滤波器（Active Power Filter，APF）、配电串联电容器（Distribution Series Compasaeitor，DSC）、动态不间断电源（DUPS）、超导磁储能系统（Super conducting Magnetic Energy Store，SMES）、静止电子分接开关（State Electronic Tap Changer，SETC）、轻型静止无功补偿器（SVCLight）等，其功能详见表7-2。上述装置并非互相孤立，它们之间的结合可以扩展彼此的功能。APF和DVR结合即可构成一个UPQC；DSTATCOM和SSTS配合使用，可用于保障多回独立馈线对关键负荷的供电质量。当一回馈线故障时，利用SSTS的快速切换能力（速度不到半周期）将负荷切换到另一回馈线继续供电，切换期间DSTATCOM可向负荷提供1个周期的电能支撑。下面介绍几种有代表性的CP装置的工作原理及其应用状况。

表7-2　各种用户电力控制器及其作用

CP装置	电压突降	瞬间中断	电压突升	瞬时脉冲	电压切痕	电压波动
APF				√	√	
DSTATCOM				√		√
DSC						√
DVR	√		√	√		√
UPQC	√		√	√	√	√
SMES	√		√	√		√
SETC	√		√			
SSCB		√				
SSTS	√	√	√			
SVC-Light	√		√			√

7.2.2.1 固态切换开关（SSTS）

在有备用电源的场合，为了实现不间断供电，传统的方法是用开关断路器，将用户从故障线段切换到无故障的母线上去。目前，在中压和高压系统中所采用的大多为机械切换开关，这种机电开关本身固有的特性使得切换速度和暂态特性都不是十分理想，不可能做到“无缝隙”的切换。另外，机械开关在接通或断开负载时，会发生触头展动、起弧现象而造成触头蚀损、电磁干扰与电能损失，这不但限制了其使用范围，而且使其电气寿命低于机械寿命。而以晶闸管为代表的半导体器件的导通时间可以达到微秒级，且在开关过程中不产生电弧。因此利用基于半导体器件的电力电子开关代替或改造传统的机械切换开关，将有效解决传统机械开关的固有问题，大大提高切换速度和开关的使用寿命，满足敏感和关键负载对供电可靠性和电能质量的苛刻要求。图 7－2 所示为新型固态切换开关的结构示意图，它主要由并联高速机械开关 PS、反并联晶闸管开关 TH_1 和 TH_2 以及用于过电压保护避雷器 AR 等组成[83]。

正常运行情况下，电流被并联开关 PS 旁路掉，晶闸管支路没有电流流过。需要断开时，并联开关 S 打开，同时触发导通晶闸管，电流立即转移至晶闸管支路。在 S 打开时，几乎不会有电弧，即使有也会因为晶闸管的导通而迅速熄灭。之后撤销触发命令，在随后的第一次电流过零点，晶闸管自然关断。同样，需要闭合操作时，先触发导通晶闸管，再闭合机械开关。由于这时晶闸管还在导通，两端压降接近于零，因此，并联机械开关的闭合也不会产生电弧。

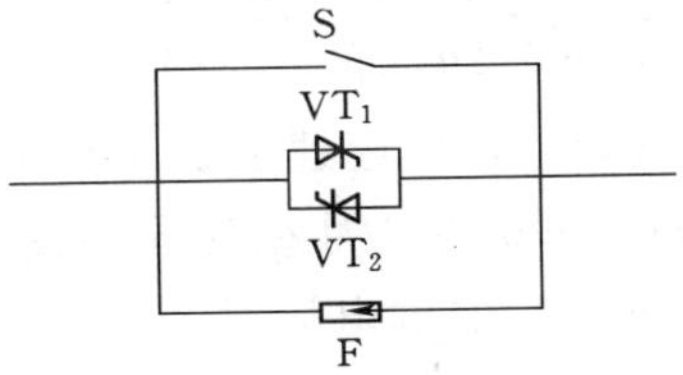

图 7－2 SSTS 原理示意图
S—并联机械开关；VT_1、VT_2—晶闸管开关；F—避雷器

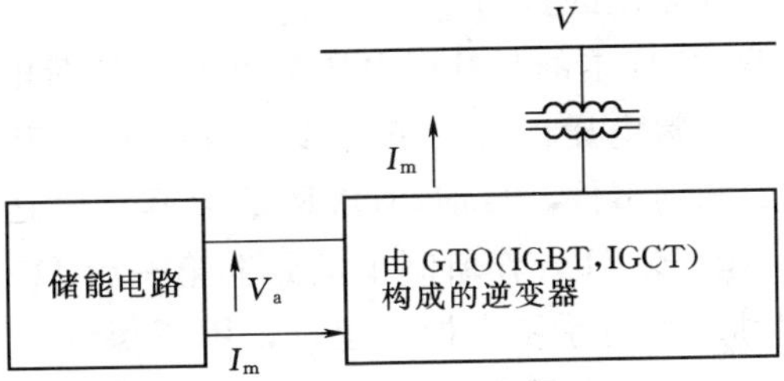

图 7－3 DSTATCOM 原理示意图

7.2.2.2 配电网静止同步补偿器（DSTATCOM）

图 7－3 为 DSTATCOM 的原理图。它主要由基于 GTO、IGBT 或 IGCT 等自关断器件的 VSC 和耦合变压器组成，其中 VSC 通过变压器和母线并联，能替代常规的电压和无功控制元件、有载分接开关、电压调整器和自动投切电容器。DSTATCOM 是一个交流同期电压源。正常时，它可作为无功电源处于低耗备用状态。在发生扰动时，其中 VSC 通过调节输出电压的幅值来控制其输出无功，具有输出感性和容性无功的双向调节能力。通过采用多重化方法，降低了输出电压的谐波成分，不需附加滤波器，因而具有结构紧凑、占地面积小的优点。若将储能装置换为电池，它还可控制输入系统的有功功率。1996 年 12 月，德国北部安装了一台这种装置，是目前欧洲最大的暂态电能质量调节器，至今运行正常。华北电力大学研制的动态无功补偿装置在工频 50Hz 情况下的全部响应时间

为 16ms[83]。

7.2.2.3 动态电压恢复器（DVR）

DVR的结构与DSTATCOM类似，但它是串联在线路上的，如图7-4所示。DVR通过串联变压器在馈线上以电压叠加的方式注入配电系统，用于消除系统对负荷侧的不利影响。DVR使用IGBT或IGCT等固态可关断器件。系统正常供电时，它处于低耗备用状态，IGCT可以减少这种损耗。当系统电压出现突然下降（或上升）时，DVR能快速反应，通过串联变压器向系统注入3个与系统同频的单向交流电压分量，其幅值为正常电压与故障电压之差。通过控制注入电压分量的幅值和相位来实现DVR与系统间的有功、无功双向交换，并将其控制在预设的范围之内，其响应速度可在几毫秒之内。根据电压相位的不同，DVR控制分为同相电压补偿控制和最小能量补偿控制。另需指出，DVR与配电系统间的无功交换是在DVR内部发生的，无需交流无功装置，如电抗器、电容器等。与DVR交流侧所交换的有功功率必须在其直流侧各外部电源或储能装置。即使在没有储能装置的情况下，DVR也可通过注入一滞后负载电流90°的电压分量来补偿由于负载变化引起的电压波动。此外，通过注入一超前故障电流90°的电压分量来增加馈线的实际有效阻抗，可以达到限流的目的[83]。

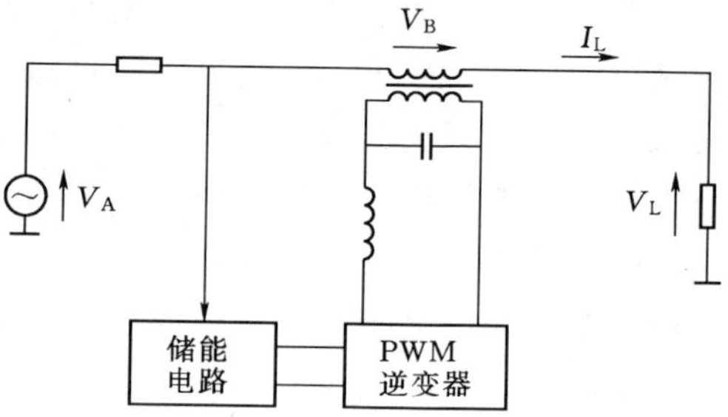

图7-4 DVR原理图

决定DVR成本的是补偿电压最大值和负荷电流值。根据美国EPRI统计结果，在最大补偿值为正常电压的30%时（即DVR的额定容量是负荷功率的30%），大约可消除95%以上的扰动事件。目前，DVR最大容量已达22.5MVA，反应速度在1ms以内。西屋公司和美国EPRI合作研制了世界上第一台DVR，于1996年8月在美国Duke电力公司的12.47kV配电系统中投入运行，用于保证一自动纺纱厂的供电质量。另外，美国一家半导体厂，在装设了6MVA的DVR后，消除了90%的电压骤降对工厂的影响，两年内收回设备投资。可见，DVR投入运行后的经济效益是相当可观的。其他世界著名电力设备供应商也有类似产品问世，如西门子的SIPCONS；ABB的DVR及美国Softswitch公司的DySC（Dynamie Sag Correetor）。在国内，此方面的研究尚停留于理论和试验阶段。

7.2.2.4 统一电能质量调节器（UPQC）

UPQC的主电路由一串联逆变器和并联逆变器组成，两者通过电容耦合，如图7-5所示。并联逆变器采用PWM电流控制技术，进行非线性负载谐波电流及无功补偿，并起调节电容直流电压作用。串联逆变器采用PWM电压控制技术，通过控制其输出电压达到抑制电压谐波，减少电源电压波动对敏感负荷的影响。因此，该装置综合了串联和并联补偿器的优点，是一种综合电能质量补偿器，能解决绝大多数的暂态电能质量问题。其中，补偿分量信号的检测和补偿信号的产生是影响补偿效果的两项关键技术。

西门子公司的UPQC装置是基于IGBT的PWM换流器，为众多此类装置中较有代表性的产品。在国内，东南大学研制的UPQC，工作电压380V；清华大学电机系和澳门大学合作研究的DSTATCOM也属于这类装置[83]。

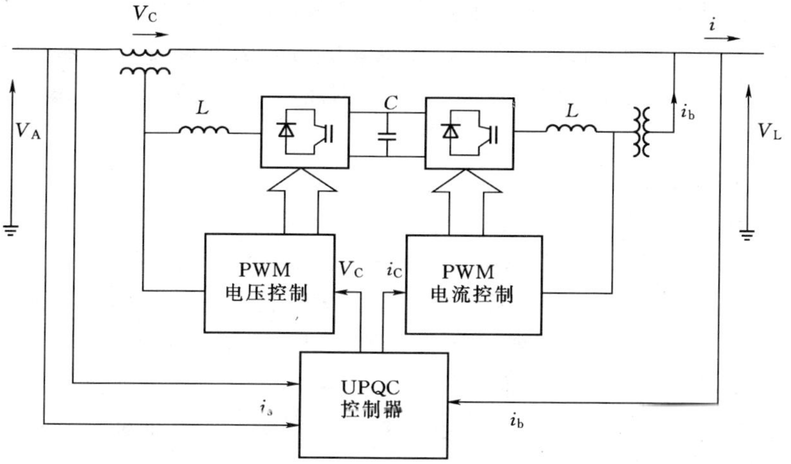

图7-5 UPQC原理示意图

随着社会经济信息化的发展，电力市场化的逐步推进，以及我国正式加入WTO，用户对电能质量尤其是暂态电能质量的要求将越来越高。用户电力技术能显著改善电网的暂态电能质量，净化电网环境，使供电部门有能力提供更高附加值的电能产品，从而产生巨大的经济效益。同时，电力电子器件制造水平及其设备控制水平的提高，使它在技术上也完全可行。可以说，它的出现为把配电网改造成高可靠性、高可控性的柔性配电网提供了一条新途径，在我国配电系统中的应用前景非常广阔。

7.3 有源滤波装置(APF)

7.3.1 谐波的危害和治理措施

国际上公认的谐波含义为："谐波是一个周期电气量的正弦波分量，其频率为基波频率的整数倍"。由于谐波的频率是基波频率的整倍数，也常称之为高次谐波。在国际电工标准（IEC 555-2，1982）和国际大电网会议（CIGRE）的文献中定义："谐波分量为周期量的傅里叶级数中大于1的h次分量"。IEEE标准中定义为："谐波为一周期波或量的正弦波分量，其频率为基波频率的整数倍"。

谐波是由与电力系统相连的各种非线性负载产生的。造成系统正弦波形畸变、产生谐波的设备和负荷称为谐波源。一切非线性的设备和负荷都是谐波源。当电力系统向非线性设备及负荷供电时，这些设备或负荷在传递（如变压器）、变换（如交直流换流器）、吸收（如电弧炉）系统发电机所供给的基波能量的同时，又把部分基波能量转换为谐波能量，向系统注入大量的高次谐波，使电力系统的正弦波形畸变，电能质量降低，损坏系统设备（如电力电容器、电缆、电动机等）。威胁电力系统的安全运行（如继电保护及自动装置误动），增加电力系统的功率损耗（如线损）等，给系统（包括受其供电的线性用户）带来危害[86-88]。

在电力电子设备广泛应用以前，人们对谐波及其危害就进行过一些研究，并有一定认识，但那时谐波污染还不严重，没有引起足够的重视。近三四十年来，各种电力电子装置的迅速普及使得公用电网的谐波污染日趋严重，由谐波引起的各种故障和事故也不断发生，谐波危害的严重性才引起人们高度的关注。谐波对公用电网和其他系统的危害大致有以下几个方面：

（1）对电力系统的危害。

1）谐波使公用电网中的元件产生了附加的谐波损耗，降低了发电、输电及用电设备的效率，大量的3次谐波流过中性线时会使线路过热甚至发生火灾。

2）谐波影响各种电气设备的正常工作。谐波对电机的影响除引起附加损耗外，还会产生机械振动、噪声和过电压，使变压器局部严重过热。谐波会使电容器、电缆等设备过热、绝缘老化、寿命缩短，甚至损坏。

3）谐波会引起公用电网中局部的并联谐振和串联谐振，从而使谐波放大，这使上述1）和2）的危害大大增加，甚至引起严重事故。

4）谐波会导致继电保护和自动装置的误动作，并会使电气测量仪表不准确。

（2）谐波对信号系统的影响。

1）谐波会对邻近的通信系统产生干扰，轻者产生噪声，降低通信质量；重者导致信息丢失，使通信系统无法正常工作。

2）谐波使重要和敏感的电子设备和自动控制系统工作紊乱。

3）谐波可以导致电力电子装置自身的控制系统不能正常工作。

综上所述，电网谐波是继电网电压波动、电网频率变动之后的电网第三大公害，严重污染了企业配电网和附近其他电力用户的安全用电环境，且随着企业现代化水平的提高，将会有更多的电力电子装置投入运行，企业配电网和公用电网的谐波污染将更为严重。因此，进行电网的谐波补偿既是依法用电的强制要求，也是电网安全经济运行的客观需要，对谐波抑制策略及其相关技术进行研究具有重大的理论意义和实际意义。

目前，在电力系统中抑制或减小电力电子装置谐波污染问题主要从两个方面进行：第一方面是从产生谐波的谐波源装置本身入手，在这些装置设计时就考虑减小谐波的方法，增加谐波抑制环节，以减小电网的谐波注入量。如增加谐波源整流装置的脉动相数、采用PWM调制技术或软开关技术、采用有源功率因数技术等都可以降低整流装置产生的谐波成分。对谐波源本身进行改造是一种积极有效的谐波消除方法，但它仅仅是对自身性能的改进，无益于已有电网性能的改善。因此，对已投入运行的系统进行谐波抑制，须采用另外一种途径，即加装谐波抑制装置，如无源电力滤波器或有源电力滤波器。

装设谐波补偿装置的传统方法就是采用LC无源滤波器（PF）。它利用电感、电容元件的谐振特性，在阻抗分流回路中形成低阻抗支路，从而减小流向电网的谐波电流。这种方法既可补偿谐波，又可补偿无功功率，而且结构简单，成本较低，技术成熟，一直被广泛应用。这种方法的主要缺点如下：

（1）滤波性能受系统参数的影响较大。系统的结构、工作状态和电源频率漂移都会导致LC滤波器的滤波特性改变，使其难以获得预期的滤波效果。

（2）只能抑制按设计要求规定的谐波成分。单调谐滤波器只能消除特定次数的谐波，高通滤波器只能消除截止频率以上的谐波，有时由于高次谐波成分较多，必须同时加入多个滤波器，使整个滤波装置的成本和体积增加。

(3) 不能对谐波实现动态补偿。尤其是对于谐波次数经常变化的负载滤波效果不好。

(4) 可能与电力系统发生串并联谐振。造成电压畸变而产生附加的谐波电流流入 LC 滤波器，使该次谐波分量放大，使电网供电质量下降。

(5) 谐波电流增大时，LC 滤波器的负担随之加重，可能会引起滤波器的过载，电网中的某次谐波电压可能在 LC 网络中产生很大的谐波电流。

(6) 滤波要求和无功补偿、调压要求有时难以协调。功能相对来说比较少。

(7) 有效材料消耗多，体积比较大。

为了克服无源滤波器的不足，有源电力滤波器（APF）应运而生。APF（包括 Hybrid Active Power Filter，HAPF）也是给谐波电流或谐波电压提供一个在谐振频率处等效导纳为无穷大的并联网络或等效阻抗为无穷大的串联网络，但是一台 APF 理论上可以拥有无穷多个谐振频率。APF 的基本原理是从补偿对象中检测出谐波电流，由补偿装置产生一个与该谐波电流大小相等而极性相反的补偿电流，从而使电网电流只含基波分量。这种滤波器能对频率和幅值都变化的谐波进行跟踪补偿，且补偿特性不受电网阻抗的影响，因而受到广泛的重视。与 PF 相比，APF 具有高度可控性和快速响应性，其具体优点如下：

(1) 具有多种补偿功能，不仅能够补偿各次谐波，还可以抑制闪变、补偿无功功率和负序电流等，具有一机多能的特点。

(2) 滤波性能不受系统阻抗的影响，即使系统的结构或是运行状态发生了改变，APF 的仍然会取得良好滤波性能。

(3) 不会与系统阻抗发生串联或并联谐振，还可以使已装载的 PF 避免发生谐振。

(4) 具有自适应功能，能够迅速对频率和幅值发生变化的谐波进行动态跟踪补偿。

(5) 不会因补偿对象电流过大出现过载，由于装置本身能完成输出限制，因此即使谐波含量增大也不会过载，并能正常发挥补偿作用。

(6) 具有良好的性价比，用一台装置就能完成多次谐波的治理。

(7) 谐波补偿特性不受电网频率变化的影响。

(8) 即可对一个谐波源单独补偿，也可以对多个谐波源和无功源进行集中补偿。

尽管 APF 具有无源滤波器所不具备的巨大技术优势，但目前要想在电力系统中完全取代无源滤波器还不太现实。这是因为与无源滤波器相比较，APF 的成本较高、对功率半导体器件的要求较高，这也是限制 APF 推广使用的关键。随着电力电子工业的不断发展，基于瞬时无功功率理论的谐波检测方法的不断完善，以及微机控制技术和数字信号处理技术的不断进步，APF 必然会得到广泛的应用。

7.3.2 APF 国内外现状

当 20 世纪 70 年代初期有源滤波器 APF 的概念出现时，由于受当时功率半导体器件水平的限制，APF 一直处在实验研究阶段。20 世纪 80 年代以来，由于大中功率全控型半导体器件的成熟，脉冲宽度调制（PWM）控制技术的进步，以及基于瞬时无功功率理论的谐波电流瞬时检测方法的提出，有源电力滤波器才得以迅速发展。1976年，Gyugyi L等提出了用大功率晶体管PWM逆变器构成的有源电力滤波器APF，并正式提出了有源滤波的概念。1986年，Akagi H等提出了用并联有源滤波器消除谐波的方法，并联有源滤波器可以克服上述无源滤波器所存在的不足。但是，由于电源电压直接加在逆变桥上，对开关器件电压等级要求高；负载谐波电流含量高时，这种有源滤波装置的容量也必须很大，投资也大；因为兼顾大的补偿容量和宽的补偿频带比较困难，所以它只适合于电感型负荷的谐波补偿。1987年，Takeda M等提出用并联APF和并联PF相结合的混合型有源电力滤波器方案，在这种电路中，APF仍起着谐波补偿的作用，PF滤除大部分谐波，因此APF容量很小。但这种装置在使用时，电网与APF及APF与PF之间存在谐波通道，特别是APF与PF之间的谐波通道，可能使APF注入的谐波又流入PF及系统中。1988年，Peng F Z等首先提出串联APF加并联PF的结构，由于大部分谐波由相对廉价的PF滤除，装置成本相对较低，这种结构的缺点是：对低次谐波或电网中的闪变分量，该方法不能消除；当负载电流中存在无源滤波器不能滤除的谐波时，APF会强制这部分谐波流入PF，这将在负载端产生谐波电压；由于APF串联在系统中，所以绝缘较困难、维修也不方便。1991年Fujita等提出APF与PF相串联后再与电网并联的混合型方案，该方案可以等效为Peng F Z的方案，不仅具备了Peng F Z方案的特点，滤波效果好，APF容量仅为PF的5%～10%，节省了大量投资，而且由于注入变压器连接在Y型连接的PF的中性点上，方便保护和隔离，克服了其不足之处，因此更适合于高电压系统应用。混合滤波器可降低治理投资、改善传统滤波器的技术性能，是未来抑制谐波的应用方向[91-93]。

目前，世界上APF的主要生产厂家有日本三菱电机公司、美国西屋电气公司、德国的西门子公司等。自从1981年以来，在日本已有500多台APF投入运行，容量范围由50kVA到60MVA。从近年的研究和应用中可以看出APF具有如下的发展趋势：

（1）提高有源滤波器的精度。研究高精度的电流和电压检测方法，通过采用PWM调制和多重化技术以提高开关器件的等效开关频率，实现对高次谐波的有效补偿。

（2）降低有源滤波器成本。有源滤波装置从经济上考虑，可以采用APF与LC无源滤波器并联使用的混合型有源滤波系统，以减小APF的容量，达到降低成本、提高效率的目的。

（3）增大补偿装置容量。大容量的高次谐波补偿装置随着电力电子装置日益广泛的应用，也变得愈来愈重要，特别是兼作闪变抑制用的有源滤波器及功率因数补偿的装置则更是如此。从长远看，混合型APF由于其功能强大、性价比高，将是一种很有发展前途的有源滤波装置。

（4）改善补偿性能。有源滤波器的电流控制和脉宽信号的产生方式是影响有源滤波器补偿性能的两个主要因素，如何实现新的控制方法以提高有源电力滤波器的补偿效果和动、静态性能、实现有源滤波器的最优控制仍需要进一步研究。

（5）优化电路参数。降低逆变器主电路的容量要求、损耗和造价。

（6）装置多功能化。将有源滤波器应用到多个方面，使其用途更加广泛，如谐波补偿、无功补偿、闪变补偿和电压调整等。

同国外先进技术水平相比较，我国对谐波问题的研究起步较晚，吴竞昌等于1988年出版的《电力系统谐波》一书是我国有关谐波问题较有影响的著作。夏道止等于 1994 年出版的《高压直流输电系统的谐波分析及滤波》是近代出版的代表性著作。此外，唐统一和容健纲分别独立翻译了 J Arrillaga 等的《电力系统谐波》一书，总的来讲，我国在谐波治理各方面的研究工作仍存在着一定差距。谐波治理问题的研究涉及到一些关键理论和技术，因此，既要努力加强这些关键理论和技术的研究工作，跟踪并赶超世界发达国家在谐波治理方面的先进技术，又要从谐波治理的整体出发，使其中各关键理论和技术的研究有机结合，从而形成输配电网谐波治理问题的理论体系和解决方案，对谐波治理工作进行理论和实践指导，推动我国谐波治理的进程，为净化电网、保障人们的生产和生活做出贡献。

7.3.3 APF 原理

图 7-6 所示为最基本的有源滤波器系统构成的原理图。图中 e_s 表示交流电源，负载为谐波源。有源滤波器系统由两大部分组成，即电流检测电路和补偿电流发生电路(PWM 信号发生电路、逆变器驱动电路和主电路三个部分构成)。其中，电流检测电路的作用是检测出补偿对象电流中的谐波分量。补偿电流发生电路的作用是根据检测的谐波电流信号计算产生实际的补偿电流。PWM 信号发生电路主要是对补偿电流信号进行 PWM 信号调制。逆变器驱动电路是将所需的补偿电流功率放大，以驱动功率模块 GTO/IGBT。主电路目前大多采用 PWM 变流器。

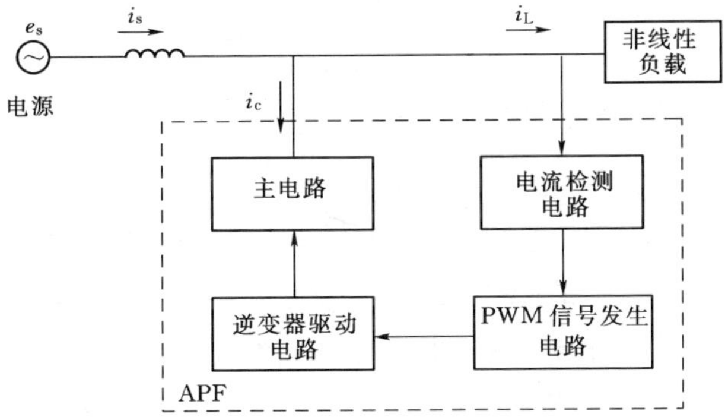

图 7-6 并联型有源滤波器系统构成

图 7-6 为有源滤波器的基本工作原理，检测补偿对象的电压和电流，经运算电路计算得出补偿电流的控制量信号，该信号经补偿电流发生电路放大，得到补偿电流，补偿电流与负载电流中的谐波电流抵消，最终得到期望的电源电流。例如，当需要滤去负载所产生的谐波电流时，有源滤波器检测出补偿对象负载电流 i_L 谐波分量 i_{Lh}，将其反极性后作为补偿电流的控制量信号 i_c^*，由补偿电流发生电路产生补偿电流 i_c 即与负载电流中的谐波分量 i_{Lh} 大小相等、方向相反，因而两者互相抵消，使得电源电流 i_s 中只含基波，不含谐波。这样就达到了抑制电源电流中谐波的目的。上述原理可以表示为

$$\begin{cases} i_s = i_L + i_c \\ i_L = i_{Lf} + i_{Lh} \\ i_c = -i_{Lh} \\ i_s = i_L + i_c = i_{Lf} \end{cases} \tag{7-1}$$

式中 i_{Lf}——负载电流的基波值。

前面有源电力滤波器基本原理介绍的只是有源滤波器中最早的也是最基本的一种，即

并联型有源滤波器。有源滤波器经过多年的发展，已派生出了多种类型，为尽量发挥有源滤波器的特长、提高其性能，并尽量减小其容量，出现了串联混合型有源滤波器、并联混合型有源滤波器等。

有源滤波器可以从不同的角度分类，通常将有源滤波器按照逆变器结构、主电路拓扑结构和相数进行分类。逆变器结构可以是电流源型逆变器（CSI）或是电压源型逆变器（VSI）；主电路的拓扑结构可分为并联型、串联型或串并联混合型；按照相数来分可以分为单相系统、三相三线系统和三相四线系统三种结构。

有源滤波器根据其与系统连接的电路拓扑结构可以分为串联型有源电力滤波器、并联型有源电力滤波器、串并联结合型的统一电能质量调节器、混合型滤波器（有源滤波器和无源滤波器的结合）和注入式有源电力滤波器。

图7-7所示为一独立运行的串联型有源电力滤波器的结构框图。在负载之前利用变压器与系统相串联来消除电压谐波，并且平衡和调节负载的终端电压。这种串联型的有源电力滤波器主要用来减小三相系统的谐波电压、负序电压和平衡三相不平衡系统。串联型有源电力滤波器输出补偿电压，抵消由负荷产生的谐波电压，使供电点电压波形成为正弦波。串联型有源电力滤波器和并联型有源电力滤波器可以看作是对偶的关系。负载谐波含量较大时，串联型有源滤波装置容量也很大，初期投资也很大。

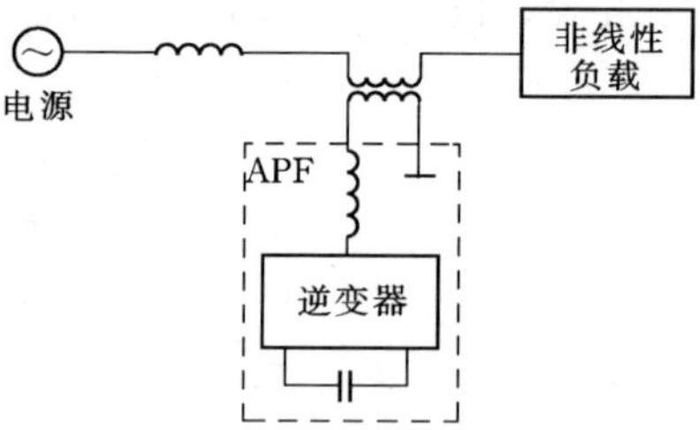

图7-7 单独使用的串联型APF

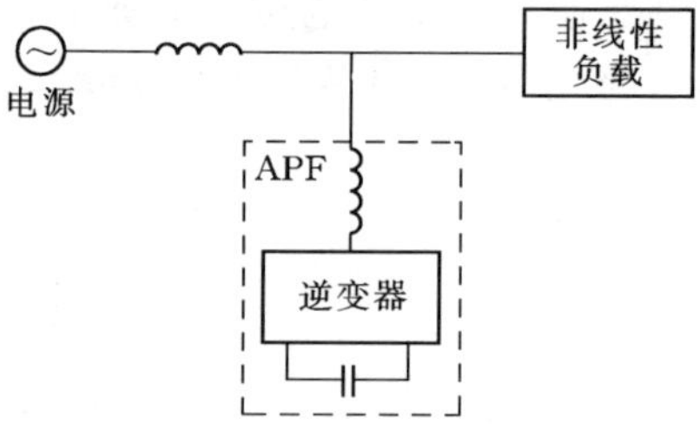

图7-8 单独使用的并联型APF

图7-8所示为一个单独使用的并联型有源电力滤波器，目前应用最为广泛，可以用来消除电流谐波、进行无功补偿和平衡三相不平衡电流。因为电流谐波主要是由非线性负载注入系统当中，所以并联型有源电力滤波器主要设置在负载侧用来就地进行谐波补偿。它注入与谐波电流大小相等，方向相反的补偿电流来消除连接点的负荷电流中的谐波。它同时也可以作为一个静止无功补偿器来调节系统无功。但是由于交流电源的电压直接（或经变压器）施加到逆变器上，且补偿电流基本由逆变器提供，所以需要逆变器具有较大的容量。这是并联型有源电力滤波器的主要缺点。

图7-9所示的是混合型有源电力滤波器HAPF（Hybrid Active Power Filter），由有源滤波器和无源滤波器的组合结构。这种滤波器结构目前比较普遍，这种方式是为了克服并联型有源滤波器要求容量较大这一缺点而提出来的。其基本思想是利用LC滤波器来分担有源滤波器的部分补偿任务。由于LC滤波器与有源滤波器相比，其优点在于结构简单、易实现且成本较低，而有源滤波器的优点是补偿性能好。两者结合同时使用，即可克服有源滤波器容量大、成本高的缺点，又可以使整体系统获得良好的性能。

并联型有源滤波器与LC滤波器混合使用的方式又可以分为两种：一种是图7-9（a）

有源滤波器与LC滤波器并联，两者均与谐波源并联接入电网，LC滤波器主要补偿比较固定变化较慢的无功部分和频率较高的谐波成分，有源滤波器补偿变化较快的冲击性无功和频率较低的谐波成分，这种方式的缺点是电网与有源滤波器及有源滤波器和LC滤波器之间存在谐波通道，可能使有源滤波器注入的谐波又流入LC滤波器及系统中，并且有源滤波器仍然承受全部基波电压。另一种是图7-9（b）有源滤波器与LC滤波器串联，LC滤波器承担绝大部分补偿谐波和无功的任务，有源滤波器的作用是改善整个系统的性能，防止LC滤波器与电网阻抗发生谐振，其所需的容量与单独使用方式相比可以大幅度的降低。其缺点是不能进行大功率无功补偿，并需针对特征谐波选取LC滤波器的调谐频率，不适于非特征谐波源的补偿，且有源滤波器要承受部分基波电压。

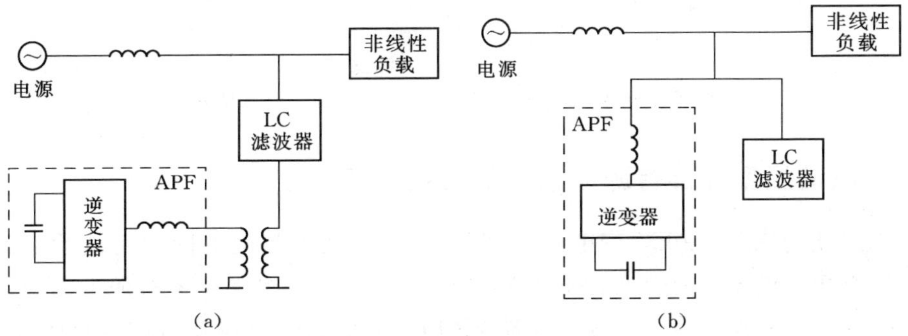

图7-9 混合型APF原理图

（a）并联型APF+并联PF的HAPF；（b）APF与PF串联后并联接入电网的HAPF

串联型有源滤波器与LC滤波器混合使用是在并联的负载和LC滤波器之间串入有源滤波器。其特点是谐波基本是由LC滤波器补偿，而有源滤波器的作用是改善LC滤波器的滤波特性。可将有源滤波器看作一个可变阻抗，对基波阻抗为0，对谐波却呈现高阻抗，从而迫使谐波电流流入LC滤波器，这样还可以抑制电网阻抗对LC滤波器的影响，以及抑制电网与LC滤波器之间可能发生的谐振，从而极大地改善LC滤波器的性能。这种结构的缺点是：在低次谐波及其他频率处，要使APF的等效谐波电阻远远大于无源滤波器等效阻抗是很困难的，因此对电网中的闪变分量，用该方法不能实现隔绝；当负载电流中存在无源滤波器不能滤除的谐波时，由于APF强制这部分谐波流入无源滤波器，这将在负载端产生谐波电压；由于APF串联在电路中，绝缘较困难，维护也不方便。

图7-10所示为注入式有源滤波器，这是为降低有源滤波器容量而提出的又一种方式，根据电感电容电路谐振特性的不同，注入式电路方式又分为LC串联谐振和LC并联谐振注入型有源滤波器。在图7-10（a）的串联谐振注入型有源滤波器中，LC网络在基波频率处发生串联谐振，阻抗很小，逆变器不承受基波电压，而对于高于基波频率的谐波分量，LC网络阻抗较大，有源滤波器产生的谐波电流绝大部分将流入主电路，支路上端的电容还可起到无功补偿的作用。但是要同时获得较好的谐波补偿性能和较小的有源装置容量比较困难，而且支路上端的电容将很大。图7-10（b）并联谐振注入型有源滤波器原理与之类似，LC网络在基波频率处发生并联谐振，阻抗很大，基波电压基本上加在LC网络上，而对于高于基波频率的谐波分量，LC网络阻抗很小，并应该远小于支路中

另一个电感的谐波阻抗，则有源滤波器产生的谐波电流的绝大部分也将流入主电路。并联谐振注入型有源滤波器不能补偿无功功率，因为支路上端的并联谐振电路的基波阻抗很大，难以产生较大的基波无功电流注入主电路。

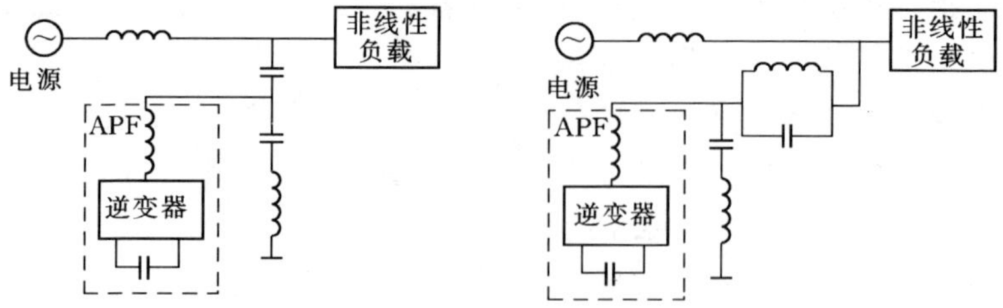

(a)　　　　(b)

图 7－10　注入式有源滤波器

(a) LC 串联谐振注入型 APF；(b) LC 并联谐振注入型 APF

7.3.4　串联谐振型混合有源滤波器的工程介绍

本节以贵溪冶炼厂 110kV 变电站主变压器 6kV 低压侧配电网的谐波治理为研究对象，介绍新型串联谐振型混合有源滤波器（SRTHAF）及中等功率有源电力滤波器的工程应用技术。串联谐振型混合有源滤波器 SRTHAF 装置与电网连接的示意图如图 7－11 所示[98]。该 6kV 配电网上的主要谐波污染源为一个三相可控整流装置和电弧炉。负载正常工作情况下，且谐波电流未经补偿时，电网总的电流谐波畸变率为 15.8%，电网总的电压谐波畸变率为 2.1%。

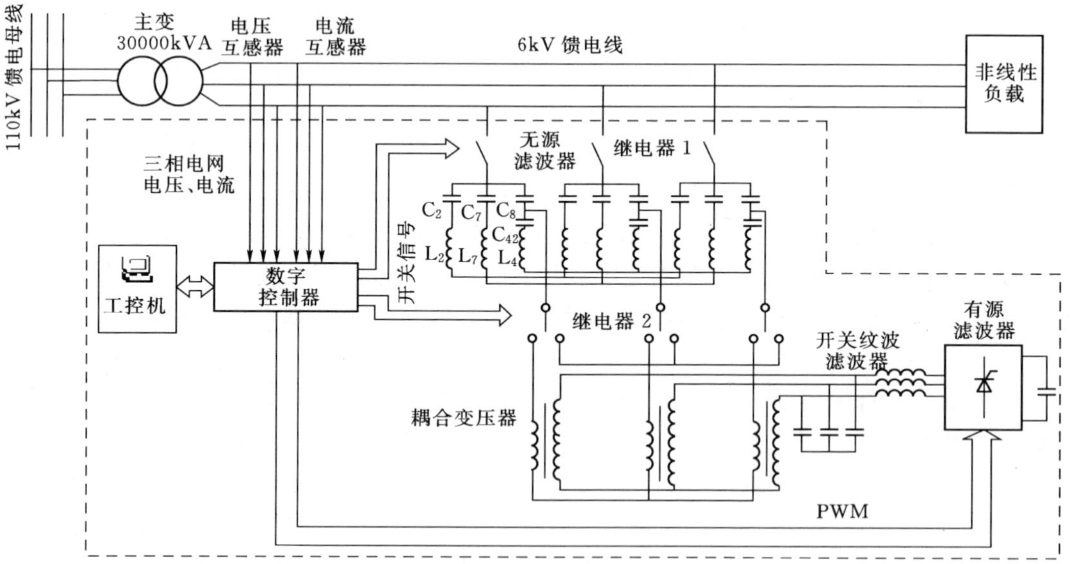

图 7－11　SRTHAF 装置与电网连接示意图

图 7－11 虚线框内即为本文新型串联谐振型混合有源滤波器 SRTHAF 的构成，包括由单调谐无源滤波器组 LC、串联谐振型注入式电路、耦合变压器、开关纹波滤波器、电

压型逆变器 VSI、直流侧电容器及其他的辅助设备（如高压开关、压敏电阻等）等组成的主电路模块、由数字控制器等组成的控制电路模块和工控机三部分。工控机主要完成电网各支路电压和电流实时数据的显示、故障检测、提供友好的人机交互、与控制器通信的功能等功能。串联谐振型混合有源滤波器 SRTHAF 装置实物图和安装示意图如图 7－12 所示。

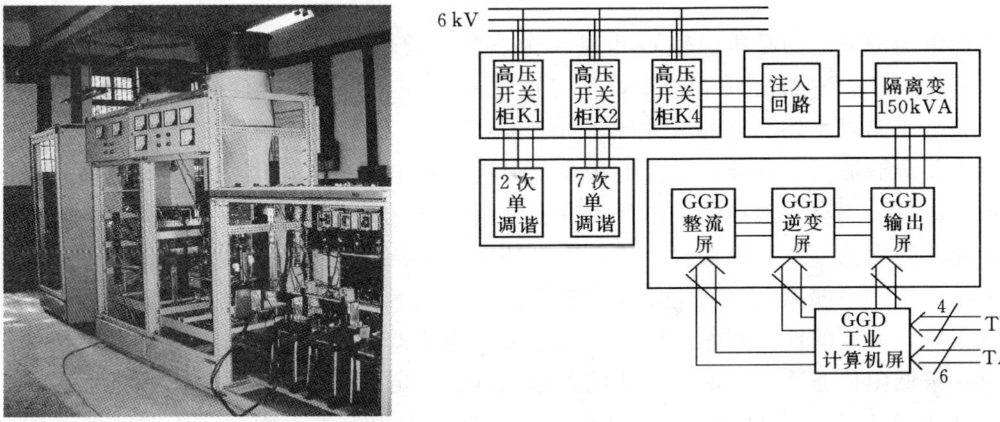

(a)　　(b)

图 7－12　SRTHAF 装置图

(a) SRTHAF 装置实物图；(b) SRTHAF 装置安装示意图

主电路模块是系统的核心部分，起着治理谐波的关键作用。其中单调谐无源滤波器组 LC、串联谐振型注入式电路和开关纹波滤波器在串联谐振型混合有源滤波器 SRTHAF 中都担任重要的角色，其性能的优劣对 SRTHAF 的影响非常大；电压型逆变器 VSI 及直流侧电容器是 SRTHAF 的关键部分，直接决定了 APF 的性能；耦合变压器和其他的辅助设备（如高压开关、压敏电阻等）的参数选择也都对 SRTHAF 的正常工作有很大的影响。

7.3.4.1　无源滤波器 LC 的设计

在 SRTHAF 结构中，无源电力滤波器 LC 的功能主要有：

(1) 给谐波电流提供低阻抗通道。

(2) 合理地进行部分基波无功补偿。

为了实现功能一，无源滤波器一般采用多个单调谐滤波器和高通滤波器组成，单调谐滤波器的调谐频率和高通滤波器的截止频率根据电网的主要谐波分量确定，对于贵溪冶炼厂来说，它主要向电网注入的低次谐波电流，其中 2 次和 7 次谐波含量较为突出，高次谐波含量很少，因而无源电力滤波器设计为包含 2 次、7 次单调谐滤波器。

为了实现功能二，就要合理地配合无源滤波器的电感和电容值。电感值相对较大，电容值相对较小时，无源滤波器在非谐振频率处的等效阻抗相对较大，反之则较小。因此，一般通过取较大的电容和较小的电感来获得较小的基波阻抗，从而可以使其具有较大的无功补偿能力。

同时，无源滤波器 LC 各组谐波容量的计算不仅要包含各自所滤除的谐波容量，还要加上10%的背景谐波容量。系统中谐波源的投入与工作情况是变化的，若不考虑背景谐波，无源滤波器容易发生过载。此外，设计时应保证在正常失谐的情况下无源滤波器仍能满足各项技术要求。正常失谐是指系统正常频率漂移、PF参数的温度漂移以及允许的制造误差。我国电力系统的正常频率偏差范围是±0.2Hz，特殊情况下也不得超过±0.5Hz。温度变化时电容值可能变化±2%，制造误差从−5%到+10%，电感的制造误差约有±3%。

无源电力滤波器的品质因数Q也是一个非常重要的参数，它决定着无源滤波器的性能，Q值越大，滤波器的频带越窄，信号的选择性越好。当Q值较大时，理想情况下，无源滤波器支路对主要次数的谐波频率（2次、7次）的阻抗接近于零，绝大部分负载谐波电流由无源滤波器支路分流，仅有极少部分的谐波电流分流至电网支路，这时，电网中的谐波电流得到了有效地抑制。但是，在实际情况下，由于多种原因，无源电力滤波器参数的变化使得谐振频率严重偏移，或者电网频率由于某些原因发生变化，都会使无源电力滤波器的谐振频率偏离电网的主要谐波频率点，造成无源滤波器支路对电网主要谐波频率的阻抗很大，滤波的性能变差。因此，为了使得滤波器支路在谐波频率漂移后，仍然给谐波提供一条低阻抗通道，无源电力滤波器必须具有一定的频带宽度。滤波器的频带宽度和其品质因数Q有关，而Q值的大小和滤波器的谐振电阻有关，因此，无源滤波器的电阻往往是必要的。在实际应用中，常利用滤波器元件本身的内阻来保证滤波器具有一定的频带宽度。

根据上述原则，本系统中采用投资费用最小的方法设计出无源滤波器。无源滤波器参数如表7-3所示。

表7-3　　无源滤波器参数

2次	$L_5=36.22$mH/500A	$C_5=70\mu$F/10kV	$R=0.01\Omega$
7次	$L_7=14.77$mH/500A	$C_7=14\mu$F/10kV	$R=0.01\Omega$

7.3.4.2　串联谐振型注入式电路的设计

有源电力滤波器的容量取决于其承受的电压和流过的电流。注入式电路方式正是用电感和电容构成注入回路，利用电感电容电路的谐振特性，使得有源电力滤波器只需承受很小部分的基波电压，从而极大地减小有源电力滤波器的容量。如图7-11所示，L_4和C_{42}在基波频率处发生串联谐振，阻抗很小，基波电压绝大部分都降落在电容C_{41}上，逆变器只承受很少部分的基波电压，而对于高于基波频率的谐波分量，L_4和L_{42}网络阻抗较大，APF产生的谐波电流绝大部分将流入主电路。C_{41}、C_{42}、L_4以及有源部分的L_1和C_1共同构成的谐波注入支路谐振在4.14次，C_{41}、C_{42}和L_4谐振在2.12次，同时，C_{41}还兼有无功补偿的作用，它们的参数如下：$C_{41}=100\mu$F/10kV，$C_{42}=350\mu$F/10kV，$L_4=28.95$mH/500A。

7.3.4.3　耦合变压器的设计

在混合有源电力滤波器中，耦合变压器起着电压隔离和原副边电压/电流等级匹配的作用。在设计耦合变压器时，应着重考虑变压器的变比，变比的选择将决定后面逆变电路的电压和电流额定值。根据耦合变压器原边电压和副边电流，就可选择适当的变比，使得逆变电路的额定电压和额定电流的要求都不是那么极端。本文中耦合变压器的变比选为 1∶4。

串联谐振型混合有源滤波器 SRTHAF 要求耦合变压器在所有频段内都具有良好的频率特性，至少在电网主要谐波频率所在的频段内应具有接近理想的频率特性，即原副边电压比等于变压器变比，原副边电流比等于变比的倒数。变压器的耦合作用不应影响信号的相位，或耦合变压器对信号相位的影响应限制在一个可接受的范围之内，否则，整个有源滤波系统的补偿特性将受到影响，特别是有源补偿系统的动态跟踪性能将受到很大的影响。此外，耦合变压器的漏感设计得越小越好，变压器的漏感越小，损耗越小，变压器的频率特性也越好，同时，也有利于有源滤波器容量要求的降低。

7.3.4.4 电压型逆变器 VSI 及直流侧电容器的设计

本系统中逆变电路是电压型 PWM 逆变电路，它的设计包括功率开关器件的选取和直流侧电容的选择两部分。在功率开关器件的选取方面，IGBT 兼有 MOSFET 和 GTR 的优点，具有导通电阻小、开关速度快、驱动功率小、工作频率较高、耐压高、承受工作电流大等优点，在大功率电力电子器件的应用中，已取代 MOSFET 和 GTR 成为应用的主流。再根据所要补偿的谐波电流标准 300A/380V，为了留有余量，逆变器开关器件 IGBT 的等级取为 800A/1200V，选用三菱公司的智能功率模块 PM800HSA120。这是一款单管封装的智能功率模块 IPM，集成了 IGBT 及其驱动电路和短路、过热、过流、欠压保护电路，不仅使系统可靠性高，而且可以缩短系统的开发周期。

在直流侧电容的选取方面，直流侧电容的容值越大，电压波动就越小，但电容器的成本也就越高，同时装置的体积随之增大，故在保证电压波动要求的前提下应尽量减小直流电容的容值。由于逆变器直流侧电压 U_{dc} 由三相二极管整流桥充电和维持，所以三相全控桥式电路直流侧电压平均值 U_d 为 514V。

直流侧电容的容值主要取决于直流电压的脉动大小，根据工程设计的经验有以下计算公式

$$C=\frac{I_F}{U_d f_{min}\sigma}K_\Phi \tag{7-2}$$

式中 I_F——逆变器的额定输出电流方均根值（A）；

U_d——直流电压平均值；

f_{min}——逆变器的最低输出频率；

σ——允许直流电压频率低峰值纹波因数；

K_Φ——负载位移因数角 Φ 有关的系数。由上式各计算出直流侧电容容值为 30000μF。

串联谐振型混合有源滤波器 SRTHAF 的三相桥式电压型逆变器采用了智能功率模块（IPM）。IPM 智能功率模块是集门极驱动和短路、过流、欠压、过热等保护功能于一体的 IGBT 功率器件，其结构紧凑、性能稳定、工作可靠，因此能大大地缩短产品的开发和调试周期。但 IPM 工作在较高的开关频率（如 6.4kHz），会在关断和开通的时候产生强烈的电磁干扰，轻则导致系统上下位机通信失败，重则导致 IPM 模块烧毁。引起大功率 IPM 过电流的主要因素是母线电感和缓冲电路及其元件内部的杂散电感，而且电感越大，则过电压越大。因而，大功率 IPM 电路要求母线电感和缓冲电路及其元件内部的杂散电感愈小愈好。要减小这些电感，需从多方面入手。

（1）采用层状母线结构：如采用传统的母线设计方式，由于大功率 IPM 的模块体积较大和散热的需要，难以实现低寄生电感的需要，为此本装置采用了层状的特殊母线结构。在层状母线结构的设计中，用由绝缘层间隔的宽铜板来连接直流电容和 IPM 模块，这种超宽型的正负母线设计可以大大减少主回路的寄生电感。为了进一步减少寄生电感，同桥臂两个 IPM 之间的连接以及阻容电路都采用层状铜板的形式，并尽可能地靠近 IPM 模块。

（2）缓冲电路的优化设计：本装置缓冲电路选用低电感的聚丙烯无极电容 1.37μF/1200V、无感泄放电阻 36Ω/100W，以及与 IPM 相匹配的快速缓冲二极管 1200V/100A，如图 7－13 所示。

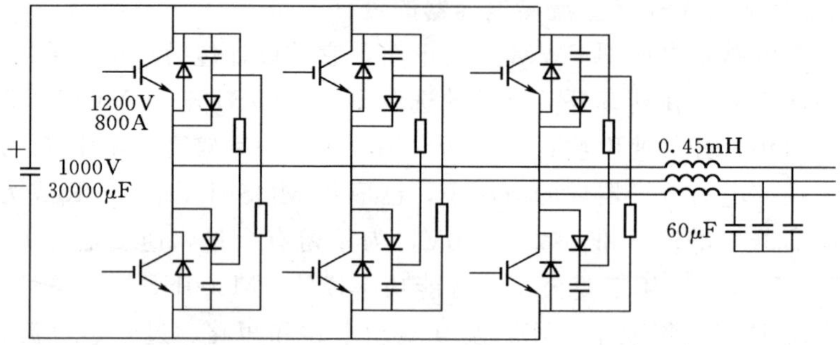

图 7－13　逆变器总体结构

（3）IPM 接口电路的设计：IPM 接口电路必须采用光隔，光隔输出脚和 IPM 引脚之间的走线应尽量短，并且应采用具有高共模抑制比（CMR）的高速光隔。

7.3.4.5　控制电路模块的设计

控制系统是有源电力滤波器的核心，决定了有源电力滤波系统的各项主要性能和指标。为了满足有源滤波系统控制实时性的要求，使所设计的串联谐振型混合有源滤波器 SRTHAF 有良好的动态性能指标，有源电力滤波器的控制采用了核心为 DSP（TMS320F240）的数字化控制方案，如图 7－14 所示，并且，外围器件全部选用高速器件，这种做法的另外一个好处是省略了接口电路的设计，提高了控制板的可靠性。控制电路模块主要完成的功能有：同步工作脉冲和 A/D 采样启动脉冲的生成、电网电流、电压的采样、PWM 控制脉冲的生成、检测各种保护和故障信号，以及谐波电流的分析与计算等。

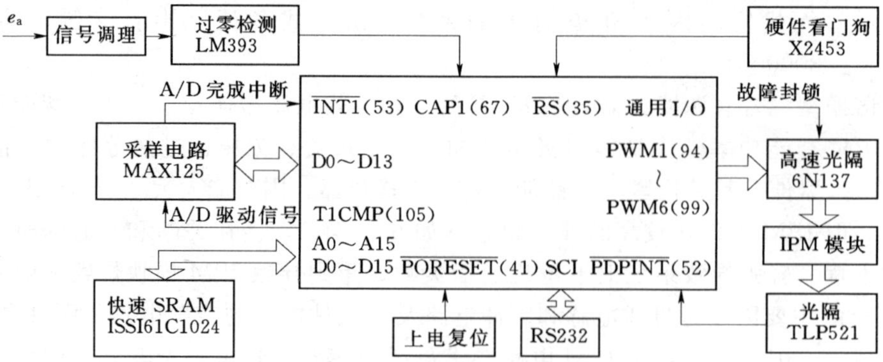

图 7－14　控制电路模块结构图

图 7-15 为大功率并联混合型有源滤波装置投入前后的电网电流波形。从图中可以看出，装置投入后的母线电流波形得到明显改善，电网谐波电流大大降低。同时，由于综合补偿了一定的无功功率，功率因数由投入前的 0.76 上升到 0.94。装置现场运行数据分别为：补偿前电网中 2、5、7、11、13 次的谐波畸变量分别为 4.82%、10.33%、8.02%、2.44%、2.04%；仅投入无源滤波器时各次谐波畸变量分别为 2.09%、6.60%、5.41%、1.30%、1.33%，继续将有源部分投入后，则各次谐波畸变量分别降为 0.88%、2.21%、1.74%、0.60%、0.71%。工程应用结果表明大功率有源滤波系统能够有效地抑制电网谐波，滤波效果良好，综合治理后电网谐波含量优于国标，达到了预期的设计目标。

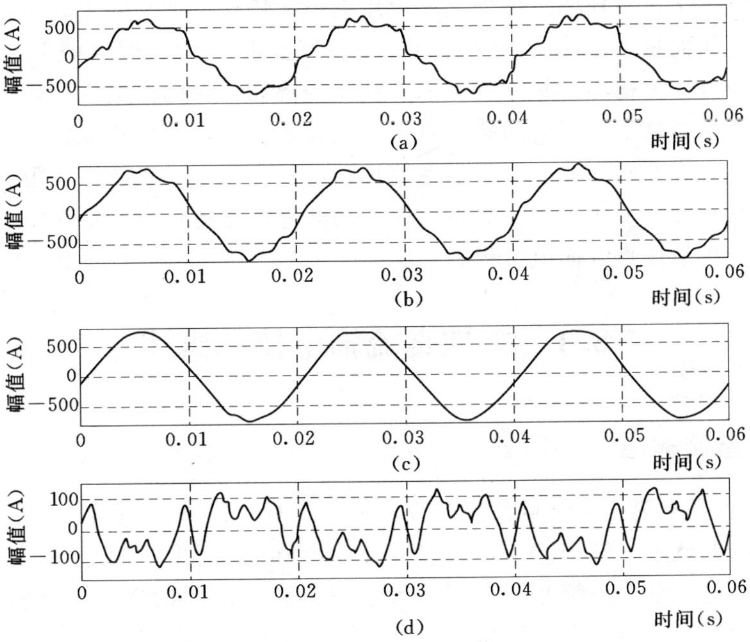

图 7-15 混合型有源滤波系统投入前后的电流波形

(a) 投入前母线电流波形；(b) 只投无源支路的母线电流波形；
(c) 投入后母线电流波形；(d) 逆变器输出电流波形

第8章　柔性直流输电技术

可再生清洁能源固有的分散性、小型性、远离负荷中心等特点使采用交流输电或传统直流输电联网很不经济。海上钻探平台、孤立小岛等无源负荷，目前采用昂贵的本地发电装置，既不经济，又污染环境。另外，城市用电负荷快速增加，要求利用有限的线路走廊输送更多的电能和大量的配电网转入地下。20 世纪 90 年代后期发展的柔性直流输电技术，以电压源换流器为核心，是一种更加灵活、经济和环保的输电方式，可有效解决以上问题。与目前常用的基于晶闸管的高压直流输电技术相比，柔性直流输电具有有功无功灵活可调、不需要交流电网支撑、不增加系统短路容量、可以对系统快速阻尼调节、滤波容量小、占地面积小、环境污染小、具备黑启动功能等显著特点。本章介绍了柔性输电基本原理和国内第一条柔性直流输电工程。

8.1　柔性直流输电技术概述

8.1.1　柔性直流输电发展历史

自 1954 年世界上第一个工业性质的直流输电工程在瑞典的哥特兰岛投入商业运行以来，高压直流输电技术（High Voltage Direct Current，HVDC）已经在远距离大容量输电、海底电缆送电、电力系统非同步互联等领域得到了广泛的应用。HVDC 技术也从开始的汞弧换流器技术向高压大容量晶闸管换流器技术发展。但就换流技术本质而言，目前的直流输电技术与 1954 年的第一个采用汞弧换流器的直流输电系统是相同的，它们都采用线换相换流器（Line Commuted Converter，LCC）技术。我们通常把使用该项技术的直流输电技术称为基于线换相换流器的高压直流输电技术（LCC - HVDC），或者称为传统直流输电技术（针对其他新型输电技术而言）。然而，由于晶闸管阀关断不可控性，使目前广泛采用 LCC - HVDC 技术具有以下固有缺陷：

（1）换流站只能工作在有源逆变状态，且受端系统必须有足够的短路容量，否则容易发生换相失败。

（2）换流站产生的谐波次数低、容量大。

（3）换流站需吸收大量的无功功率，需要大量的滤波和无功补偿装置。

（4）换流站占地面积大、投资大。

但是由于技术可靠性及经济性等原因，目前乃至将来很长一段时间内 LCC - HVDC 在直流输电领域中的应用仍然会是最主要的。

随着功率半导体开关器件的性能不断提高，电力电子技术也取得了长足的发展。电力电子器件已经从早期电力电子装置广泛使用的半控型功率半导体开关——普通晶闸管

(Thyristor) 发展到如今性能优异的全控型开关，如双极型晶体管 (BJT)、门极关断晶闸管 (GTO)、绝缘栅双极型晶体管 (IGBT)、集成门极换相晶体管 (IGCT)、功率场效应晶体管 (MOSFET) 以及场控晶闸管 (MCT) 等。功率半导体开关器件技术的进步，促进了电力电子变流技术的迅速发展，出现了以脉宽调制控制为基础的各类变流装置。经过几十年的发展，PWM 整流器技术也日趋成熟，从早期的半控型器件桥路发展到如今的全控型器件桥路；其拓扑结构也从单相、三相电路发展到多相结合及多平拓扑电路；功率等级从千瓦级发展到兆瓦级；而在主电路类型上，既有电压型换流器 (Voltage Source Converter，VSC)，也有电流型换流器 (Current Source Converter，CSC)，并且二者在工业上均成功地投入了应用。受早期全控器件容量的限制，VSC 首先在变频器、逆变电源、高频开关电源等领域取得了广泛的应用。尤其在电力拖动领域，驱动已经从 LCC 换相技术向 VSC 换相技术转移。采用 PWM 的 VSC 电机驱动技术能够实现驱动电机装置的紧凑性和灵活可控性。目前基于 PWM 的 VSC 技术在电力拖动领域中的应用已经相当成熟，但是这些装置的运行电压等级相对较低通常不使用半导体器件的串联技术。随着全控器件技术和微电子控制技术的不断成熟，VSC 的应用开始从低压小容量的电力拖动领域、高频电源领域向高压大容量的输配电领域转移，以在输电领域应用的灵活交流输电系统 (Flexible AC Transmission System，FACTS)、基于电压源换流器的高压直流输电 (Voltage Source Converter based High Voltage Direct Current Transmission，VSC - HVDC) 以及应用于配电系统的定制电力系统 (Custom Power，CP) 为典型代表。这些装置结合相应的控制策略就能够控制或调节系统中的潮流、运行参数或网络参数，从而达到优化电力系统运行状态、提高系统稳定性、可靠性以及改善系统动态品质的目的。对于这种新型直流输电技术，国际权威电力学术组织 (CIGRE) 和美国电气电子工程师协会 (IEEE)，都将其定义为“VSC - HVDC”即基于电压源换流器的高压直流输电技术。ABB 公司为了形象宣传，称之为“轻型直流 (HVDC - LIGHT)”，西门子则称之为“新型直流 (HVDC - PLUS)”。国内许多专家建议将该技术称之为“柔性直流 (HVDC - Flexible)”，以区别于常规直流输电技术，本书将在此后叙述中采用此定义[99-102]。

柔性直流技术首先由加拿大 McGill 大学的 Boon - Teck Ooi 等人于 1990 年提出，吸引了世界上众多学者和研究人员的关注。ABB 公司于 1997 年首次实现柔性直流的工业试验工程——Hallsjon 工程。柔性直流是一种以电压源换流器、自关断器件和脉宽调制 (PWM) 技术为基础的新型输电技术，该输电技术具有可向无源网络供电、不会出现换相失败、换流站间无需通信以及易于构成多端直流系统等优点。与 LCC - HVDC 不同，柔性直流在对输送的有功功率进行快速、灵活控制的同时还能够动态补偿交流母线的无功功率，稳定交流母线的电压，提高系统的稳定性，起到静止同步补偿器 (STATCOM) 的作用。近些年柔性直流输电技术/工程在世界范围内呈迅速发展的趋势，已经从最初的容量为 3MW，直流电压等级为±10kV 的工业试验工程发展到 2006 年的 Estlink 工程，其容量为 350MW，直流电压等级为±150kV；目前，容量为 1100MW，直流电压等级为±300kV的柔性直流技术已经提出。可以预计，在不久的将来随着电力电子技术的继续发展，大功率全控器件性价比的不断提高，柔性直流输电凭借其优异的技术特点必将代替 LCC - HVDC 在高压直流输电领域中的统治地位，成为未来直流输电的发展方向。

图8-1为世界范围内柔性直流输电工程容量和直流电压等级发展趋势图，其纵坐标表是柔性直流工程额定容量和直流电压等级，单位为MW（kV）；横坐标为已经投运的柔性直流工程以及正在研发柔性直流工程。图中标识“◆”曲线代表柔性直流输电工程容量发展趋势，标识“■”曲线为直流电压等级发展趋势。

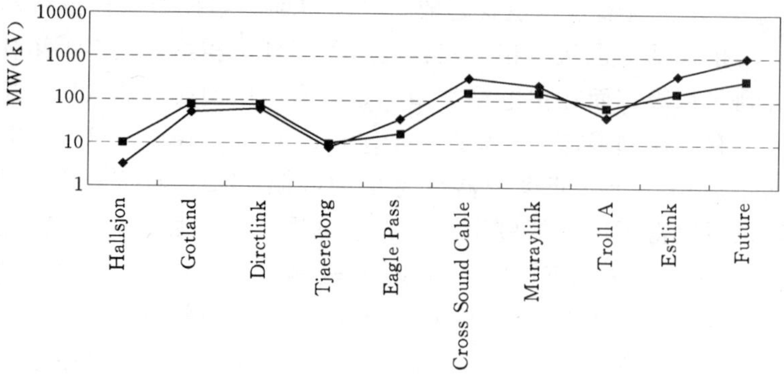

图8-1　世界范围内柔性直流输电工程容量和直流电压等级发展趋势

8.1.2　柔性直流输电技术特点和应用领域

8.1.2.1　技术特点

由于柔性直流输电的核心部分——电压源换流器与LCC-HVDC中的换流器存在显著的差异，柔性直流具有一些显著的技术优势，主要包括：

（1）换流站可以工作在无源换流的方式，不需要外加的换相电压，从而克服了LCC-HVDC必须联结于有源网络的根本缺陷，使利用HVDC为远距离的孤立负荷送电成为可能。

（2）在进行精确有功功率控制的同时，还可以对无功功率进行控制，较LCC-HVDC的控制更加灵活。

（3）不仅不需要交流系统提供无功功率，而且能够起到STATCOM的作用，动态补偿交流系统无功功率，稳定交流母线电压。若换流站容量允许，当交流电网发生故障，既可以向故障区域提供紧急有功功率支援，又可以提供紧急无功功率支援，提高交流系统的功角稳定性和电压稳定性。

（4）潮流翻转时，其直流电压极性不变，直流电流方向反转，与LCC-HVDC恰好相反。这个特点有利于构成既能方便控制潮流又有较高可靠性的并联多端直流输电系统。

（5）由于交流侧电流可以控制，因此不会增加系统的短路容量；意味着增加新的柔性直流输电系统后，交流系统的保护装置无需重新整定。

（6）柔性直流采用脉宽调制控制，其产生的谐波大为减弱，因此只需在交流母线上安装一组高通滤波器即可满足谐波要求，在同等容量下柔性直流换流站的占地面积显著小于LCC-HVDC换流站。

（7）换流站之间无需快速通信，各换流站可相互独立地控制。

8.1.2.2　应用领域

由于柔性直流输电系统具有独特技术优点，因此可在以下应用领域可发挥其积极作用：

(1) 代替本地发电装置，向偏远地区、岛屿等小容量负荷供电。偏远的小城镇、村庄以及远离大陆电网的海上岛屿、石油钻井平台等负荷，其负荷容量通常为几个兆瓦到数百兆瓦，且日负荷波动大。由于输电能力以及经济等因素，限制了向这些地区架设交流输电线路。由于负荷容量达不到 LCC－HVDC 的经济输电范围且负荷网络为无源网络，因此也限制了 LCC－HVDC 输电线路的架设。对这些偏远地区负荷供电，往往要在当地建立小型发电机组。这些小型机组不但运行费用高、可靠性难以保证，而且通常会破坏当地的环境。采用柔性直流输电技术，可向无源网络供电且不受输电距离的限制，几个兆瓦到数百兆瓦也符合柔性直流的经济输电范围。因此从技术和经济性角度，采用柔性直流技术向这些负荷供电是一种理想的选择。

(2) 城市配电网的增容改造。随着大中型城市用电负荷的迅猛增长，原有架空配电网络的输电容量已经不能满足用电负荷需求。然而，由于空间的限制，增加新的架空输电走廊代价很高。另 方面，交流长距离输电线路对地有电容充电电流，交流远距离地下电缆输电会产生较大的电容电流，需要添加相应的无功补偿装置，如并联电抗器。柔性直流可采用地埋式电缆，既不会影响城市市容，也不会有电磁干扰，而且适合长距离电力传输。采用柔性直流向城市中心供电有可能成为未来城市增容的唯一可选方案。

(3) 提高配电网电能质量。非线性负荷和冲击性负荷使配电网产生电能质量问题，如谐波污染、电压间断、电压凹陷/凸起以及波形闪变等，使一些敏感设备如工业过程控制装置、现代化办公设备、电子安全系统等失灵，造成很大的经济损失。VSC－HVDC 输电可快速控制有功功率和无功功率，并能够保持电压基本不变，使电压、电流满足电能质量的要求，柔性直流是未来改善配电网电能质量的有效措施。

(4) 柔性直流可用于不同额定频率和相同额定频率交流系统间的互联。由于柔性直流可灵活地实现对有功功率和无功功率的控制，因此其具有交流系统潮流控制、提高系统暂态功角以及电压稳定性，增加系统振荡阻尼的能力。随着全控型器件性能的不断改进以及容量不断提升，在不远的将来，柔性直流输电技术在高压输电网络中必能占有一席之地。

(5) 大规模风力发电场并网。随着我国能源消费的不断增加以及对生态环境的负面影响日益严重，我国能源结构进入了大变革的时期。在可再生能源中，风能以其可开发容量大和清洁等优点，成为电力系统中增长相对最快的能源。大规模风力发电场并网运行一方面带来了一定的经济效益和社会效益，另一方面也对电网的电能质量和安全稳定性造成一定的影响。为了在提高风电场穿透功率的同时，不影响本地电网的安全稳定性，风力发电场采用柔性直流并网具有非常突出的优越性，它不仅能够动态控制无功功率，抑制并网风电场的电压波动（闪变），改善并网系统电能质量，而且可以有效提高并网系统的暂态稳定性，精确控制有功功率潮流，大幅改善大规模风电场并网性能。

8.1.3 柔性直流输电工程介绍

目前，基于 IGBT 的 VSC－HVDC 工程都由 ABB 公司制造，至今已有多条 VSC－HVDC 线路投入商业运行。主要应用领域为风力发电、电力交易、电网互联、海上平台供电等。代表性工程如下[105-107]。

8.1.3.1 第一条试验线路

1997 年 3 月，ABB 公司进行了首次 VSC－HVDC 的工业试验，该工程位于瑞典中部的赫尔斯扬（Hellsjon），额定容量为 3MW，直流电流 150A，直流电压±10kV。该工程自 1997 年 3 月建成以来完成了复杂的试验计划，获得了 VSC－HVDC 运行的详细技术数据。

8.1.3.2　风力发电的接入系统

1999 年 6 月，瑞典哥特兰（Gotland）岛 VSC－HVDC 工程投入运行。这是世界上第一个商业化运行的 VSC－HVDC 工程，额定容量 54MW，两端的交流电网电压 80kV，直流电压±80kV，直流电流 350A，输电距离 70km。该系统为风力发电提供电压支持且用地下电缆输送电能，对环境的影响很小。2000 年 6 月，丹麦投运了第一个用于风力发电的 VSC－HVDC 示范工程——Tjaereborg 工程，该工程额定容量 8MVA/7.2MW，直流电压±9kV，直流电流 358A，输电距离 4.3km。该工程主要为了解决风力发电引起的无功功率和电压问题。

8.1.3.3　电网的非同步互联和电力交易

2000 年，澳大利亚投运的 Direct Link 工程将新南威尔士（New South Wale）电网和昆士兰（Queens Land）电网连接起来，并在两个电网之间进行电力市场交易，线路传输的功率由市场交易的结果决定。该工程额定容量 180MW（3×60 MW），两端交流电压 132/110kV，直流电压±80kV，直流电流 342A，地下电缆 6×59km，工程主要目的是异步联网进行电力交易并满足环境要求。2002 年 7 月投运的美国 Cross Sound 工程将 New York 和 New England 电网非同步联网，直流传输线采用 2×40km 海底电缆，两端交流电压 345/138kV，工程额定容量 330MW，直流电压±150kV，直流电流 1175A。选择 VSC－HVDC 主要是考虑到电力交易和长距离的海底电缆输电。2002 年 8 月投运的澳大利亚 Murray Link 直流工程，额定容量为 220MW，两端的交流网络电压 132/220kV，直流电压±150kV，直流电流 739A，直流输电线路为 2×180km 地下电缆，该工程是目前世界上最长的地下电缆输电项目，工程的目的是电力市场交易和澳大利亚南部 River land 电网与 Victoria 电网非同步互联。2006 年投运的爱沙尼亚 Estlink 工程：两端换流站分别位于 Espoo 和 Harku，利用 105km 的电缆连接，最大传输功率为 350MW，直流电压为±150kV，直流电流 1230A。该工程主要用于电能交易并实现电网互联。

8.1.3.4　海上钻井平台供电

2005 年 10 月投运的挪威 Troll VSC－HVDC 工程，用于向海上天然气钻井平台上的用电设备供电，额定功率 2×45MW，两端交流电压 132/56kV，直流电压±60kV，直流电流 350A，输电线路为 4×70km 海底电缆。该工程采用 VSC－HVDC 技术主要考虑到长距离海底电缆输电和环境保护要求。此外钻井平台上的同步电动机需要变频（0～63Hz）调速，运行电压在 0～56kV 范围内变化，而且换流器空间和重量都受到限制。

8.2　柔性直流输电系统特性

8.2.1　基本调节方式

当两个 VSC 的交流侧并联到交流系统中，而直流侧级联在一起时就构成了两端 VSC－HVDC 输电系统，其拓扑结构如图 8－2 所示。电压源换流器主要由全控换流桥、直流侧电容器、交流侧换流变压器、换相电抗器以及交流滤波器组成。典型的 VSC - HVDC 换流站采用三相两电平六脉动型 VSC，每个桥臂都由多个 IGBT 串联而成，称之为 VSC 阀或 IGBT 阀；直流侧电容器为 VSC 提供直流电压支撑、缓冲桥臂关断时的冲击电流、减小直流侧谐波；换流电抗器是 VSC 与交流系统进行能量交换的纽带，同时也起到滤波的作用；交流滤波器的作用是滤去交流侧谐波；换流变压器是带抽头的普通变压器，其作用是为 VSC 提供合适的工作电压，保证 VSC 输出最大的有功功率和无功功率。双端 VSC - HVDC 系统通过直流输电线（电缆）连接，一端运行于整流状态，称之为送端站；另一端运行于逆变状态，称之为受端站，两站协调运行能够实现两端交流系统间有功功率的交换[108]。

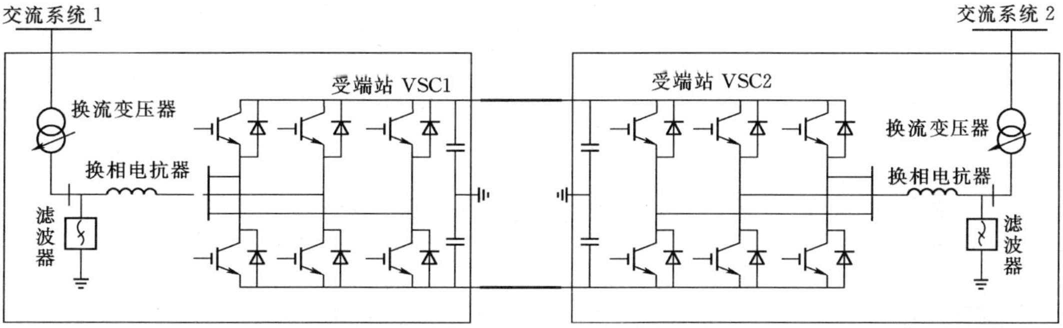

图 8-2　两端 VSC - HVDC 结构示意图

由图 8-2 可知，两端 VSC - HVDC 输电系统可以看作为两个独立的基于 VSC 技术的 STATCOM 通过直流线路连接合成的系统；对于交流系统而言，交流系统只对 VSC - HVDC 换流站（STATCOM）提供连接节点，即换流站与交流系统是并联的。由以上 VSC - HVDC 拓扑结构特点分析可知 VSC - HVDC 具有 STATCOM 动态补偿无功功率的功能；除此之外，由于两个 VSC 的直流侧互联，它们之间具备了功率交换的能力，可以在互联系统间进行有功潮流的传输。如图 8-3 所示，当不计换流变压器和换流电抗器的电阻时，VSC 交流母线电压基频分量 U_S 与交流输出电压的基频分量 U_C 共同作用于换流变压器和换流电抗器的等效电抗 X_C，并决定了 VSC 与交流系统间交换有功功率 P 和无功功率 Q 为式（8-1）所示。

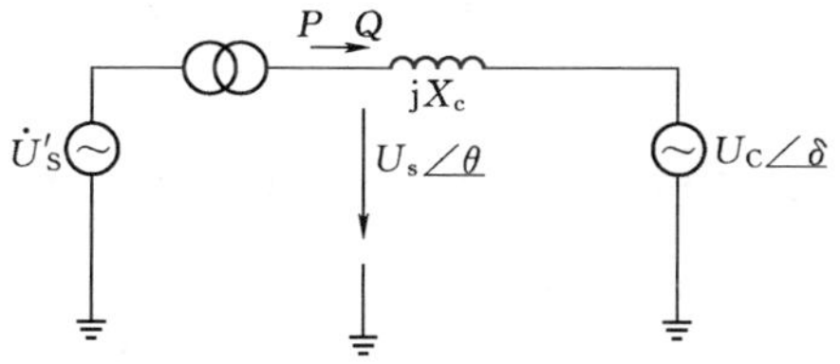

图 8-3　VSC 交流侧基波等效原理图

$$\begin{cases} P=\dfrac{U_S U_C}{X_C}\sin\delta \\ Q=\dfrac{U_S}{X_C}(U_C\cos\delta-U_S) \end{cases} \tag{8-1}$$

图 8-4 为 VSC - HVDC 送端站稳态运行基波向量图，通过控制 VSC 输出电压 $\dot{U}_{C1}$ 的幅值和相位角，就能够改变电流的幅值及其相对于交流系统电压的相位 φ，改变换相电抗器电压降 $j\omega L\dot{I}$ 的大小和方向，从而实现 VSC 与交流系统有功功率 P_S 和无功功率 Q_S 大

小和方向控制。

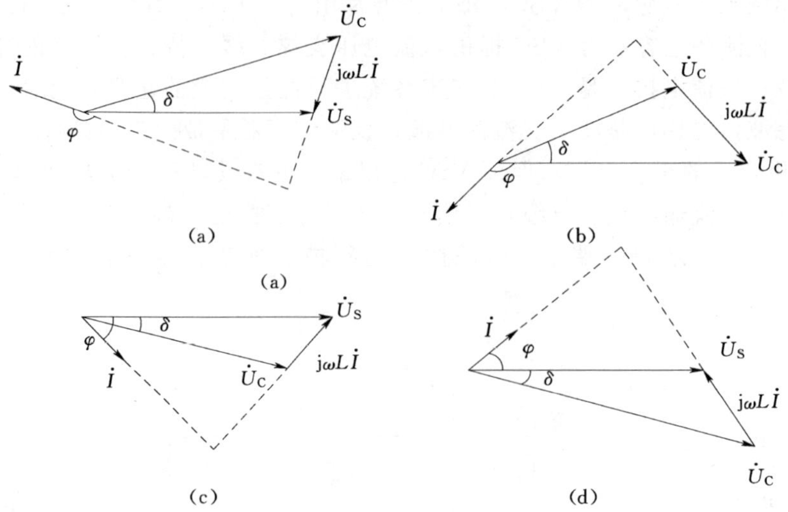

图 8－4　VSC 稳态运行基波向量图

由式（8－1）和图 8－4 可知：

（1）如果 $\delta>0$，即 U_C 相位超前于 U_S，送端站工作在逆变状态，向交流系统注入有功功率，其向量关系如图 8－4（a）、（b）所示。

（2）如果 $\delta<0$，即 U_C 相位落后于 U_S，送端站工作在整流状态，向交流系统吸收有功功率，其向量关系如图 8－4（c）、（d）所示。

（3）当 $U_C\cos\delta-U_S>0$ 时，送端站向交流系统注入到感性无功功率，其向量关系如图 8－4（a）、（d）所示。

（4）当 $U_C\cos\delta-U_S<0$ 时，送端站向交流系统吸收到感性无功功率，其向量关系如图 8－4（b）、（c）所示。

（5）当时 $\delta=\arccos\dfrac{U_s}{U_c}$，送端站注入到 PCC 点无功功率为 0，换流站工作在单位功率因数状态。

（6）由式（8－1）可得

$$P_S{}^2+\left(Q_S+\frac{U_S^2}{X}\right)=\left(\frac{U_SU_C}{X}\right)^2 \tag{8-2}$$

即在理想状态下 P_S 和 Q_S 的工作区域为以 $\left(0,\ -\dfrac{U_S^2}{X}\right)$ 原点半径为 $\dfrac{U_SU_C}{X}$ 的四象限圆形区域。将式（8－1）对 U_C 和 δ 求偏导为

$$\begin{cases}\dfrac{\partial P_{S1}}{\partial U_{C1}}=\dfrac{U_{S1}}{X_1}\sin\delta_1\\[2ex]\dfrac{\partial Q_{S1}}{\partial U_{C1}}=\dfrac{U_{S1}}{X_1}\cos\delta_1\end{cases}$$

$$\begin{cases}\dfrac{\partial P_{S1}}{\partial \delta_1}=\dfrac{U_{S1}U_{C1}}{X_1}\cos\delta_1\\ \dfrac{\partial Q_{S1}}{\partial \delta_1}=-\dfrac{U_{S1}U_{C1}}{X_1}\sin\delta_1\end{cases} \tag{8-3}$$

由式（8-3）可知，在$-45°<\delta_1<45°$，则有

$$\begin{cases}\left|\dfrac{\partial P_{S1}}{\partial \delta_1}\right|>\left|\dfrac{\partial Q_{S1}}{\partial \delta_1}\right|\\ \left|\dfrac{\partial Q_{S1}}{\partial U_{C1}}\right|>\left|\dfrac{\partial P_{S1}}{\partial U_{C1}}\right|\end{cases} \tag{8-4}$$

由式（8-4）可知，δ的变化主要影响有功功率P_S，U_C的变化主要影响无功功率Q_S，当δ的值很小时，这种关系就越明显；但是由式（8-3）可知，U_C的变化也同时影响有功功率P_S的变化也同时影响无功功率Q_S，P_S与Q_S存在耦合现象。当VSC采用PWM控制时，就可以通过改变相角δ来直接控制有功功率P_S，而通过改变幅值U_C来直接控制无功功率Q_S。为了单调灵活独立控制P_S和Q_S，相位角的有效范围必须满足$-45°<\delta<45°$，这就是VSC-HVDC稳态模型的送端站基本控制原理。

8.2.2 交流侧特性

当VSC-HVDC采用SPWM控制时，VSC输出交流基波线电压为

$$U_C=\frac{\mu M}{\sqrt{2}}U_D\angle\delta \tag{8-5}$$

式中 μ——SPWM直流电压利用率；

M——SPWM的调制度（$0\leqslant M\leqslant 1$），即正弦载波峰值与三角调制波振幅值的比值；

U_D——VSC直流侧电压。

由式（8-5），从系统角度来看，VSC是一个无转动惯量的电动机或发电机，可以分别控制有功功率和无功功率；同时换流站的输出电压幅值受VSC-HVDC直流侧电压幅值的限制。VSC-HVDC稳态运行时，换流站与交流系统间传输的有功功率和无功功率的大小受换流桥的额定线电流I_N的限制，即

$$P_S^2+{Q_S}^2\leqslant(\sqrt{3}U_SI_N)^2 \tag{8-6}$$

把式（8-5）代入式（8-2）可得受直流侧电压限制的功率特性方程

$$P_S^2+\left(Q_S+\frac{U_S^2}{X}\right)=\left(\frac{\mu MU_SU_D}{\sqrt{2}X}\right)^2 \tag{8-7}$$

VSC-HVDC传输的有功功率受最大直流线路电流I_{dmax}限制，可得

$$-U_dI_{dmx}\leqslant P_S\leqslant U_dI_{dmx} \tag{8-8}$$

为了方便计算分析，比较VSC-HVDC系统个元件的特性及参数，参考交流系统标幺值原理，建立基准值系统。设直流侧的功率基值和电压基值分别为S_{dB}和U_{dB}，交流侧的功率基值和电压基值分别为S_{aB}和U_{sB}，且满足

$$\begin{cases}S_{dB}=S_{aB}\\ U_{dB}=2U_{dc}\\ Z_{dB}=U_{dB}^2/S_{dB}\\ I_{dB}=S_{dB}/U_{dB}\end{cases} \tag{8-9}$$

式（8－1）标幺值形式为

$$\begin{cases} P_S^* = \dfrac{U_S^* U_C^*}{X^*}\sin\delta \\ Q_S^* = \dfrac{U_S^*}{X^*}(U_C^* \cos\delta - U_S^*) \end{cases} \tag{8-10}$$

此时，其直流侧功率函数的标幺值表达式为

$$\begin{cases} P_d^* = U_d^* I_d^* \\ I_d^* = \dfrac{U_d^* - U_{d1}^*}{R_d^*} \end{cases} \tag{8-11}$$

式中 U_{d1}^*——负载电压标幺值。

如果令 $\lambda = U_C^* / U_S^*$ 为换流站输出电压增益，则式（8－9）为

$$\begin{cases} P_S^* = \dfrac{U_S^* \lambda}{X^*}\sin\delta \\ Q_S^* = \dfrac{U_S^*}{X^*}(\lambda\cos - 1) \end{cases} \tag{8-12}$$

令 $U_{S1}^* = 1$ 并考虑电压源换流器容量限制，由式（8－5）得

$$\begin{cases} P_S^{*2} + \left(Q_S^* + \dfrac{1}{X^*}\right)^2 = \left(\dfrac{\lambda}{X^*}\right)^2 \\ P_S^{*2} + \left(Q_S^* + \dfrac{1}{X^*}\right)^2 = \left(\dfrac{\mu M}{\sqrt{2}X^*}U_d^*\right)^2 \\ P_S^{*2} + Q_S^{*2} \leqslant 1 \end{cases} \tag{8-13}$$

由式（8－9）可得

$$-U_d^* I_{dmax}^* \leqslant P_S^* \leqslant U_d^* I_{dmax}^* \tag{8-14}$$

式（8－10）和式（8－11）即为送端站外特性稳态标幺值数学模型，式（8－10）为换流站交流电压增益输出表达式。由于受端站与送端站对称，受端站也可以得到相似数学描述。式（8－13）和式（8－14）为 $U_{S1}^* = 1$ 时的送端站功率约束关系，图 8－5 为 VSC－HVDC 送端站的 P—Q 功率曲线图，受端站可以得到相同 P—Q 功率图。图中 VSC 换流站的工作范围为式（8－13）及式（8－14）的交集部分。

（1）保持 δ 为常数、变化 λ，可以得到一组与纵坐标夹角为 δ 的直线，该组直线表明改变 VSC 交流输出电压 U_c 的幅值可以改变 VSC 输出无功功率；由于该组直流不与纵轴平行，改变无功功率的同时有功功率也会变化。

（2）保持 λ 为常数，变化 δ，则可以得到以（0，$-1/X^*$）为圆心、λ/X^* 为半径的一组弧线；改变相角差 δ 就可以控制 VSC 的输出有功功率的大小，但是由于该曲线不与横轴平行，在改变有功功率的同时无功功率也会变化。

（3）由式（8－14）可以得到 U_{C1}^* 的相角范围为

$$-\arcsin X^* \leqslant \delta \leqslant \arcsin X^* \tag{8-15}$$

即换相电抗器 X^* 的大小决定了 SPWM 移相角控制范围；通常 VSC－HVDC 换相电抗器的额定标幺值范围为 0.1～0.2pu，则 δ 的工作范围在 $\pm 10°$ 左右，结合由式（8－4）得出的结论：$-45° < \delta < 45°$。可知：正常运行情况下 VSC－HVDC 的 SPWM 移相角控制范围

如式（8－15）所示。

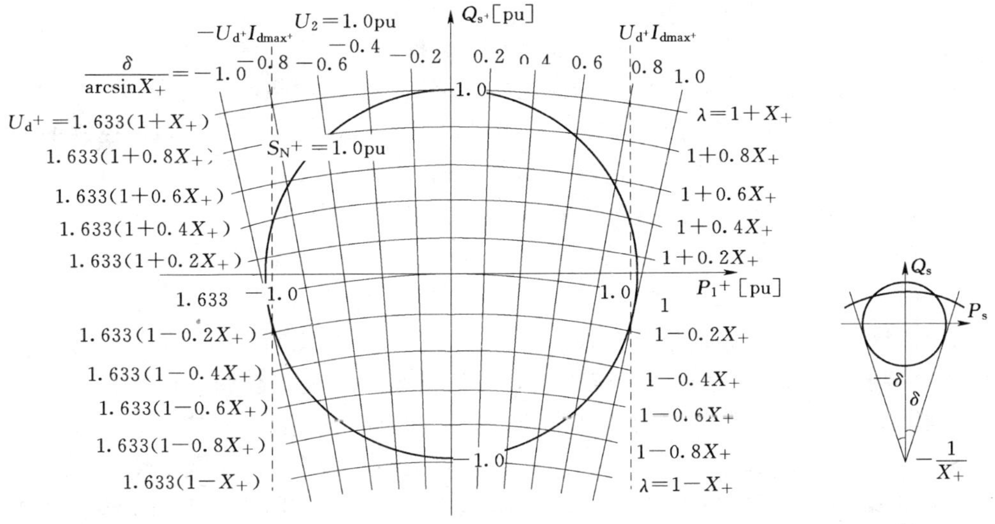

（a）　　　　（b）

图 8－5　VSC－HVDC 换流站 P—Q 功率曲线

（a）VSC－HVDC 换流站详细 P—Q 功率曲线；（b）VSC－HVDC 全局 P—Q 示意图

8.3　柔性直流输电系统控制策略

8.3.1　基本控制原理

柔性直流输电一般采用基于可关断电力电子器件 IGBT 的电压源型换流器以及 PWM 脉宽调制技术，其控制原理可以概括地理解为根据系统提出的运行要求，产生合适的 PWM 触发脉冲实现对换流器阀的开关控制，进而获得期望的电压、潮流等运行指标。柔性直流输电系统的控制分为三个层次时，按其功能由高至低依次为系统级控制、换流站级控制和换流器阀级控制，如图 8－6 所示。

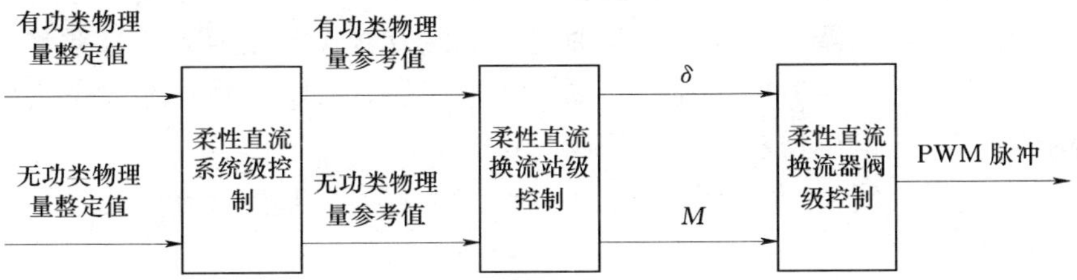

图 8－6　柔性直流分层控制

（1）系统级控制。系统级控制是柔性直流输电控制系统中的最高层控制，其接收电力调度中心的有功类物理量整定值和无功类物理量整定值，并得到有功和无功类物理量参考值作为换流站级控制的输入参考量。其中有功类物理量包括有功功率、直流电压、频率和直流电流，无功类物理量包括无功功率和交流电压。因此，系统级控制包括有功功率类控制和无功功率类控制，在不同应用场合，应选取适当的有功类控制策略和无功类控制策略，且在运行过程中，可以由控制系统或运行人员根据需要进行改变。

(2) 换流站级控制。柔性直流输电换流站级控制接收系统级控制的有功和无功类物理量参考值，并得到SPWM信号的调制比 M 和移相角 δ，提供给换流器阀级控制的触发脉冲发生环节。由上节介绍的柔性直流基本调节方式，δ 的变化主要影响有功功率，M 的变化主要影响无功功率，且 δ 越小这种关系越明显。因此，可以通过改变相位角 δ 来控制有功功率，通过改变调制比 M 来控制无功功率。可见，换流站级控制是柔性直流输电系统控制中的核心部分。

换流站级控制的实现方式包括多种，如直接控制、矢量控制和自适应控制等。直接控制又称“间接电流控制”，其接收系统级控制器的指令，通过控制调制比和移相角来达到调节换流器交流侧输出电压的幅值和相位的目的。此控制方式简单、直接，但响应速度比较慢，不容易实现过电流控制。矢量控制又称“直接电流控制”，通常采用双环控制，即外环电压控制和内环电流控制。外环电压控制器接收系统级控制器发出的指令参考值，根据控制目标产生合适的参考信号，并传递给内环电流控制器。内环电流控制器接收外环电压控制器的指令信号，经过一系列的逻辑运算得到换流器侧期望的输出交流电压参考值，并送到阀控层。矢量控制结构比较简单，其响应速度很快，很容易实现过电流等控制，适用于柔性直流应用场合。

(3) 换流器阀级控制。柔性直流输电换流器阀级控制接收换流站级控制产生的调制比 M 和移相角 δ。并通过适当的调制方式产生PWM触发脉冲，最终实现对IGBT换流阀的触发控制。

8.3.2 系统级控制

柔性直流输电系统级控制的功能是确保其平稳地在不同运行方式、运行点之间切换，其具有有功类和无功类两个可同时独立控制的物理量。在系统正常运行时，每个换流站可以各自独立地控制这两类物理量，但直流网络的功率必须保持平衡，即注入直流网络的有功功率必须等于直流网络输出的功率和换流站及直流网络的功率损耗之和。

柔性直流输电系统级控制方式根据其控制量的性质可以分为两大类：

(1) 有功功率类控制器，主要功能是通过换流站直接控制注入到交流系统的有功功率或者间接调节与有功功率相关的物理量，如直流电压、直流电流和交流系统频率。主要包括有功功率控制、直流电压控制、频率控制。

(2) 无功功率类控制器，主要功能是通过换流站直接控制注入到交流系统的无功功率或者间接调节与无功功率相关的物理量。主要包括无功功率控制、交流电压控制。需要强调的是，换流站不能同时选取两个有功功率类或无功功率类的控制量，而只能在两类控制量中各取其一。

正常运行时，上级调度系统提出的运行要求并不直接作为系统级控制的输入参考值，而是需要在此基础上叠加一个调节信号。例如当采用定交流电压控制时，通常并不采用恒电压控制而是引入斜率控制，因为当换流站容量不够或系统故障期间，若强行将参考电压定在某个额定值，很有可能造成换流站过流从而闭锁保护，恶化故障期间的系统性能。同理当采用定有功功率控制或无功功率控制时，引入斜率控制同样可以起到避免超调以提高系统运行可靠性等作用，下面分别讨论。

8.3.2.1 有功功率控制

图 8-7（a）表示不叠加调节信号时的有功功率简化控制框图，换流站直接接收上级信号作为参考值，并发出相应的有功功率。图 8-7（b）表示有功功率控制模块接收有功功率调度指令（P_{set}）和用于实现抑制低频振荡或紧急功率支援等其他目的的有功功率调节信号（P_m）它们经过有功指令调节环节生成有功功率的参考信号（P_{ref}）。

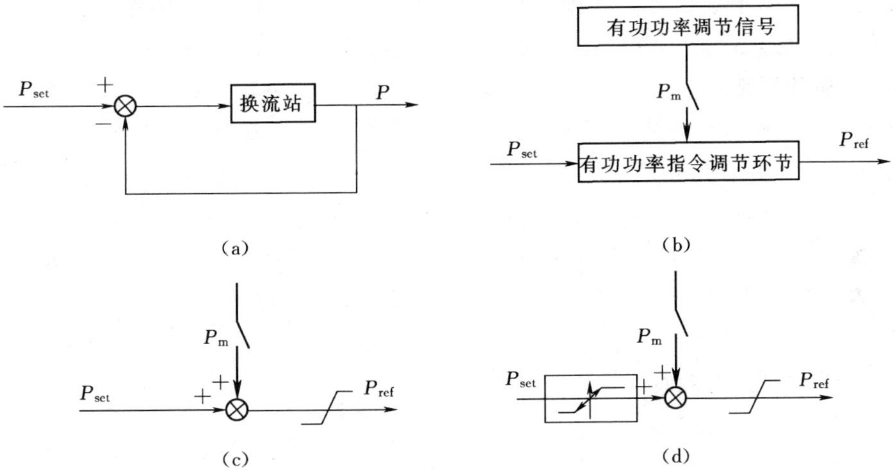

图 8-7 系统级有功功率策略图

有功功率调度指令 P_{set}决定了柔性直流输电系统的稳态运行点，其设定主要依据以下一个或几个方面：

（1）当地电网各种运行方式。

（2）电网之间的电力交易合同。

（3）电网自动调度系统。

（4）在风电场并网或孤岛供电等场合，根据频率变化调整有功功率输出。

（5）保证换流站工作于感性和容性最大补偿范围之内。

系统级的有功功率控制环节时间常数较大，一般为十几分钟甚至更长。因此在自动调节系统中 P_{set}的计算通常采用稳态或准稳态模型。有功功率调节信号 P_m 对柔性直流输电系统的稳态运行点影响相对较小，但对柔性直流输电系统的动态特性有较大影响。正如前文所述，加入 P_m 目的主要有两方面：

（1）通过加入 P_m 使柔性直流输电系统能够阻尼系统振荡，提高交流系统的静态稳定性。

（2）提供紧急功率支援，保证交流系统在受到大扰动之后能够保持稳定。

因此，P_m 的计算需要计及柔性直流输电系统及其所连接的交流系统的动态过程，P_m 控制环节的时间常数远小于 P_{set}控制环节的时间常数，一般对应于交流系统低频振荡、次同步振荡的频率，大约在零点几秒到几秒的范围。通常会有一个或多个控制器输出 P_m 来分别完成提高交流系统静态稳定性、暂态稳定性等任务。

最简单的有功功率指令调节环节的实现方式如图8-7（c）所示，仅由加法器即可实现。同时为了保证有功功率的参考信号P_{ref}在换流器容量允许范围内，在调节器中加入限幅环节，其最大/最小值由换流器运行功率圆图决定。在不考虑P_m的情况下，由于P_{set}是通过基于稳态模型计算得出的，从时间轴上看，一系列的P_{set}值构成了离散数列。这一离散数列成为换流站级控制器的阶跃输入，因此柔性直流输电系统有功功率的功率输出/输入将大幅变化。如果柔性直流输电系统某端所连接的交流系统本身容量较小，这时则可能会引起交流系统振荡。因此，可以考虑在加法器前加入变化率限制器，保证柔性直流输电系统输出/输入功率平缓变化，如图8-7（d）所示。由于加入P_m信号的目的就是要提高交流系统的稳定性，因此不存在限制其变化率的问题。

8.3.2.2　无功功率控制

图8-8（a）表示不叠加调节信号时的无功功率简化控制框图，换流站直接接收上级信号作为参考值，并发出相应的无功功率。图8-8（b）表示无功功率控制模块接收无功调度指令（Q_{set}）和用于抑制电压波动、提高系统稳定性等场合的无功功率调节信号（Q_m），它们经过无功指令调节环节生成无功功率的参考信号（Q_{ref}）。与有功功率类控制相类似，无功功率调度指令Q_{set}决定了柔性直流输电系统的稳态运行点，其设定主要依据以下一个或几个方面：

（1）当地电网各种运行方式。

（2）电网自动调度系统。

（3）在风电场并网或孤岛供电等场合，根据交流系统电压变化及时调整无功功率输出。

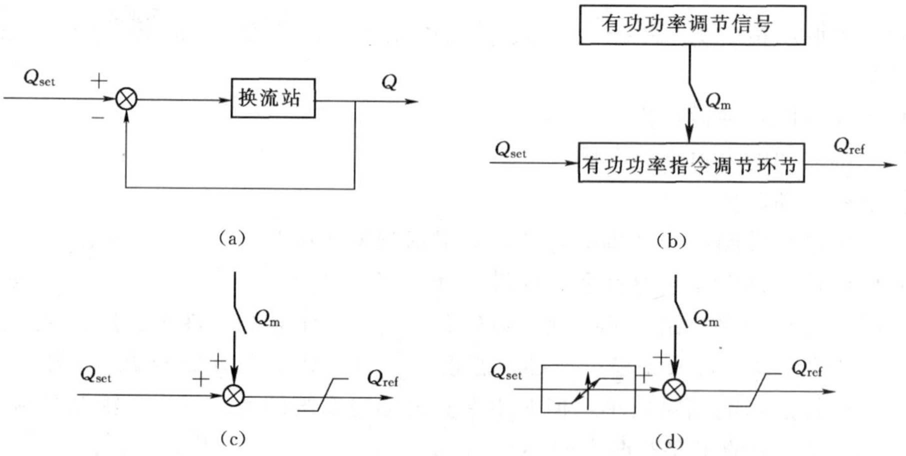

图8-8　系统级无功功率策略图

要保证换流站始终工作于感性和容性最大补偿范围之内，系统级的无功功率控制环节时间常数较大，一般为十几分钟甚至更长。因此在自动调度系统中Q_{set}的计算通常采用稳态或准稳态模型。无功功率调节信号Q_m，对柔性直流输电系统的稳态运行点影响相对较小，但对其动态特性有较大影响。正如前文所述，加入Q_m的目的主要有两方面：

(1) 通过快速调节无功功率输出抑制交流系统电压闪变，提高电力系统电能质量。

(2) 在交流系统故障后恢复过程中大幅输出无功功率，维持交流系统的暂态稳定性。

因此，Q_m 的计算需要计及柔性直流输电系统及其所连接的交流系统的动态过程，Q_m 控制环节的时间常数远小于 Q_{set} 控制环节的时间常数，一般对应于交流系统电压闪变频率等，大约在零点几秒到几秒的范围。通常会有一个或多个控制器输出 Q_m，来分别完成提高交流系统电能质量、增强交流系统暂态稳定性等任务。这些控制器常作为柔性直流输电系统的附加功能，是否配备这些控制器需要通过对具体工程研究后确定。最简单的无功功率指令调节环节的实现方式如图 8－8（c）所示，仅由加法器即可实现。同时为了保证无功功率的参考信号 Q_{ref} 在换流器容量允许范围内，在调节器中加入限幅环节，其最大/最小值由换流器运行功率圆图决定。同有功功率控制的情况类似，需要在加法器之前加入变化率限制器，保证柔性直流输电系统输出/输入功率平缓变化，减小 Q_{set} 变化对交流系统的冲击。此时的无功功率指令调节环节结构如图 8－8（d）所示。

8.3.3 换流站级控制

如前文所述，柔性直流换流站级控制接收上层系统级控制的输出参考值，得到 SP-WM 信号的调制比 M 和移相角 δ，并输出相应的电压电流值以获得期望的电压、潮流等运行指标。关于 M 和 δ 对系统潮流的影响很多相关文献已多次介绍，这里省略推导过程只简要列写有关结论。系统传输的有功功率主要由移相角 δ 决定，而无功功率由 δ 和换流站输出电压共同决定，后者与线路直流电压的比值即为调制比 M，故通过对这两个变量的调节即可实现对系统有功功率和无功功率的控制。柔性直流输电系统在控制器结构、系统响应特性等方面都有别于传统直流输电系统。为了使柔性直流具有良好的运行特性，就必须设计性能可靠的换流站级控制器。目前，对于电压源型换流器的控制方式主要可以分为间接控制和直接控制两大类，下面将分别加以介绍。

间接电流控制也称为“直接控制”，实际上就是所谓的“电压幅值相位控制”，即通过控制换流器交流侧输出电压基波的幅值和相位来达到控制目标。此控制方式的特点是结构简单，但存在着交流侧电流动态响应慢、难以实现过电流控制等缺点。目前占主导地位的直接电流控制，也被称为“矢量控制”。该控制通常由外环电压控制和内环电流控制两个环构成，具有快速的电流响应特性，因此受到工业界和学术界的普遍关注。同时，直接电流控制具有很好的内在限流能力，因此很适合应用于高压大功率场合的柔性直流系统。另外，一些新的控制策略也不断出现，例如重复控制、自适应控制、滑模控制等。一般来说这些控制策略多用于中小功率场合，例如配电网中已有采用重复控制的有源电力滤波器（Active Power Filter，APF）投入使用。但在高压大功率场合，目前的主流控制思路还是基于双环结构的直接电流控制。

直接电流控制是目前大功率换流器，包括柔性直流输电系统广泛采用的控制方式。此种控制方式分为内环电流控制和外环电压控制两部分。对于采用直接电流控制策略的柔性直流输电系统来说，其两端换流器的控制系统结构如图 8－9 所示。柔性直流两侧换流器的控制系统结构对称，主要由内环电流控制器、外环电压控制器、锁相同步环节（图中未标出）和触发脉冲生成环节等几个部分组成。其中，常用的外环控制器形式有定直流电压控制、定有功功率控制、定无功功率控制、定交流电压控制和定频率控制等。外环控制器跟踪系统级控制器给定的参考信号。为了保持系统的有功功率平衡，系统必须有一端换流器采用定直流电压控制，而另一端采用定有功功率控制或者定频率控制；同时，根据换流站的具体控制目标，还可以选择定交流电压控制或定无功功率控制。但是，在向有源网络供电的柔性直流系统中，送端系统通常采用定直流电压控制，而受端系统由于有稳定供电的电源，一般采用定交流电压控制。

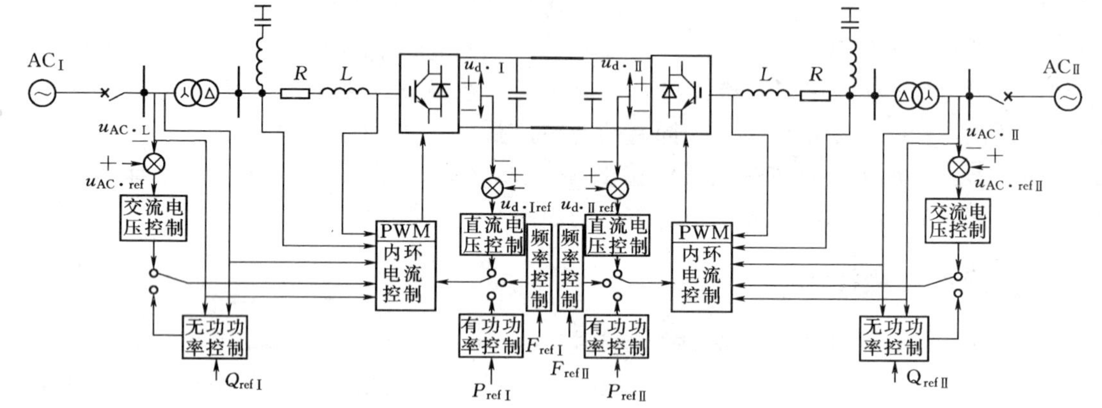

图 8-9　基于直接电流控制的 VSC-HVDC 控制结构示意图

图 8-10 为一端换流站直接电流控制基本原理示意图。其中 A 参考为有功功率类控制量，B 参考为无功功率类控制量。整个控制器由内环电流控制器、外环电压控制器、锁相同步环节和触发脉冲生成等环节（属于阀控制层）组成。内环电流控制器用于实现换流器交流侧电流波形和相位的直接控制，以快速跟踪参考电流。外环电压控制则根据柔性直流系统级控制目标可以实现定直流电压控制、定有功功率控制、定频率控制、定无功功率控制和定交流电压控制等控制目标。锁相环节输出的相位信号用于提供电压矢量定向控制和触发脉冲生成所需的基准相位。触发脉冲生成环节是根据 PWM 原理，利用电流环输出的参考电压和同步相位信号产生换流器各桥臂的触发脉冲。

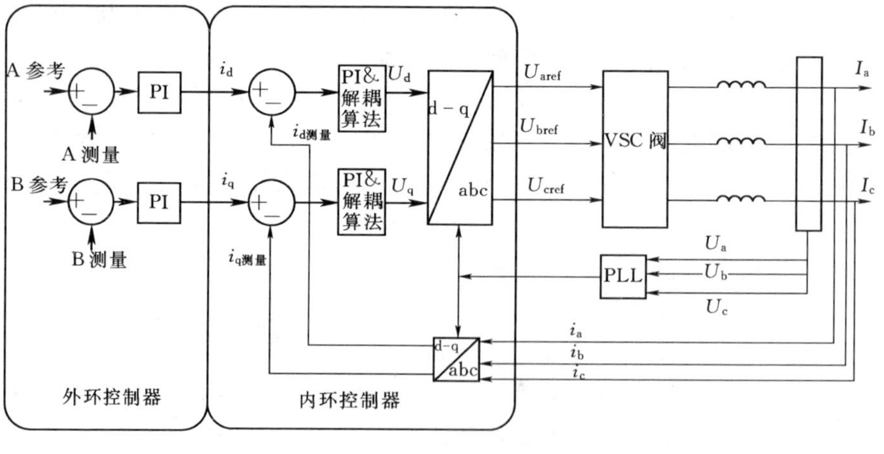

图 8-10　一端换流站直接电流控制原理示意图

为验证 VSC－HVDC 的直接电流控制策略的正确性和可行性，本文采用 PSCAD/EMTDC 仿真程序建立了 VSC－HVDC 电磁暂态仿真模型及其控制器模型，送端站与受端站参数相同。仿真采用的系统参数为：交流系统电源线电压 $U_s=10.5$kV，交流电源系统阻抗 $Z_s=4.5\angle 80°\ \Omega$；换流站额定容量为 6MVA，直流侧额定电压为 24kV，换流电抗 $\omega L=3.675\Omega$，交流侧等效电阻 $R=0.4\Omega$，直流侧电容 $C=100\mu$F，交流侧低通滤波器的额定基波容量为 0.6Mvar，SPWM 调制波频率为 50Hz，载波信号频率为 1650Hz。送端站采用有功功率控制器（$K_p=0.01$、$K_i=3$）和无功功率控制器（$K_p=0.01$、$K_i=3$）或者交流电压控制器（$K_p=0.01$、$K_i=3$）；受端站采用定直流电压控制器（$K_p=0.01$、$K_i=3$）和无功功率控制器（$K_p=0.001$、$K_i=3$）；电流内环控制器的 2 个 PI 参数均相同（$K_p=10$、$K_i=0.1$）。

送端站采用有功功率控制和交流电压控制，受端站采用直流电压控制和无功功率控制的两端 VSC－HVDC 系统仿真计算结果如图 8－11 所示。仿真时长为 6s，在 VSC－HVDC 系统达到稳态后，分别控制 VSC－HVDC 送端站的有功功率 P_{s1}^* 和交流系统电压 u_{s1}^* 以及逆变站的直流电压 U_{d2}^* 和无功功率 Q_{s2}^*，具体控制过程如表 8－1 所示。

表 8－1　两端 VSC－HVDC 控制指令

时间（s）	1	1.5	2	3	4	5	5.5
P_{s1}^*(MW)	2—4		4—2	2—0	0—2		
u_{s1}^*(pu)		1—1.02					
U_{d2}^*(kV)						22—23	
Q_{s2}^*(Mvar)							0—1.5

如图 8－11（a）所示，在系统运行过程中送端站调节了 5 次有功功率和 1 次交流侧电压，包括零有功功率输出状态、潮流翻转状态。送端站调节有功功率 P_{s1} 时会影响直流电压 U_{d1}，当注入到送端站的有功功率 P_{s1} 增加时直流侧电压 U_{d1} 会突然增加，当注入到送端站的有功功率 P_{s1} 减少时直流侧电压 U_{d1} 会下跌，之后 U_{d1} 保持稳定；送端站 U_{d1} 与受端站直流电压指令 U_{d2} 之间总是存在电压差，该差值的大小取决于直流输电线路的等效电阻 R_d 的大小，见图 8－11（e）；但由于受端站直流电压控制作用，直流电压 U_{d1} 会被迅速恢复到直流电压参考值附近。送端站采用交流电压控制器，以稳定并调节交流受端系统母线电压。在第 1s，设置送端交流电压发生 10.5kV 到 10kV 的跌落，送端站迅速向交流系统提供无功功率 Q_{s1}，保证交流母线电压为设定值 u_{s1}^*，见图 8－11（h）；在第 1.5s，送端站交流电压控制器的交流电压设定值提高到 $u_{s1}^*=1.02$pu，送端站交流母线电压 u_{s1} 迅速跟随指令电压值 u_{s1}^*，并保持稳定。由于送端站交流系统的系统电阻不为 0，有功潮流 P_{s1} 的变化也会引起交流母线电压 u_{s1} 的变化。送端站交流电压控制器会自动调节交流母线电压 u_{s1}，调节系统注入到送端站的无功功率 Q_{s1} 以保证交流母线电压 U_{s1} 稳定。受端站采用直流电压控制器和无功功率控制器。在 6s 内，受端站调节了 1 次直流电压和 1 次无功功率，见图8－11（f）、（d）。受端站直流功率 P_{d2} 和交流功率 P_{s2} 随着送端站 P_{s1} 的变化而变化，见图 8－11（a）、（b）；受端站的有功功率 P_{s2} 的变化基本不影响无功功率 Q_{s2} 的变化，如图8－11（d）所示，图中 Q_{s2} 的扰动是由 dq 电流不完全解耦引起的。总的来说，两端换流站的

无功潮流的调节和交流电压的变化都不会引起对方交流母线电压的变化，实现了无功功率的对立控制和两个交流系统的隔离。由图 8－11（a）、（e）、（g）以及图 8－11（b）、（f）所示，当有功潮流发生翻转时，VSC－HVDC 直流电压的极性保持不变，只是发生很小的扰动，直流电流的极性发生变化，这个特点与 LCC－HVDC 不同，使换流站非常适合并联连接而构成多端 VSC－HVDC 系统。

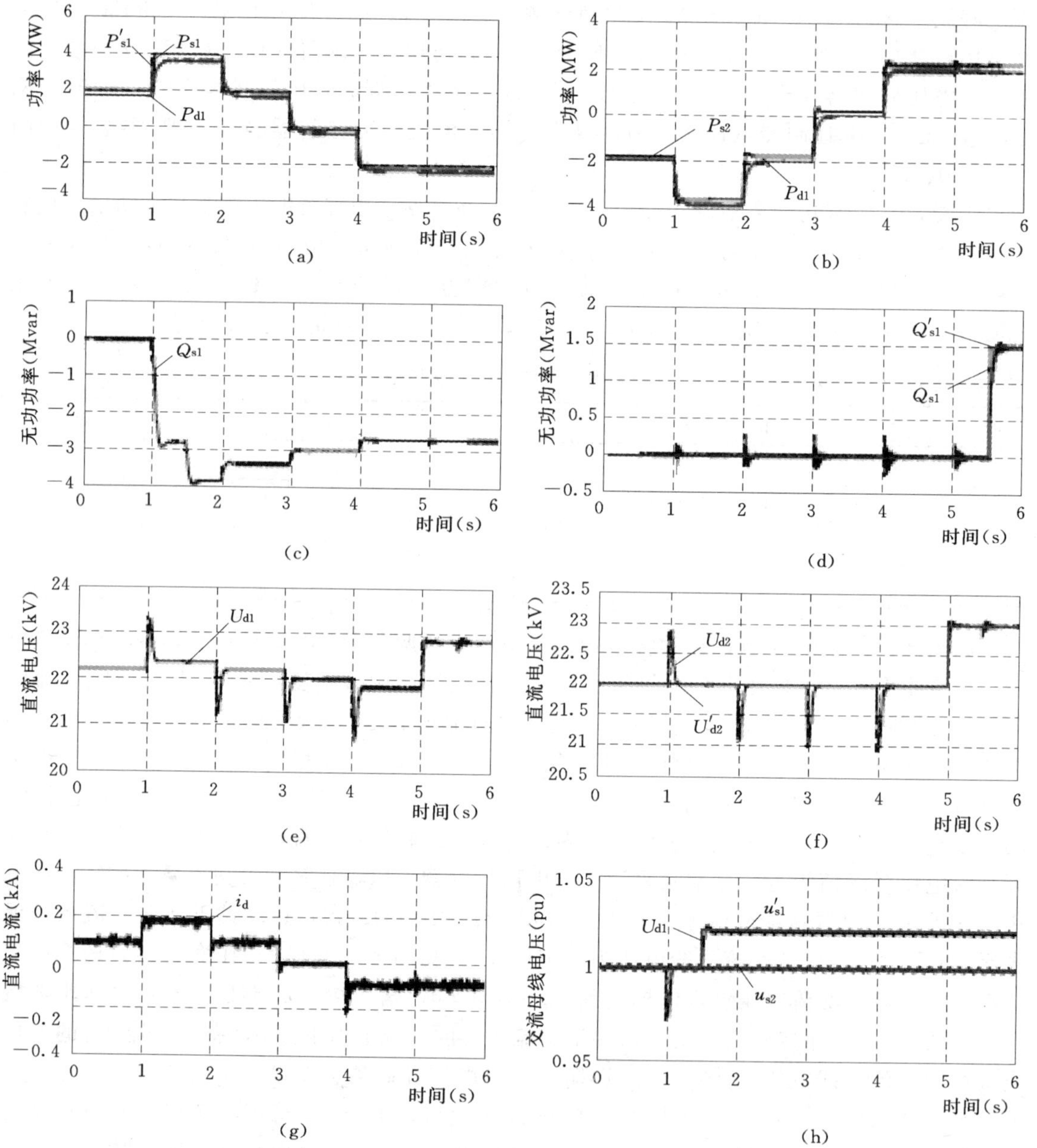

图 8－11　两端 VSC－HVDC 仿真计算结果

（a）送端站有功功率及直流功率；（b）受端站有功功率及直流功率；（c）送端站无功功率；（d）受端站无功功率；（e）送端站直流电压；（f）受端站直流电压；（g）VSC－HVDC 直流侧电流；（h）送端站和受端站交流母线电压

8.4 南汇柔性直流输电示范工程介绍

8.4.1 示范工程概述

上海南汇柔性直流输电示范工程采用一条柔性直流输电线路替代原有的交流线路，将南汇风电场接入交流 35kV 系统。该工程是我国自行组织建设的第一条柔性直流输电工程，是国家电网公司科技“十一五”规划的重点工程，也是推动我国“智能电网”建设的标志性工程之一。上海位于我国东部陆海中间的突出位置，风能资源丰富。非常适合大力发展风力发电。但大规模的风电接入将给系统在频率电压调整以及动态稳定性等方面带来诸多影响。柔性直流输电技术在提高系统稳定性，增加系统动态无功储备，改善电能质量。解决非线性负荷、冲击性负荷和三相不平衡等产生的问题、保障敏感设备供电等方面具有较强的技术优势，能够在一定程度上解决风电并网后给系统带来的诸多问题。综告上述各方面因素，国家电网公司决定采用柔性直流输电技术作为南汇风电场并网的技术方案进行科技示范[109]。

南汇风电场位于南汇区滨海乡大泊河口北侧沿海围垦的滩涂上，是上海电网已建的规模最大的风电场。装机容量达到 16.5MW。南汇风电场通过 2 回 35kV 线路经 35kV 大泊站接入 220kV 南汇站。南汇柔性直流输电示范工程选址于南汇风电扬与大泊站之间。将原本并列运行的商品交流线路中的一条改造为柔性直流线路，采用电缆和架空线混合传输。该示范工程建设由上海市电力公司牵头，中国电力科学研究院、国网电力科学研究院、北京网联直流公司等单位共同实施。南汇风电场并网柔性直流输电示范工程的系统研究、成套设计和工程设计完全由国内单位承担，工程施工、安装和调试等全部立足国内，主要设备实现 100%国产化。

南汇风电场及其周边电网地理情况如图 8-12 所示。220kV 南汇站现状规模 2×

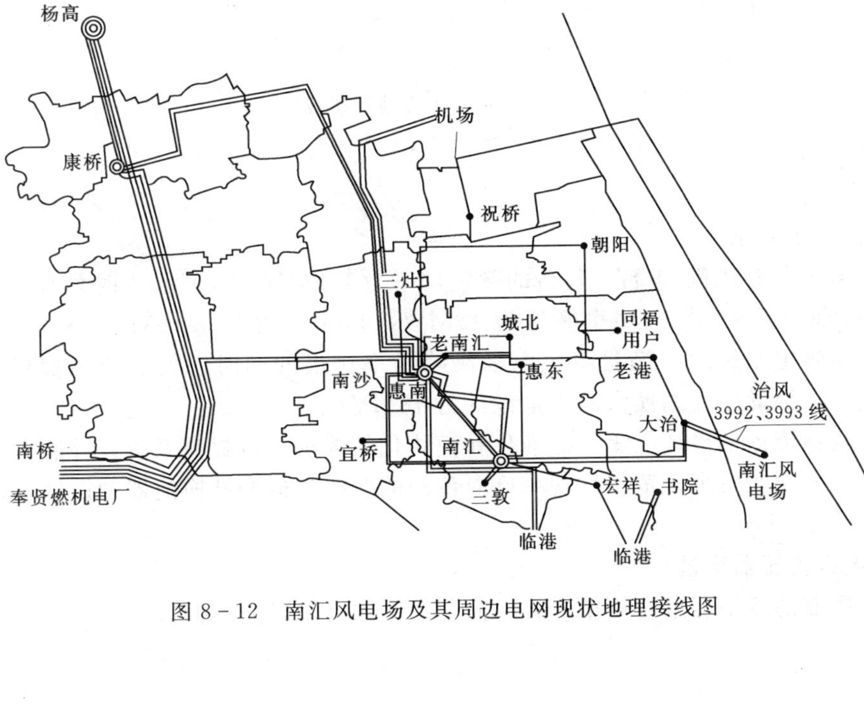

图 8-12 南汇风电场及其周边电网现状地理接线图

120MVA 且电压等级 220/110/35kV。2 回电源进线均来自 220kV 惠南站，由杨高分区供电。其所供为南汇的东南部区域，包括宣桥、大团、万祥、书院、老港和惠南镇等。南汇站 220kV 侧采用内桥接线。110kV 采用双母线兼旁路接线，35kV 侧采用单母线接线。

35kV 大治站现状规模 2×20MVA，最终设计规模为 3×31.5MVA。35kV 侧采用一进三出接线形式。10kV 侧采用单母分段接线形式。南汇风电场场内设置 1 座升压站，风电电压等级 35/10kV，配置 2×20MVA 升压变压器，10kV 和 35kV 侧均采用单母线分段接线，11 台 1.5MW 的风机分别接入南汇风电场升压站的 10kV 分段母线上。

南汇柔性直流输电示范工程线路在南汇风电场与大治站间同交流线路并列运行，直流功率传输能力为 16.5MW，直流额定电压为±30kV，直流额定电流为 300A；换流器设计容量为 18MVA，在南汇风电场附近和大治周边的书院附近分别建设两座换流站，风电场换流站和书柔换流站。

示范工程地理接线图如图 8-13 所示。图 8-13 示范工程地理接线图通过将柔性直流输电技术应用于南汇风电场与主网并网的试点研究，将为以后的风电场并网、孤岛供电、柔性直流交直流并列运行、电网无功控制等提供有力的技术支撑和相关运行经验，为我国的柔性直流输电技术研究和工程建设起到积极的推动作用。上海南汇柔性直流输电示范工程于 2010 年投入运行。

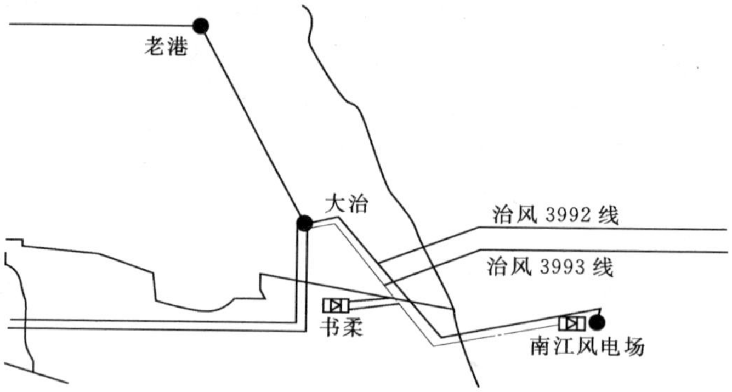

图 8-13　示范工程地理接线图

8.4.2　系统设计

8.4.2.1　换流器容量

南汇风电场共有风机 11 台，每台的额定功率为 1.5MW，同时投入时总有功功率为 $P=1.5\times11=16.5$MW，发电功率峰值为 18MW，扣除厂用电 0.16MW，经接入系统分析，柔性直流输电系统除了满足将风电场高峰功率送出的同时还要有能力提供±4Mvar 无功调节能力，因此整流站换流器容量设计为 18MVA。

示范工程换流器的设计应满足标准化和模块化的要求，以提高系统设计制造的经济性和可靠性，同时便于实现示范工程功率反向传输的功能，逆变站换流器的设计容量与整流站一致，也为 18MVA。

8.4.2.2　连接变压器容量

连接变压器的经济容量应根据一天中输电功率的高峰时间和低谷时间分别确定较大的

容量和较小的容量，再计算每种容量下变压器运行一天的有功功率损耗，选择损耗小者。示范工程线路的输电功率与风电场的发电功率基本相当，因而联结变压器容量直接参照风电场主变压器容量，设计为20MVA。

8.4.2.3 直流电压等级

针对示范工程实际情况，考虑到目前国内IGBT均压均流技术都在研发阶段，为保证示范工程的安全运行，将流过阀的正常工作电流峰值限制在IGBT模块额定电流的50%左右，根据换流器容量，综合考虑器件的电压和电流承受能力，本工程额定直流电压选定±30kV。

8.4.2.4 有功功率输送能力

正常功率输送方向时：

额定直流电压：±30kV；

额定直流电流：300A；

额定输送功率：18MW。

根据设备自身能力，在不增加额外造价的基础上，确定柔性直流输电系统设备的设计容量应不小于18MW。

8.4.2.5 无功功率调节能力

针对三种典型有功传输两端换流器都应具有如下无功功率调节能力：

当输送18MW有功功率时，无功功率调节范围：0；

当输送12MW有功功率时，无功功率调节范围：−13～9Mvar；

当输送0MW有功功率时，无功功率调节范围：−13～13Mvar。

8.4.3 主回路和参数设计

南汇柔性直流输电示范工程换流站一次电气主接线如图8-14和图8-15所示。

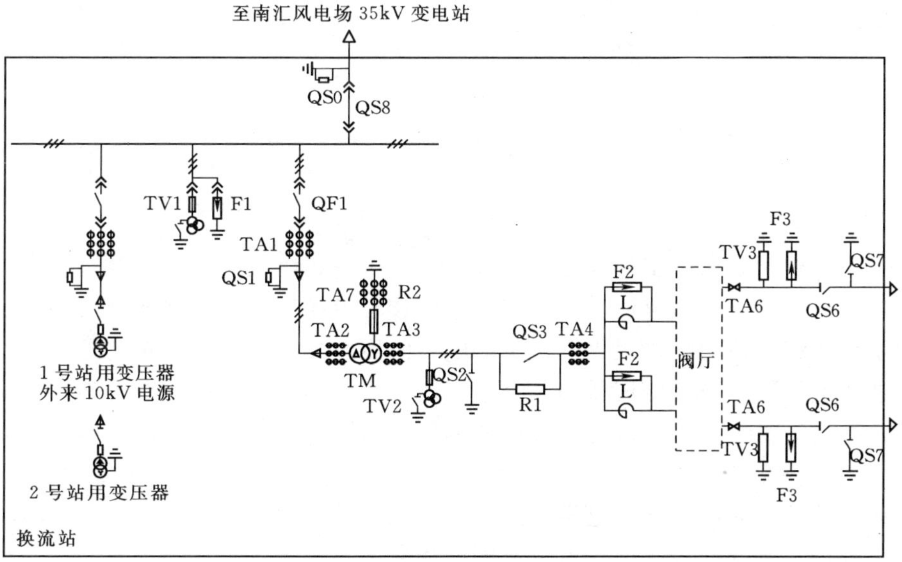

图8-14 换流站主回路电气接线（风电场换流站）

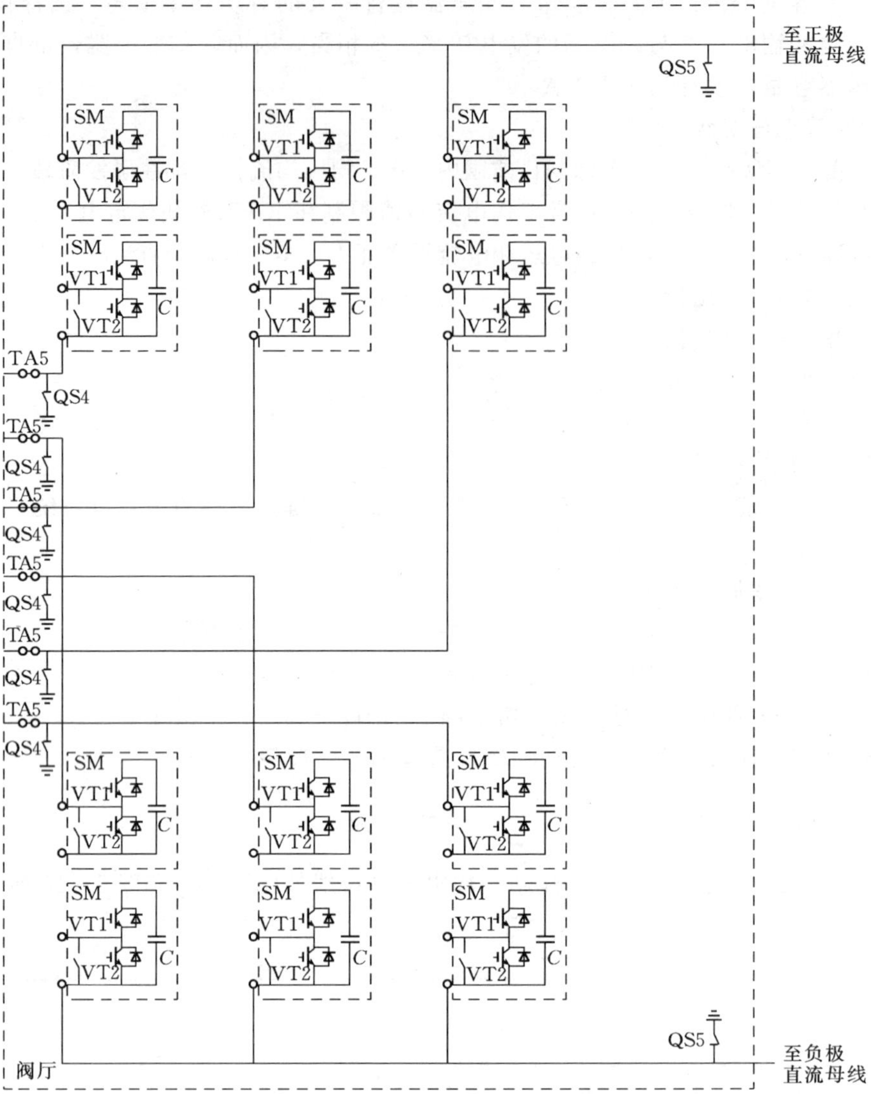

图 8-15　换流站阀厅主回路电气接线

从图中可以看出，示范工程换流站一次主接线中包括以下主要设备。

(1) 换流器。换流器为直流输电换流站中的核心设备，用于实现能量的交/直和直/交变换。在示范工程换流站中，采用模块化多电平的换流器拓扑结构。

(2) 连接变压器。连接变压器的一个重要作用是将系统交流电压变换到与换流器直流侧电压相匹配的二次侧电压，以确保开关调制度不至于过小，减小输出电压和电流的谐波量，进而可以减小交流滤波装置的容量。

(3) 阀电抗器。阀电抗器是电压源换流站的一个关键部分，它是柔性直流输电系统与交流系统之间的功率交换设备，它对换流阀的功率输送能力、有功功率与无功功率的控制都有影响。

(4) 模块电容器。模块电容器是柔性直流输电系统换流阀的直流侧储能元件。

（5）避雷器。避雷器装设于35kV进线开关后的交流母线、直流母线以及每一个换流器阀上，用于消除由于线路遭受雷击、交流线路发生对地故障、直流线路一桩接地故障等情况所造成的过电压。

与换流阀设计相关的系统额定值和一般参数如表8-2所示。连接变压器主要参数如表8-3所示，阀电抗器主要参数如表8-4所示，模块电容主要参数如表8-5所示。

表8-2　额定值和一般参数

换流站	风电场站	书柔站
交流系统电压（kV）	35	35
交流系统标称频率（Hz）	50	50
直流额定电压（kV）	±30	±30
额定容量（MW）	18	18
额定直流电流（A）	300	300

表8-3　连接变压器主要技术参数

换流站	风电场站	书柔站
型式	三相，两绕组，油浸式	三相，两绕组，油浸式
额定容量（MVA）	20	20
额定电压（网侧/阀侧）（kV）	35/31	35/31
额定电流（A）	330/370	330/370
绕组连接组标号	Dyn11	Dyn11
短路阻抗（%）	6	6

表8-4　阀电抗器主要技术参数

换流站	风电场站	书柔站
额定频率（Hz）	50	50
额定电压（kV）	35	35
额定直流电流（A）	100	100
额定交流电流（A）	185	185
桥臂电感值（mH）	53	53

表8-5　模块电容主要技术参数

换流站	风电场站	书柔站
型式	直流电容	电流电容
标称容值（uF）	6000～9000	6000～9000
额定电压（kV）	1.5	1.5
耐受电压水平	$1.4U_N$/60s	$1.4U_N$/60s

参 考 文 献

[1] 赵贺．电力电子学在电力系统中的应用——灵活交流输电系统．北京：中国电力出版社，2001.

[2] FACTS Terms & Definitions Task Force of the FACTS Working Group of the DC and FACTS Subcommittee. Proposed Terms and Definitions for Flexible AC Transmission Systems（FACTS）. IEEE Transactions on Power Delivery，1997，12（4）：1848－1853.

[3] 中国电力科学研究院．灵活交流输电技术在国家骨干电网中的工程应用．北京：中国电力出版社，2008.

[4] 谢小荣，姜齐荣．柔性交流输电系统的原理与应用．北京：清华大学出版社，2006.

[5] ［加］Vijay K. Sood 著．高压直流输电与柔性交流输电控制装置——静止换流器在电力系统中的应用．徐政译．北京：机械工业出版社，2006.

[6] 汤广福，贺之渊，邓占锋．基于器件物理特性的晶闸管阀串联机理系统化研究．中国电机工程学报，2006，26（12）：39－44.

[7] 张文亮，汤广福，查鲲鹏，贺之渊．先进电力电子技术在智能电网中的应用．中国电机工程学报，2010，30（4）：1－6.

[8] 徐琰，李乃湖，王海风，陈珩．灵活交流输电系统技术装置的潮流控制．清华大学学报（自然科学版），1997，37（S1）：84－87.

[9] 李晓露，段献忠，何仰赞，张步涵．FACTS 技术在配电系统中的应用．电力自动化设备，1997，（3）：60－65.

[10] 陈淮金．灵活交流输电系统技术及其应用（一）．电力系统自动化，1994，（3）．1994，18（3）：60－65.

[11] 陈淮金．灵活交流输电系统技术及其应用（二）．电力系统自动化，1994，（4）．1994，18（4）：64－69.

[12] 武守远，周孝信，赵贺，等．电力系统最新技术：灵活交流输电系统的发展及研究．电网技术，1996，20（5）：1－3.

[13] 何大愚．柔性交流输电技术及其控制器研制的新发展——TCPST，IPC（TCIPC）和 SSSC. 电力系统自动化，1997，21（6）：1－6.

[14] 汤广福，葛维春．鞍山红一变 100 兆乏 SVC 国产化示范工程．国家电网，2005（10）：68－69.

[15] 郭剑波，武守远，李国富，等．甘肃成碧 220 kV 可控串补国产化示范工程研究．电网技术，2005，29（19）：12－17.

[16] 王仲鸿，沈斐，吴铁铮．FACTS 技术研究现状及其在中国的应用与发展．电力系统自动化，2000，24（23）：1－5.

[17] 刘文华，姜齐荣，梁旭，刘遵义，纪勇．±20Mvar STATCOM 总体设计．电力系统自动化，2000，（23）：1－6.

[18] 刘文华，梁旭，姜齐荣，罗承廉，刘遵义．采用 GTO 逆变器的±20 Mvar STATCOM．电力系统自动化，2000，（23）：19－22.

[19] 孙孝峰，王立乔．三相变流器调制与控制技术．北京：国防工业出版社，2010.

[20] 黄俊，王兆安．电力电子变流技术．北京：机械工业出版社，1998.

[21] 王立乔，王长永，张仲超．组合变流器相移 SVM 技术的研究．电力系统自动化，2002，26（18）：36－40.

[22] 齐悦，杨耕．基于多电平变换逆变电路的拓扑分析．电机与控制学报，2002（1）：74－79.
[23] 单庆晓，李永东，潘孟春．级联型逆变器的新进展．电工技术学报，2004，19（2）：1－9.
[24] 李永东．现代电力电子学．北京：清华大学出版社，2000.
[25] 刘钟淇，宋强，刘文华．基于模块化多电平变流器的轻型直流输电系统．电力系统自动化，2010，34（2）：53－58.
[26] 林海雪．我国电能质量的产业发展及应关注的问题．电力设备，2005，6（9）：36－39.
[27] 苏建设，陈陈．考虑非线性负荷的静止无功补偿器控制研究．电力系统自动化，2002，26（17）：12－16.
[28] 周胜军，姚大伟．鞍山红一变 SVC 国产化示范工程介绍．中国电机工程学报，2008，32（22）：45－49.
[29] 鞍山红一变 SVC 国产化示范工程系统方案设计．北京：中国电力科学研究院，2003.
[30] 任丕德，刘发友，周胜军．动态无功补偿技术的应用现状．电网技术，2004，28（23）：81－83.
[31] 吴杰．大型电弧炼钢炉 SVC 方案设计及其实际效果．电网技术，2003，27（1）：76－80.
[32] 翁利民，张广祥，曾莉，等．武钢硅钢 SVC 的研制与补偿效果的评价．电力系统自动化，2000，24（19）：39－43.
[33] 刘文华，姜齐荣，方志民，等．±20 Mvar STATCOM 的工业现场测试及试运行．电力系统自动化，2000，（12）：43－46.
[34] 刘文华，梁旭，姜齐荣，罗承廉，等．采用 GTO 逆变器的±20 Mvar STATCOM．电力系统自动化，2000，（23）：19－23.
[35] 纪勇，李向荣，朱庆翔．基于 GTO 的±20 Mvar STATCOM 的现场运行及改进．电力系统自动化，2003，27（4）：61－65.
[36] 李长益，魏旭，李群．固定式串联补偿装置在江苏 500kV 系统中的运行．电力设备，2003，4（4）：40－42.
[37] 祝谦，刘相枪．平果可控串补本体保护介绍．电网技术，2004，28（16）：73－77.
[38] 贺建国，邓军波，施围，等．阳城 500kV 输电工程中串补装置的工作条件．高电压技术，2001，21（6）：34－36.
[39] 徐政，田杰，韩祯祥．阳城—淮阴 500kV 交流线路采用串补装置的分析研究．华东电力，1998，（3）：7－11.
[40] 刘肇旭．阳城—淮阴 500kV 输电串联补偿的选择及国外串联补偿技术的新发展．江苏电机工程，1997，16（3）：6－15.
[41] 杨林，周南章，胡炳荣．阳城—淮阴 500kV 送电工程对华东江苏电网稳定的影响．江苏电机工程，1997，16（3）：16－19.
[42] 陈葛松，林集明，郭剑波，等．500 kV 串补站过电压保护研究．电网技术，2001，25（2）：21－29.
[43] 樊王月，向铁元，权白露．串联补偿装置电气设计与实现．中国电机工程学报，2003，29（5）：55－57.
[44] 郭剑波，武守远，李国富，等．甘肃成碧 220kV 可控串补国产化示范工程研究．中国电机工程学报，2005，29（19）：12－17.
[45] 林集明，郑健超，陈葛松，等．伊冯可控串补主要器件基本工作条件及总体工作能力探究．电网技术，1997，21（9）：1－10.
[46] 王庆红，胡国根．一种基于 48 脉波电压源逆变器的静止同步串联补偿器的设计与建模，中国电机工程学报，2001，21（5）：61－66.
[47] 赵建军，郭剑波，周孝信．静态同步串联补偿器的稳态特性分析与详细数学模型的建立．中国电力，2005，38（10）：11－14.

[48] 赵建军．静态同步串联补偿器机电暂态及电磁暂态特性的研究．北京：中国电力科学研究院博士论文，2006.

[49] 王超，舒乃秋，吕小静．基于非线性控制理论的SSSC控制器的研究．中国电力，2004，37（4）：36－38.

[50] 罗承廉，刘昊，汤广福，刘遵义．静止同步串联补偿器的电磁暂态特性分析．继电器，2007，35（12）：41－46.

[51] 奚江惠，涂光瑜．基于统一潮流控制器对电力系统暂态稳定控制的研究．电力系统自动化，1997，21（3）：51－53.

[52] 李骈文．美国INEZ变电站统一潮流控制器简介．电网技术，2002，26（8）：84－87.

[53] 鹏程，刘黎明，刘小元，康勇，等．统一潮流控制器的分析与控制策略．力系统自动化，2006，30（1）：45－51.

[54] 王建，吴捷．统一潮流控制器的建模与控制研究综述．电力自动化设备，2000，20（6）：41－45.

[55] 黄振宇，刁勤华，等．统一潮流控制器的控制系统分析及控制策略设计．电网技术，1999，23（7）：3－9.

[56] 杨少勇，林集明，陈葛松．统一潮流控制器电磁暂态过程数字仿真的初步研究．电网技术，2000，24（3）：20－24.

[57] 王涛，于继来，柳焯．统一潮流控制器稳态潮流控制方式的研究．哈尔滨工业大学学报，1999，31（4）：107－113.

[58] 李霄燕，李兰英，黄振宇，等．统一潮流控制器物理模型的研究与实现．清华大学学报（自然科学版），1997，37（S1）：104－108.

[59] 蔡松，段善旭，康勇．统一潮流控制器在动态模拟系统中的应用．电网技术，2007，31（9）：64－69.

[60] 谭伟璞，贺仁睦，杨以涵，柳焯．统一潮流控制器主电路结构的研究．华北电力大学学报，2000，27（2）：11－15.

[61] 朱鹏程，刘黎明，刘小元．统一潮流控制器的分析与控制策略电力自动化设备，2006，30（1）：45－50.

[62] 华东电网有限公司．华东电网2005年度运行方式．上海：华东电网有限公司，2005.

[63] 何肇．关于改善华东电网结构、降低短路容量方案的探讨．电网技术，2004，28（2）：28－31.

[64] 殷可，高凯．应用串联电抗器限制500kV短路电流分析．华东电力，2004，32（9）：7－10.

[65] Cigre Working Group A3. 10. Fault Current Limiters in Electrical Medium and High Voltage Systems. Paris：Cigre，2003.

[66] 石晶，邹积岩，何俊佳．故障电流限制技术及研究进展．电网技术，1999，23（12）：63－66.

[67] 叶林，林良真．超导故障限流器的电力应用研究进展．电力系统自动化，1999，23（7）：50－57.

[68] Kameda H，Tangiguchi，H. Setting. Method of specific parameters of a superconducting fault current limiter considering the operation of power system protection resistance type and rectifier－type SFCL in overhead transmission systems. IEEE Transactions On Applied Superconductivity，1999，9（2）：1355－1360.

[69] 陈刚，江道灼，吴兆麟．固态电流限制器的研究与发展．电力系统自动化，2003，27（10）：89－94.

[70] T. Genji. 400V class high－speed current limiting circuit breaker for electric power system. IEEE Transactions on Power Delivery，1994，9（3）：1428－1435.

[71] 王华昕，习贺勋，汤广福，郑健超．面向超高压电网的故障限流器的应用研究．高电压技术，2007，33（5）：99－102.

[72] V. GOR，D. POVH，et al. Sccl－a new type of facts based short－circuit current limiter for applica-

tion in high - voltag systems. CIRGE Report B4 - 209, Session 2004.
[73] 林集民，项祖涛，申洪，等．华东 500kV 超高压电网故障电流限制器设计与保护控制研究报告．北京：中国电力科学研究院，2008.
[74] 周挺，张铭．华东电网 500 kV 短路电流限制器示范工程选点方案．华东电力，2008，36（10）：1200 - 1203.
[75] 陈海波，杨凌辉，杨国庆，鲍伟，等．超高压电网故障电流限制器示范应用．华东电力，2011，39（1）：36 - 39.
[76] 刘兆林，陆志浩，傅晨钊，黄华．超高压电网故障电流限制器系统试验分析．华东电力，2011，39（1）：40 - 44.
[77] 喻劲松，荆平，戴朝波，等．华东 500kV 电网串联谐振型故障电流限制器的保护配置．电网技术，2009，33（18）：191 - 197.
[78] Read J C. The Calculation of Rectifier and Converter Performance Characteristics. Journal IEF, 1945, 92, pt. Ⅱ: 495 - 590
[79] Joseph L. Koepfinger, et al. ANSI/IEEE Std 519 - 1981: IEEE Guide for Harmonic Control and Reactive Compensation of Static Power Converter, 1981.
[80] 吴彤，涂光瑜，杨小卫．采用定制电力技术解决配电侧电能质量问题．高电压技术，2005，31（9）：72 - 74.
[81] 姜齐荣，沈斐，韩英铎．现代电能质量控制技术．电力电子技术，2004，38（6）：2 - 7.
[82] 王松岑，汤广福，于坤山，郑健超．新型中压固态切换开关的研究．中国电机工程学报，2006，30（增刊）：311 - 315.
[83] 许海文，李庚银，彭咏龙．用户电力技术与暂态电能质量的改善．华北电力大学学报，2002，29（4）：30 - 35.
[84] 王兆安，杨君，刘进军．谐波抑制和无功功率补偿．北京：机械工业出版社，1998.
[85] 吴竞昌，孙树勤，宋文南，等．电力系统谐波．北京：水利电力出版社，1988.
[86] 国家技术监督局．电能质量 公用电网谐波（GB/T14549—93）．北京：标准出版社，1993.
[87] 胡铭，陈珩．有源滤波技术及其应用．电力系统自动化，2000，24（3）：66 - 70.
[88] 时丽君，赵建国．有源电力滤波器在电能质量控制中的应用．电力系统及其自动化学报，2002，14（1）：67 - 71.
[89] M Takeda, K Ikeda, A. Teramoto et al. Harmonic Current and Reactive Power Compensation with an Active Filter. Proc. IEEE - PESC, 1988, 1174 - 1179.
[90] Peng F Z, Akagi H, Nabae A. A New Approach to Harmonic Compensation in Power System. In: IEEE IAS Conference Record, 1988. 874 - 880.
[91] 刘进军，王兆安．瞬时无功功率与传统功率理论的统一数学描述及物理意义．电工技术学报，1998，13（6）：6 - 12.
[92] 徐万方，罗安，粟梅．电流检测方法和控制策略在有源电力滤波器中的应用．中南工业大学学报，2003，34（增 2）：248 - 251.
[93] 朱东起，姜新建，马大铭．无源和有源滤波器串联构成的并联型综合电力滤波系统．清华大学学报（自然科学版），1999，39（3）：49 - 52.
[94] 卓放，胡军飞，王兆安．采用多重化主电路实现的大功率有源电力滤波器．电网技术，2000，21（8）：5 - 7.
[95] 马大铭，朱东起，姜新建．新型综合电力滤波系统的研究．清华大学学报，1997，37（S1）：48 - 52.
[96] 刘进军，刘波，王兆安．基于瞬时无功功率理论的串联混合型单相电力有源滤波器．中国电机工程学报，1997，17（1）：37 - 41.

[97] G Kamath, N Mohan, D Albertson. Hardware Implementation of a Novel Reduced Rating Active Filter for 3 - phase 4 - wire Loads. Proc. IEEE APEC, 1995: 984 - 989.

[98] 涂春鸣. 新型谐振阻抗型混合有源滤波器 RITHAF 研究. 长沙: 中南大学, 2003.

[99] 赵畹君. 高压直流输电技术. 北京: 中国电力出版社, 2004.

[100] Asplund G, Erisson K, Sevensson K. DC transmission based on voltage source converters. CIGRE SC14 colloquim, South Africa, 1997.

[101] 王凤川. 电压源换流器式轻型高压直流输电. 电网技术, 1999, 23 (4): 74 - 76.

[102] 李庚银, 吕鹏飞, 李广凯, 等. 轻型高压直流输电技术的发展和展望. 电力系统自动化, 2003, 27 (4): 1 - 5.

[103] Reed G, Pape R, Takeda M. Advantages of voltage source converter (VSC) based design concepts for FACTS and HVDC - link applications. IEEE Power Engineering Society General Meeting, Toronto, Canada, 2003, 3: 1861 - 1821.

[104] Horle N, Erisson K, Maeland A, et al. Electrical supply for offshore installations made possible by use of VSC technology. Cigre 2002 conference, Paris, August 2002.

[105] Kirby N M, Xu Lie, Luckett M, et al. HVDC transimission for large offshore wind farms. Power Engineer Journal, July 2002: 135 - 141.

[106] Andersen B R. Wind farms interconnections. 2006 International Conference on Power System Technology, Chongqing, China, 2006.

[107] Cigre B4 - 39 Working Group. Integration of Large Scale Wind Power Using HVDC and Power Electronics. Cigre, 2007.

[108] 魏晓光. 电压源换流器高压直流输电控制策略及其在风电场并网中的应用研究. 北京: 中国电力科学研究院, 2007.

[109] 汤广福. 基于电压源换流器的高压直流输电技术. 北京: 中国电力出版社, 2009.